U0159148

食物演化史

肉类、蔬菜与快餐

〔美〕马克·比特曼　著

林庆新　等译

中国出版集团

中译出版社

图书在版编目（CIP）数据

食物演化史：肉类、蔬菜与快餐／（美）马克·比特曼（Mark Bittman）著；林庆新等译 . -- 北京：中译出版社，2022.7

书名原文：Animal, Vegetable, Junk: A History of Food, from Sustainable to Suicidal

ISBN 978-7-5001-7065-5

Ⅰ.①食… Ⅱ.①马… ②林… Ⅲ.①饮食－文化史－世界 Ⅳ.①TS971.201

中国版本图书馆 CIP 数据核字（2022）第 072032 号

版权登记号：01-2021-0441

食物演化史：肉类、蔬菜与快餐
SHIWU YANHUASHI: ROULEI, SHUCAI YU KUAICAN

出版发行　中译出版社
地　　址　北京市西城区新街口外大街 28 号普天德胜大厦主楼 4 层
电　　话　(010) 68359373, 68359827（发行部）68357328（编辑部）
传　　真　(010) 68357870
邮　　编　100088
电子邮箱　book@ctph.com.cn
网　　址　http://www.ctph.com.cn

出 版 人　乔卫兵
策划编辑　郭宇佳　张　巨
责任编辑　郭宇佳　张　巨
文字编辑　张　巨　邓　薇
封面设计　浮生华涛

排　　版　北京竹页文化传媒有限公司
印　　刷　北京顶佳世纪印刷有限公司
经　　销　新华书店

规　　格　710 毫米 ×1000 毫米　1/16
印　　张　20.5
字　　数　258 千字
版　　次　2022 年 7 月第一版
印　　次　2022 年 7 月第一次

ISBN 978-7-5001-7065-5　定价：78.00 元

前　言

　　食物的影响至深至远，它不仅是人类生存的必需品，而且会影响我们的身体健康。然而，现代历史进程表明，人类赖以生存的粮食在种植和生产方面已经发生了质的改变：加工食品大行其道，它们与初级农产品渐行渐远；耕地不断退化；农民惨遭剥削。凡此种种纰缪，数不胜数。

　　远在智人出现之前，食物就是推动人类进化的动力。直至5.4亿年前，动物还处于盲目啃食植物或腐肉的阶段，还没有进化出行走能力（它们的进食方式类似牡蛎，通过过滤流经身体的水来获得营养物质）。到奥陶纪（约5亿年前），才开始出现今天常见的动物，如昆虫、鱼、螃蟹。动物分别分化出足、鳍、眼，同时开始了它们之间相生相克的生命历程。

　　特别值得注意的是，它们在获得噬食其他动物能力的同时也提升了自身的防御能力，以避免被杀死并被吃掉的厄运。从此，获得食物及避免成为他人的食物成了它们的头等大事。

　　一个鲜为人知的事实是：动物所赖以生存的生物质是植物创造的，植物将阳光、空气、水和土壤转化为其他物质，包括食物。动物依赖于或寄生于生物质，但它们缺少生产生物质的能力。人类也一样，能做的最多的就是促进植物生产生物质。人类能不妨碍或不摧毁植物的工作就算不错了。尽管人类在这方面很低能，却成了地球上最强大的物种，拥有了摧毁大半个世界的能力。

人类开始获得这种能力大概是在 10 000 年前，即他们开始有意识地种植粮食和饲养动物的时候。英文农业（agriculture）这个复合词由两个拉丁词根构成，两个拉丁词根的意思分别是土地（field）和耕种（growing）。随着农业的发展，社会逐渐形成。刀、斧、独木舟、车轮等也被发明出来，每一种发明在人类进化史上都影响深远，我们正是用土地和粮食创造了工业和人类文明，土地成了财富的基础。

然而，农业也存在着阴暗面：导致了土地所有权、水源及能源使用方面的争夺，还带来了剥削及不公平现象，甚至招来了疾病和饥荒。这听起来有点自相矛盾。

但我们可以直截了当地说，农业在人类历史上扮演着一个"在逃谋杀犯"的角色。每过一个世纪，农业谋财害命的潜能就上升一个台阶，直至它成为帝国主义及种族灭绝的"正当"理由。

以前，所有人都为种粮而操劳。亲爱的读者，现在你很可能不用与土地打交道，你们对商场或餐馆里出现的食物早已司空见惯，它们都是即食产品。的确，很少有人目睹过这些食品的生产、加工、搬运及制作过程。

这些食品的生产需要水、土地、能源、其他各种资源及大量劳动力，我们被告知它们"养活了 70 亿人口"。然而，"大农业"控制了世界上大部分地区的食品生产，扼住了食品生产的喉咙，很多人因此食不果腹，在饥饿中挣扎；大农业开发出来的新食品也正在荼毒亿万生灵。

字典给"食物"的定义是"一种提供营养的物质"。一个世纪前，我们只有两种食品：植物食品和动物食品。随着农业及食品加工成为产业，第三种"食品"被创造了出来，它与毒药简直就是近亲，是"一种能致病或致死的物质"。这类被加工出来的可食用物质统称为"垃圾食品"，它们跟初级农产品完全是两种物质。

垃圾食品绑架了我们的饮食，制造出种种公共健康危机，致使地球上大概一半的人口减寿。垃圾食品不仅事关饮食：生产垃圾食品的工业化农业及其相关产业还在千方百计地使利润可观的谷物产量最大化，它们对土地的破坏比开矿、城市化及石油开采更骇人听闻。

几十年来，美国人相信自己拥有世界上最健康、最安全的饮食。他们从不担忧食品对人类健康、环境、能源、动物及工人的影响，也不担心食品生产是否能延续——可持续性的问题。因受到各种宣传乃至强制措施的影响，他们对工业化农业的沉重代价充耳不闻，对环境更友好的、更健康的其他选项也一无所知。

然而，如果是恐怖主义者盗取了或投毒于美国大量的土地、水资源及其他资源；如果是恐怖主义者使四分之一的美国人不能填饱肚子；如果是他们导致一半的美国人生病或丧失养活自己的能力，欺骗和荼毒了美国儿童，伤害了美国动物，无情地剥削了美国居民；那么，美国人会认为，他们对美国的国家安全构成了威胁，必须采取相应行动。

当代农业、食品行业及市场营销恰恰犯下了上述的所有罪行，可是它们非但没有受到美国政府的惩罚，反而得到了其支持。

这一切必须停止！面对人类及环境危机，我们必须问自己一个迫在眉睫的问题：公正的食物系统应该是什么样子的？

我相信我们能够回答这个问题（我也在尝试这么做）。虽然达到这个目标并不容易，但这非常有必要，因为食物是重中之重。不谈土地、劳动法等与饮食相关事务的改革，就无法讨论针对有毒饮食的改革；不谈环境、清洁能源及水源，就无法讨论农业；不谈对食品工人的保护，就无法讨论对动物的保护。

事实上，如果我们置人权、气候变化及公正等问题于不顾，就无法严肃地对待食品问题。食品不仅影响一切，而且代表一切。

我写作的目标是：向读者展示我们今天所经历的困境是如何产生的，描述当今食品及农业对人类生存带来的种种威胁。更重要的是，本书为我们描绘了前进道路的开端。"大农业"和"大石油业"一样是不可持续的，这点再清楚不过了，因为能源、物质都是有限的，对有限资源的开采代价高昂。和应对气候危机一样（食品生产是气候变化的主要影响因素），我们还来得及恢复理智、扭转局面。这并非一场一定能赢的赌局，而是一场有可能获胜的战斗。

我们的讨论将以了解食物的起源、演变及影响为起点。本书旨在展示这种理解，展现未来愿景。本书将依时序进行叙述，熔科学、历史及社会分析于一炉，偶尔也反映了我的个人经历。

在有些读者看来，我只是一个美食家，写过 30 多本美食方面的书。但 40 年来，我还担任过很多其他领域的记者，我为《纽约时报》撰写了 10 年其他领域的文章，还担任过该报的专栏作者，每周为"观点"栏目撰稿。本书是我写过的最严肃的一本书，我的独特经历使我坚信自己具备写这本书的资格。本书愿景有点大，但这个话题至关重要，是我发自内心想写的，欲罢不能。我希望本书能改变读者对食物及与食物相关的一切事物的看法。

马克·比特曼

2020 年 9 月于纽约州菲利普斯敦

目　录

第一部分

种植之初

第一章　食物与大脑的反馈环

民以食为天。生存乃万物之始、生命之基。因此，获取食物从一开始就在推动人类历史的发展。人脑能有目的地学习与进化，这种能力经过漫长的演变，让人类获取食物变得越发容易。

大多数动物的食谱都一成不变，它们的食物终生乃至世代都大同小异。人类及其近亲则不同。400万年前，人类的祖先经过进化，从黑猩猩和其他猿类家族中脱颖而出，其后代（即最早的古人类）开始直立行走。这拓展了人类活动的区域，增强了他们搜索地表环境的能力，使其成为优秀的猎手。

人类的饮食变得灵活而伴随机会主义，凡自然依其气候、季节和地理环境所赐之食，皆照单全收。相比树栖猿类较为单一的食谱，人类的食谱灵活多样，能提供更充足、更优质的营养。因此，早期人类能获取比其他物种更多的营养物质，这使他们本就足够大的脑容量进一步增大。人脑中负责进行更"高级"思维的脑皮层也变得异常巨大。

这些硕大的大脑是能源消耗大户，就像不停运转的电力系统，需要不断获得燃料才能维持运行。虽然人脑只占身体重量的2%，但其消耗了身体总能量的四分之一。大量的能量用于补给大脑会使供肌体消耗的能量减少，所以当人的体能下降时，大脑还得想办法弥补能量。因此，猿类脑容量小，体能反比人类好得多。

最终，人类进化出了更灵活的拇指（所有猿类都长着对生拇指，但人类的拇指经演变更胜一筹）。对生拇指改变了人抓取物体的方式，使人的手变得更适合制造和使用工具，也更轻易地获得和享用从前无法获得的食物。

早期人类不仅会搜寻新食物，还会发明新方法用于寻找、捕获、采集和制作食物，从而变得越来越聪明。高度进化的大脑能帮助他们获得更多、更好的食物，这反过来又促进了大脑发育。食物与大脑的双向互补形成了反馈环①并持续了数百万年，"智人"便由此诞生了。

这几百万年间，还发生了许多其他或大或小的变化，但都是逐渐产生的，它们影响了人类骨骼的长度、位置和关节的发育，改变了妊娠和分娩方式，还使人进化出了下巴，以适应新的颌部形态。

比如，智人的面部结构和已灭绝的远古近亲相比明显不同。他们需要巨大的臼齿和颌肌来咀嚼坚硬的木本植物。生吃叶子的动物必须将叶片咀嚼足够长的时间，否则很难消化，牛的反刍就是一例。即便如此，它们也需要足够长的消化道来吸收营养（如牛有4个胃，前后相接），尤其当植物是其主要或唯一的蛋白质来源时更是如此。而智人的臼齿、颌和消化道都进化得较小，以适应肉食。

人类的祖先，比如尼安德特人之前的直立人及其之后的现代

---

① 反馈环（feedback loop），又称反馈回路，是一种生物现象。反馈回路非常重要，对生物来说，可使生物体保持体内平衡；对生态系统来说，可在捕食者和被捕食者间维持一种稳态。——译者注

人，都食用杂食。他们会以采集或捕获到的任何动植物为食——各类水果、叶子、坚果和动物，其中动物包括昆虫、鸟类、软体动物（如蜗牛）、甲壳纲动物、龟、兔子一类的小型哺乳动物和鱼。尽管其中有些可以用雷击点燃的野火烤熟了吃，但大部分都生吃。

此外，人也会以动物残骸为食，等狮子或其他捕食者猎杀动物并大快朵颐后，便会凑上前去捡拾"残羹剩饭"。

人类祖先在大自然中绝不是最强的，与食物链顶端也相去甚远。开阔的非洲草原能带来新食物，同时也能带来新的危机：直立人在进食时易受攻击，速度不够快。比如，要是你开车时看到一只正在享用松鼠尸体的乌鸦，还没等车开过去，它就会迅速飞离现场。当然，如果是大型猫科肉食动物，人的速度就更比不上了。

但由于人类不会种植粮食，只能靠狩猎、采集食物以及吃动物尸体来与其他物种竞争。从某时起，他们学会了保护和种植山药、马铃薯等块茎类植物，但在大多数情况下都必须冒着危险去觅食，有时收获颇丰，有时却颗粒无收。

要么吃撑，要么挨饿，这意味着：假如人类发现硕果累累的灌木或动物残骸，只要周围没有危险，便会抓住时机饱餐一顿，尽量填饱肚子。

渐渐地，早期人类进化到开始追踪更敏捷的猎物，对猎物进行远距离追捕，待其命丧悬崖或因狂奔精疲力竭时，再将其打死。由于食物难以保存，当人们捕杀较多猎物时，便会当场吃饱，剩下的会尽量带走并接着吃完。

这一因素对解释当代的暴饮暴食现象十分重要：吃到不能再吃是人的天性，我们身体内部并不存在抵御暴食的机制。如果生活方式很活跃，那暴食算不上什么问题；同时也没有垃圾食品一说。而我们有可能会进化到某一阶段，意识到进食应适可而止。但这一阶段至今都没有到来，这对人类尤其是对个人而言，是非常不幸的。

更聪明有效的采集食物和狩猎的方法是团体合作。正是人类的饮食需求催生了更多的社会行为和更复杂的交往方式。随着气候变暖，大片土地变得更为宜居，人类祖先的足迹到达了更远的地方，甚至走出了非洲大陆。

最终，觅食促使人类制造工具。虽然猿猴、鸟类、甲壳动物，甚至昆虫等动物也使用工具，但只有灵长类动物会制造工具，而人类则是唯一"掌握"工具制造技术的物种。从用一块石头砸开骨头开始，人类用了100万年或更长的时间来学习制造工具，制造工具的技术直到40万年前才变得成熟。我们的祖先开始造矛，接着是箭和镖，然后是用来加工兽皮、木头和骨头的切割和削刮工具，最后还造出了针。

工具是一回事，技术则是另一回事。有一种技术出现时间远早于智人及其工具的诞生，比其他任何技术都更加深远地影响了人类文明的发展，那就是烹饪技术。

许多动物会吃用火烧过的食物。火使人们可以食用原先难以消化的食物。许多动物吃的食物也是被偶然出现的野火，比如由雷击引起的火加工过的。像澳大利亚火鹰这类动物甚至会搜寻和移动火苗，把燃烧的枝条从一地带到另一地，以烧死隐藏的猎物进而进食。

然而，只有人类掌握了火的使用。人类不仅学会了生火，而且学会了控制火，所以能随意用火进行烹饪。达尔文把烹饪称为人类仅次于语言的重要发明。

烹饪的重要性怎么强调也不为过。它使人们可以吃到许多不能生吃的新食物，也带来了更多营养。烹饪为人类生活引入了更多的食物：树根、块茎乃至各种切块肉（很多生肉的营养不易被吸收，需经多次咀嚼才能分解），还有大多数豆类和谷物。这些食物最终对人类而言变得不可或缺。

吃熟食除了能减少咀嚼时间，还能减少觅食时间。人类开始吃熟食后不久，就进入了一个比之前任何阶段都更长寿和健康的时期。尽管因母婴死亡率高，人类的预期寿命看似很短，但是这些数据掩盖了一个事实，那就是很多年迈的觅食者仍然身强体壮。

这段健康时期自人类学会烹饪始，到人类开始定栖和种植作物止，持续了约100万年，比有记载的历史长了约200倍之多。

烹饪究竟始于何时？人们在这个问题上争辩不休。生物人类学家理查德·兰厄姆（Richard Wrangham）在其2009年出版的《火的产生》（Catching Fire）一书中指出，我们的祖先早在约180万年前就开始有目的地控制火种烹饪食物了，这比大多数同行所估算的要早了约100万年。德华厄姆认为，正是烹饪塑造了人类，推动人类向智人进化。

无论始于何时，烹饪都为人类打开了食物世界的大门，使人类可选择的食物种类大幅增加。不过，人类的饮食一直不固定（甚至还没流行现在所说的"旧石器饮食法"①），靠山吃山，靠水吃水。有些人喜欢高脂肪、高蛋白饮食，另一些人则主要吃碳水化合物。

自远古时代以来，人类都以多种方式组合肉类、鱼类、蔬菜、谷物、水果、坚果和种子，靠杂食而生存，而且在多数情况下都人丁兴旺。随着人类饮食的演化，社会结构也在变迁。

由于掌握了火的使用，人们对在哪里栖居、食用何物有了更多选择。比如，每逢旱季，可食用的植物匮乏，就可以去狩猎，食用动物，从容度过干旱期。饮食范围的扩大为人类提供了额外能量，足以让人类征涉远方，寻找更多的食物来源，这个过程也使人变得越发机敏聪明。

此外，烹饪还有助于建立社群。大多数灵长类动物在狩猎和

---

① 旧石器饮食法指基于旧石器时代（距今250万—1万年前）可能采用的饮食方法，食物通常包括瘦肉、鱼、水果、蔬菜、蛋、坚果和种子等。该饮食法不主张食用农业出现后常见的食物，如糖、植物油、乳制品、豆类和谷物等。——译者注

采集时都是集体行动，但烹饪的出现使人类有了新的合作方式：进行劳动分工，共享资源，乃至形成多种协作群体。

必须承认，关于早期人类先祖的"事实"大多都是根据间接证据推导和阐释出来的并会受时代偏见的影响。长期以来，我们"了解到"：男性外出狩猎，提供人类大部分食物，女性则照看火堆、抚育婴孩。我们也倾向于为这些观点寻找证据，而找到的所谓证据也自相矛盾：男人在外出打猎的同时也在看家护院。这自然无法让人信服。

然而，随着学术研究不再总以父权思想为中心，"男人打猎、女性采集"的观念受到了挑战。现在的研究表明，不仅妇女扮演了比以往文献描述中更多的角色，而且很可能每个健康的人，无论男女，都参与了采集。分工专业化是互补性的，旨在实现一个小而平等的社会，每个人的贡献都至关重要。人们合作劳动，组成专门团体，从事不同工作。我们始终认为的职能必须依性别划分，这个刻板印象直到最近才被动摇。科林·斯坎尼斯（Colin Scanes）在 2018 年发表的一篇文章中称："菲律宾的阿格塔人（Agta），一个以狩猎采集为生的民族，对既有的性别角色假说提出了挑战。该族有大约一半的猎物都是由女性捕获的。"

此外，即便男性捕获的猎物更大，女性为族人贡献的从食物中汲取的能量却很可能超过了男性。这在很大程度上仅是推测，但正如琳达·欧文（Linda Owen）在《歪曲历史》（*Distorting the Past*）一书中所写："如果冰河时期的女性采集植物、鸟蛋、贝类和可食用的昆虫，如果她们负责捕猎小型动物并参与狩猎大型动物，（正如居住在高纬度地区的女性曾做的那样）那么她们为族人贡献的能量很可能占到了总热量的 70%。"在欧文看来，那些我们曾以为属于男性的劳动之所以被看得更重要，是因为人们以一种第二次世界大战后盛行于美国的父权视角解读历史，而没有客观地看待性别分工。

编织篮子是女性的一项专长。人们需要将所觅之食放在篮子里。在篮子编织技术的基础上，人们发明了网，可以用更精细的方式捕获鱼类及小型猎物。发明织网意义重大，因为即使200只野兔才能抵消一头野牛提供的热量（粗略估计，一只野兔含有7 000卡路里，而一头野牛含有140万卡路里），但若捕获一头野牛的时间可以捕获201只野兔，那么猎捕野兔乃是上策。

许多人类学家认为，合作与平等在过去的个体、家族、氏族与部落中是常态，尽管持该观点的人不占多数，而且学界可能永远都无法就这一点达成共识。他们还认为，这些常态得到了强制的维护，使整套系统行之有效。诚然，食物稀缺、土地贫瘠的情形的确存在，但由于早期人类饮食多样且不断发展，又有狩猎采集能力相助，营养不良的现象非常罕见。

这时农耕尚未开始，各部族只能不断迁徙，寻找新地盘，但并不知道哪里能找到食物，也不知道会遇见何种情形。他们与孤独为伴，也必然会感到恐惧，除了团结一致别无选择。那时的人们居无定所，随遇而安，没有所有权的概念，更没有土地所有权的观念，很可能是通过分享食物、与人沟通和展示力量来获得影响力的。

简言之，觅食是最主要的动力，人人都需要食物，而分享食物符合所有人的最大利益。

相比争斗，践行平等、合作，甚至分享的原则更为有益，因为这能加强社会联系，激发人们的创造力。即便食物偶有"盈余"，也只可能是小规模的囤积，因为迁徙不能采用把食物长埋地下等储藏方法。小范围囤积也可能被视为自私之举，往往会招致奚落，甚至驱逐。不是说争抢或打斗不存在，也不是说等级制或"大人物"不存在。但大体而言，那时没有哪类人能永远高高在上，权力主要源于领导力及众人的敬仰，而非父辈权力的承袭。

按照定义，狩猎采集者就是周围有什么吃什么，只要无毒就行。狩猎采集者们遵循的原则有时被称为最优觅食理论（OFT）[①]。这一理论蕴含的方法有些复杂（且存在争议），它规定，从逻辑上讲，应以最少的能耗为代价获得热量最多的食物，并根据需要随时调整觅食地点和觅食季节。

动物的杂食程度越高，在不同条件下觅食时就越能茁壮成长，而其他哺乳动物的杂食程度无法与人类可比。

有如此灵活的饮食方式做保障，现代人类（即智人）在大约7万年前先后在亚洲、欧洲扩散，与尼安德特人共存。在3万年前，人类就几乎遍布亚洲和欧洲，当然还包括非洲。

人类习惯了四处游荡，从未停止觅食，而且通常都有所获，包括一些"新品种"，如海豹、小麦、大米和野牛。贮藏食物的能力也提升了：一些人冰冻肉类，一些人掩埋植物块茎、坚果和植物鳞茎，以便错季食用。到上一冰川期末，人类很快进入农业时代，该时期大约从10万年前持续到1万年前。这一时期，我们祖先中的一些人用从地表寻到的小麦制作面包，其他人则食用大米。有些人猎食诸如兔子和猛犸象之类的哺乳动物，他们晒干、熏制或冰冻各类食物。在至少两万年前，甚至可能5万年前，渔村就开始出现了。

从人口增长和领土扩张的角度来看，人类开始繁荣兴旺起来，无论在群体内部还是群体之间，合作都有所加强。同时，由于人类占据了支配地位，加上其他灵长目动物的灭绝，人类和这些动物间的竞争也少了。由此观之，人类占支配地位并不难理解：我们向来都在为了有限的资源和其他物种竞争；也会直接猎食那些物种，将其逼向灭绝。

---

① 最优觅食理论（Optimal Foraging Theory），由麦克阿瑟（MacArthur）、皮安卡（Pianka）和埃姆伦（Emlen）提出，并于1966年发表在《美国博物学家》（*The American Naturalist*）杂志上。最优觅食理论描述了动物在觅食期间希望以最小成本获得最大收益，以使适应性最大化，是最适理论（Optimal Theory）的一种具体应用。——译者注

人类迎来了黄金时代，也即将掀起一场物种史上最剧烈（在有些人看来是最具灾难性）的变革。这一变革最终影响的不仅是每一个彼时或之后活着的人，还有地球本身。

无须聪慧过人的头脑就能注意到，某些植物能长出种子，这些种子会掉落，有时能生长出同类型的新芽。同样，无须特殊的才能或勇气就可以把这些种子的一部分移栽至更适宜的地方，也无须多少经验或技巧就能搞懂如何照料这些幼苗，至少是最低限度的照料。

让植物在人所希望的地方生根发芽，让动物们在周围安家落户，鼓励也好、鞭策也好，哪怕强迫也好，总之把它们喂肥，乃至让其产崽、产奶，这比从早到晚漫山遍野地觅食显然更为简单、可靠。虽然栽培种子、驯养牲畜需要反复试验，会不停地栽跟头，而且这些试验很可能要历经千百年，但人类始终将觅食作为不时之需。

就这样，人类发明了农业。这当然不是一蹴而就的，也不是个人或单个族群在某个特定的地方发明的。农业是自发而逐步地建立起来的；既是同时展开的，也是循序渐进的；一开始是独立劳作，最后是互帮互助。农业得以在全世界遍地开花，在人类历史长河中世代相传。那时的人类在最好条件下至多活70岁，农业技术学得慢，忘得快。

以人类的标准看，这个过程十分漫长。千万别以为是某一小群人脑子一热，组建了村子，就开始筹划耕种，准备秋收，或者盘算如何让牲畜在春天产崽。其实早期农业的发展是因地而异的，整个发展过程是以"千年"为单位的。

1 000年有多久倒还容易想象，但40代人的时间跨度就很难想象了，大多数人的家族只能上溯三四代。尽管可能有些吹毛求疵，但把农业的开端称为"革命"似乎不太准确。革命通常暗指某一新事物在某一刻独立产生，在此处貌似不适用。把人类发展农业的过程看成一种"演变"更为合理。

不管如何称呼，农业的发端不仅仅以技术为标志，如种植作物、储藏种子、驯养牲畜等。这些活动并未改变日常生活，在某些地区恐怕已经进行了上千年之久。作为人类的发明创造，"农业"的兴起也以农业社会的建立为标志，人们组织起来，共同合作、谋划未来，种植和贮存种子，驯养牲畜以获得牛奶、肉类或蛋，使自己的生存能如此持续下去。

保存种子、栽培植物并没有那么复杂，但这过程中容易产生矛盾，因为这样生产出来的作物属于从事农业的人，即"农民"。这些作物就是农民享有的劳动成果，其他任何人不得抢夺。他们养的牲畜也一样，一旦被驯化（这个过程可以很简单，比如将一头牲口圈养在一个封闭或半封闭的山谷里即可），就不得再作为猎物供人狩猎了。谁负责筹备、付出劳动，劳动成果就归谁所有。

有了各种计划，族群就会立下财产方面的规矩。只要族群有权实施，打破这些规矩就要承担后果；而若无法执行规矩，族群的生存便会难以为继。

规矩长久执行，就成了法律。随着农业的发展壮大，这些法律也逐渐发展起来。这又是一个剧变的时期。

戈登·柴尔德（V. Gordon Childe）在其 1936 年的著作《人类创造自身》（*Man Makes Himself*）中论述道：这场农业革命，同随之而来的城市革命（这里城市革命指的是阶级和政府的兴起）一道，"影响了人类生活的方方面面"。

自柴尔德时代以来，历史学家们相继发展和完善了上述观念，但有个最基本的观念没变：自我们从树上下到地面的那一刻，到后来拓荒、殖民、发展科学和资本主义，没有任何事件对早期人类文明的影响足以比肩农业的发展。

考古学家几乎可以确定，人类最早有组织地种植作物并遵循农事规则的地区是被称为"文明摇篮"的"新月地带"。该地带西起尼罗河沿岸,东至底格里斯河与幼发拉底河沿岸,一直延伸至波斯湾。这片区域有时被称为东地中海地区,有时又被称为西南亚地区(尽管埃及是在非洲),或称中东、近东。

在新月地带,小麦(或者准确来说是其祖先单粒小麦)得以在自然条件下茁壮生长。当土壤被践踏、翻刨,或由于野火焚烧、动物排泄而得到增肥后,小麦长势反而更好,足以吸引人类在此定居。

10 000多年前,人类就是在那里最早开始有组织地种植小麦,而且带有一种"这是我们自家小麦"的自豪感。经过漫长的探索和试错,到了前7 000年,除了小麦,人类又开始增种大麦和其他谷物,诸如扁豆和鹰嘴豆之类的蔬菜作物。

此外,人们还开始培育包括橄榄在内的水果,也开始系统地照料和喂养牛、猪、山羊、绵羊和狗等牲畜。年复一年,数个世纪过去,越来越多的人意识到种植农作物、养殖牲畜的好处,外出觅食的时间变得越来越少。

我们对下列问题的因果次序尚不清楚:到底是更大的脑容量、更强的流动性、更先进的工具、更有效的觅食与狩猎方式推动了人口增长,最终促使人类祖先为获取比外出觅食更多的卡路里而定居下来,从而种植小麦和稻谷呢?还是因为喜欢更舒适、更惬意的生活,就通过种植作物、驯养牲畜、收割粮食、制作乳制品和屠宰动物来掌控食物来源,从而更容易地获得食物,导致人类祖先选择定居生活?

缺少书面历史记载,我们就得不出确切的答案。很有可能各种因素都起了作用,而且这个过程同样漫长得不可思议。冰河期大致结束于12 000年前,随即气候变得温暖宜人,使人类大大拓展了地理探索的疆界。地球能够养活更多的人口;而且种植粮食,尤其是维持生活所必需的谷物,变得更为容易。

农业得以扩展，但土地常遭觅食者破坏。狩猎采集者们存活了下来，遍及美洲大陆，在欧洲人到来以前一直主宰该地区。游牧民族继续统治着亚洲和非洲的半干旱地区，农业在这些地方很难发展，甚至无法发展。

印度的印度河谷和中国的黄河流域也出现了相似的情形。大约在公元前 5000 年，农业在不列颠、中美洲、安第斯山区和其他区域相继出现，到公元前 2000 年已蔓延至更广的地区，农业技术也相当成熟。到公元纪年，农业在全球范围内已经成为主流。

最终，以农业定居为生的人们几乎落户于全世界各个角落，农耕思想和农业技术得以传播和分享。狩猎仍在继续，或是出于生活所需，或是出于娱乐。不过，驯养牲畜已成惯例，其吸引力无须赘述。设想一下，你不仅能享用自己生产的牛奶、鸡蛋和肉类，而且至少从理论上讲，什么时候吃什么，都是自己说了算，这是何等的便利！

最早的农业很可能采取以下两种形式中的一种。一是游牧业，一批批游牧者赶着牲畜群（比如骆驼、绵羊、山羊、驯鹿和马）四处寻找绿地和食物。二是刀耕火种，即把森林和草地用火烧光，再在原地开展种植。在犁发明前，这是垦荒最简单易行的办法，不仅为牲畜提供了草场，粮食作物也享有了更充足的光照。这两种农业形态均延续至今。那些地处偏远、人口稀少的族群还遵循传统的生产方式，而畜牧业者则用大火把亚马孙的丛林烧毁并在焚烧后的土地上种植动物饲料。

动物在人类生活中的作用越来越重要。相比其他地区，欧亚大陆的自然优势得天独厚，这是因为此地能驯养世界上体形最大的本土物种，它们既能劳作，又能作为食物，一举两得。其中最先驯化的是狗，它们是在 30 000 年前由狼驯化而来的；接着是绵羊、山羊、猪，后来是牛。动物已经成为多数定居人口生活中的一部分，能够提供奶源、肥料、兽皮（适合制作衣物、船体、容器和各种工具），还被当作交通工具和劳动力使用。

家养动物十分珍贵，吃了太可惜。自从农业出现之后，人们捕食野生动物的数量变少，至少在村舍附近人均食肉量的确有所下降。（其实肉类消耗指标在历史上浮动一直很剧烈，全世界都一样，毋庸置疑。直到最近，人们多数时候都只是偶尔食肉，只有极少数情况例外。）

从四处觅食到定居耕种的转变还带来一个后果，那就是家庭规模的扩大。狩猎采集者不得不留在家里抚养子女，直到他们学会走路，这给外出觅食带来不便。农民则不然，他们鼓励生儿育女，子女长大后会成为劳动力，其价值远高于养育子女的成本。

这样一来，人口增长了差不多 10 倍且增速极快。多数研究者预测，在冰河时代末期，全球人口数量达到了约 500 万人。确切数字肯定无从知晓，不过几乎所有专家学者都认为人口总量在 100 万—1 000 万。5 000 多年以来，随着农场和村舍在大部分大陆建立，预计地球上的人口至少有 5 000 万，甚至可能超过了 1 亿。

庞大的人口改变了地貌景观和生态环境。人类开始用一种全新的、摧枯拉朽的手段，系统性地创造和消耗生物量，造就了众多适应人类需求的新动植物品种，但同时也导致了其他数千个物种的灭绝。

农业从一开始就有多种方式，这主要取决于土地的类型和可利用程度。牲畜是小规模散养，还是大规模牧养？饲养它们是为了挤奶还是食肉？种植的是什么作物？此外，开展农业的方式会根据水文（水资源是否充足？是否需要从别处引水？可否使用水力？）、光照（是否充足？）、劳动力（是自己亲力亲为，还是靠牛帮忙？）和技术（如何开垦土地并为其补给养分？）等条件的不同而变化。

渐渐地，人们懂得如何保持水土，如何管理牲畜，如何用粪便给作物施肥。如果运气好，这些作物既能喂饱人，也能喂饱牲畜。

他们还懂得了如何挑选种子、引水、储水、开垦、除草及贮存谷物和其他粮食。所有这些，连同主要食品和工具，都以不同速度在世界各地发展起来。

如果播种能结出硕果，那再好不过了。反之，这片土地就用来放牧。在犁出现前，只有一种用来刨土的棍子——正如你所想的那样。因而在大部分地区，焚烧土地是开辟耕地最快的办法。至于种植什么作物，主要取决于该作物是否适合在此地种植。

到公元前 2000 年，人们已学会了掰弯木头制造轮子，把火烧到一定温度来铸铁。之后人们造出了犁、水渠、砖及性能更优越的船、羊毛／亚麻衣服，还有耐热陶器，这种陶器极大地提升了烹饪技术。

在这一大发展时期，小麦、大麦、玉米、稻谷、黍、苋和高粱等谷物成了人们的主食。此外，啤酒和葡萄酒也相继出现，玉米饼和酵母面包也诞生了，还有从蜜蜂的蜂巢提取的蜂蜜。其他食品包括：牛、绵羊和山羊的奶以及用其制成的黄油、酸奶和奶酪。牛（通常是阉割过的公牛）、马、驴和骡被当作畜力使用；此外还有众多家畜，如狗、兔子之类的啮齿动物，以及无峰驼、马、骆驼、鹿和家禽。

培育的蔬菜和水果有：各种绿叶蔬菜；洋葱和大蒜等葱科植物；南瓜属植物；花生等豆科植物；芝麻和向日葵等种子植物；葡萄、瓜类（如西瓜）、香蕉、甘蔗、枣类、无花果、番茄、鳄梨、辣椒、柑橘；百合和鸢尾的鳞茎、山药及其他根茎植物，可能还有很多不为人所知的品种。

中国人在公元前 2000 年左右就吃起了面食；阿兹特克人在公元纪年以前也开始饮可可茶了；印加人靠种番薯起家；橄榄和橄榄油（特别是后者）在地中海及其周边地带备受欢迎；其他地区的人们会从红花、向日葵、芝麻、椰子、鳄梨和蓖麻中榨油。这个时期的许多食品至今仍风靡世界：玉米粉蒸肉、腌制根类、加糖酸奶、咸肉和熏肉，可能还有炸鸡或炸兔肉。

有些食品一直没变，如稻谷、玉米和小麦依然是主食，它们仍提供了人体所需能量的三分之二。这些谷物都是在本地种植的，在很大程度上决定了这些地区及其居民的饮食结构。

不过，即便农业正创造文明，塑造着人类社会并助其延续，它也同时让我们走向了一条通往变革的"不归路"。

5 000 年前，世界上有人类居住的各个大陆都相继出现了文明。政府、城市、文字记录、书写、文化纷纷登场。水土保持、施肥和灌溉提高了农业生产力，粮食贮存条件得以改善，牲畜喂养方式也越来越精细。这一切造就了史上最为庞大的人口数量。

尽管这种变化是循序渐进的，从更宏观的时间尺度上看却很快。大多数人类在经历了 20 万年的狩猎采集生活后，只用了短短几千年就走向了定居生活。而且相对而言，这种转变是较近时才发生的。人类诞生至今，发展农业的时间只占其中不到 5%。

随着更多土地被开垦，粮食产量也在增多，也就能养活更多人口。之后，随着人口增长，土地需求量也在扩大，以维持庞大人口的生存。如果农业的初衷是为生活减负，那么现在的情况是，人们为了有足够的食物维持生活，很快把农业变成了一场粮食生产竞赛。

这样一来，生活的负担反而重了。干农活辛苦不说，还不能保证收获，还要面对无数未知的后果。

农业革命（或称新石器时代革命）对人类历史发展的重要性不可估量，这是毋庸置疑的，但农业带来的变革是好是坏还有待商榷。有些学者，像大名鼎鼎的《枪炮、病菌和钢铁》（*Guns, Germs and Steel*）的作者贾雷德·戴蒙德（Jared Diamond）就认为，农业革命是"人类历史上犯过的最大的错误"。

他在 1987 年以上述题目写了一篇文章，其中说道："人们认为开展农业是迈向美好生活决定性的一步，但从很多方面看它是一场灾难，其余波至今犹在。"《人类简史》（*Sapiens*）的作者尤瓦尔·赫拉利（Yuval Noah Harari）称农业革命为"人类历史上最大的骗局"。这种想法现今虽未被奉为金科玉律，但已然十分普遍。

农业的确为数以十亿计的人口提供了生的希望，对其中有些人而言，生活因农业而幸福。但是农业也带来了一种新社会，这种社会充斥着不公平和贫穷，成为疾病、奴役乃至战争滋生的温床。

农业是否值得？谁也不好说。但有一点是肯定的，那就是农业的发展带来了一系列后果，这些后果的重要性值得大书特书。

首先，人的食谱再次变得单一了。农业出现前，人们能吃什么是不确定的，食物来源也不稳定，但是食物品种多样。相反，农民只种植少数几种作物，通常就是谷物，因而赖以为生的食物品种通常很少，甚至只有一种。因此，如果庄稼歉收，人们就得忍饥挨饿，而歉收是很普遍的。

此外，营养不良屡见不鲜，因为如果餐餐都吃大米、玉米或小米，或只吃这些而不吃含其他营养物质的食物，则必然容易营养不良，营养不良会引发疾病。当人们定居下来，人口密度激增，（在某些地区，尤其是欧洲）人畜共处一个屋檐下，人的患病率与日俱增。

有证据表明，早在 4 000 年前的美索不达米亚平原，就出现了自来水管道。然而更常见的是无处不在的垃圾和人类的排泄物，还有遍地乱跑的包括老鼠在内的动物，这些都是疾病传染源。

不仅生活环境更加脏、乱、差，人的寿命也在缩短。证据显示，自农业发展以来，人类平均寿命缩短了大约 7 年；男性平均身高从 5.9 英尺[①]下降到 5.3 英尺，矮了 0.6 英尺；人的牙齿也变得更易

---

① 1 英尺 = 30.48 厘米。——编者注

腐烂。这些情况还在持续，而且罗马人平均要比美索不达米亚人少活 10 年。

相比狩猎采集者，农民必须更勤恳地工作，而总能有所收获、食能果腹，有大把休息时间，过上更好的生活的指望，往往落空。相反，他们要开垦土地、种植和浇灌作物、除草、收获、打谷、储存粮食、饲养动物，还有很多别的活儿要干，整天忙个不停。直到 18 世纪前，这种艰苦繁重的体力劳动构成了几乎所有人日常生活的内容。

文明也带来了不平等，阶级分化变得尤为显著。农业社会以前，总会出现一些领头的人（每家每户都有顶梁柱），甚至是有权势的人，他们主要为男性。但在每个社会中，人人都需要依靠他人的劳动过活。进入农业社会之后，生产出现了过剩，滋生了不平等，精英群体也出现了。考古证据甚至发现了一群比普通民众长得更高、更健康的新贵族群体。与此同时，人们制定了更严格的性别分工，女性也开始受到压迫。

过去的一万年间，绝大多数人都因成为农民和体力劳动者而受苦，他们要开辟耕地、种植庄稼、挑水，后来还要挖矿、组建工厂、使用枪支弹药……这些就是我们今天读到的历史。而这些人中，过上舒坦日子的少之又少。

这一系列变化看似微不足道，结果却无法预料。正如我们的祖先无法预知传染病和军队的来临一样，他们同样也无法预知农业无意产生的另一个后果，即全球变暖。可以肯定，每个人都在做自认为最正确的事情，而且人们在数百年、数千年的时间里做的最初几个决定不太可能带来明显变化。储存作物种子和饲养牲畜似乎确实提供了更多安全感，改善了生活。保证稳定的食物来源，努力为生活打拼，这都是人的天性使然。在当时，这么做是对的，毕竟凡事不可能皆遂人愿。

就算早期农民发现了各种存在的问题，要想在几代人的时间里扭转局面也为时已晚。狩猎采集的技艺早已失传，地理环境也彻底改变了；最重要的是，人口一直在激增。从此，只有农业能够为人类提供足够的食物。如果说农业社会催生了统治阶级和政体，带来了贫穷、饥荒、营养不良、不平等、战争、瘟疫和环境破坏等诸多恶果，那也是不可避免的。这些后果初露端倪，人类才开始加以应对。

第二章　土壤与文明

　　农业是一场永不止步的试验。在农民或其统治者眼中，农业的改进从不止步，每年、每个季节皆是如此。农业的核心因素有：光照、水源、土壤和劳动力。光照是少数可视为取之不尽、用之不竭的自然资源之一，但人类掌控光照条件的能力简直不值一提。水源和土壤则是十分宝贵和有限的资源，必须认真负责地加以利用和管理。这项任务自然落到了作为劳动力的农民头上。人类在水土管理方面所做的决策以及实施这些管理的方式，即谁来耕地、如何耕地、为谁耕地的问题很大程度上决定了文明社会的走向。当然，不同决策皆有高下之分。

　　农业是文明的摇篮，而农业活动只有依托充足的水源才不会"夭折"。有了稳定的水源，同时污染或使用水的速率不超过自然净水补水的速率，水源就能保持稳定。这就带来了两个重要问题：谁有权使用水源？引水和取水的最佳方式是什么？对水源的争夺引发了战争，而如何引水和取水关乎农业的成败。

　　土壤的问题就更复杂了。取一些被捣碎、碾磨、侵蚀、冲刷、翻搅与风吹过的黏土、沙子和砾石，再渗入下述有机物：微生物、猛犸象以及各种动物的废弃物和尸体；腐叶和树、灌木及其他植物的木本组织；各种经由空气和水传播的杂质以及各种生物排泄物。这样一来，土壤就成形了，其中各种矿物质会随含水量的变化而变化，进而生成其他化合物。此外，由于植物、动物、菌类和细菌的作用，加上气候影响，土壤会变得蓬松透气。这一过程对于土壤中上述生物的生存必不可少，这些生物每茶匙的数量约达10亿。土壤中各种成分协同作用，赋予其具体的特性。因而，即使地球上某两地的土壤都是健康的，看起来也会有所差别。

事实上，土壤也有生命，也会变化和生长。它给予我们丰厚的馈赠，我们理应对其悉心照料。否则，不当的利用会对土壤带来破坏。人类社会的茁壮成长也建立在对土壤的照料上，这一任务总归要由农民来完成，他们才是土地的管家。华尔特·克莱·罗德民（Walter Clay Lowdermilk）[①]是一名水土保持专家，他在1938年恰如其分地写道："农民与土地的合作关系构成了我们复杂社会结构的坚实基础。"合格的农民必须与肥沃的土地建立良好的关系。若说土地与农民是社会繁荣的根基，这还属于轻描淡写。自然给予人财富，而这笔财富既应得到保护，也应得到利用。

肥沃的土壤是植物生长的鲜活乐土，这些植物正是依靠土壤中的养分存活。而这些养分又必须给足，否则每一季庄稼都会长得比上一季矮小。土壤也有"贫瘠"与"肥沃"之分，正如储藏室时而空空如也，时而琳琅满目。

土壤的补给过程可以十分简单，甚至能自发实现。无论何种

[①] 华尔特·克莱·罗德民（1888—1974），国际水土保持学科奠基人。出生于美国北卡罗来纳州，1915年毕业于英国牛津大学林业系和地质系，1927年进入美国加州大学（伯克利）研究院，1929年获博士学位。历任中国金陵大学（现南京林业大学）教授、山西省铭贤学校（现山西农业大学）教授，美国内政部土壤保持局副局长、研究室主任等职。罗德民1922年来到中国，在南京金陵大学森林系任教。1923年在河南、陕西、山西等地调查森林植被与水土流失的关系，1924—1925年在山西进行水土流失的试验，1926年在山东进行雨季径流和水土流失的研究。——译者注

植物或是动物（包括细菌在内的生物），在走向死亡的过程中会将其生长时汲取或产生的一切养分和有机物遗留下来。有些植物甚至在活着的时候就会自我补充养分。不过，若土壤遭遇侵蚀及有机物流失，土壤的肥力就将逐年下降。

某些农业系统比其他系统更利于保持土壤肥沃。许多早期农民发现了这一点，于是采取了许多水土保持措施来防治土壤侵蚀，比如在山坡上开出梯田、垒上石墙以及种植根系深厚的多年生植物。他们很快想出办法来给土壤增肥，或让其自我补给养分。

另一些农民则还没开窍，很快就面临庄稼歉收、收获锐减、食不果腹、被迫流浪的境况，甚至连整个社会都因此陷入崩溃。罗德民将这种情况称为"自杀式农业"，这个称谓虽不留情面，却也十分到位。大卫·蒙哥马利（David Montgomery）[①] 在《污泥：文明的侵蚀》（*Dirt: The Erosion of Civilizations*）一书中写道，土壤退化也许并未直接摧毁这些早期文明，"但它会使社会越发脆弱，无法抵御近邻的威胁以及社会和政治的内部动荡，无法度过严冬和干旱"。

既然我们与食物来源相距甚远，这话听起来颇具戏剧性，但人类文明的存亡取决于其食物系统的优越性及弹性，只有健康的土壤才能为这种优越性及弹性提供保障。

有 4 种方法可使一片土地能反复耕种并可以自我补给养分：休耕、种植覆盖作物、轮作和施肥。自农业产生以来，这些方法都用遍了：单独使用、组合使用或在不知不觉中使用。

土壤需要氮，这一点和其他所有生物相同。氮是 3 种基本植物养分之一，其他两种是磷和钾。不过，尽管地球上的空气中富

---

① 大卫·蒙哥马利，耶鲁大学法纳姆历史学名誉教授，美国 20 世纪 60 年代"新劳工史学"的代表人物之一，在美国的劳工史界具有非常高的地位。他与大卫·布罗迪、赫伯特·古特曼一起在美国创立了"新劳动史学"。——译者注

含氮（氮在空气中占比最高），但是大气中的氮气基本属于惰性气体，因而不易被植物吸收利用。

要使土壤能利用氮，就必须将氮气转化为另一种化合物，如氨气这种氮氢化合物。当动植物死亡之后，其遗体会残留在土壤之中或土壤表层，这时细菌就会将动植物细胞中的氮转化为氨。此外，还有许多有机物可以"固定"大气中的氮，使这种氮能为植物所利用。（闪电也能产生可供利用的氮，它会随降雨落至地表，但这不是氮产生的主要途径。）

不过，几乎所有农业消耗氮的速度都快于氮的补给速度，如果不及时补给氮，庄稼的收成就会减少。回顾之前食品储藏室的比喻，这跟每天做饭却从不购物是一个道理。

如果不消耗土壤，土壤最终是可以自我修复的。这个过程叫作休耕，即农民在收获之后什么都不种。在不用给庄稼施肥的情况下，土壤的含氮量被有机物缓慢复原，一年后（最好是数年后）土壤通常就可继续被耕种并能大获丰收。按《圣经》的说法，人们应当连续种植6年，然后歇一年（安息日般的种植模式），但这么做并不合适。其实，只有土地休耕时间长于耕作时间，才能达到休耕的最佳效果。

休耕看似容易，实则不尽然。这样必然会带来一个显而易见的重大挑战：休耕使土地停产。如果能找到新的替代耕地，或者需求不高，那就不用担心，要么可以在新的土地上继续耕种，要么干脆休耕几年。2 000年前，农民不用担心找不到足够多的新土地进行休耕，但现在情况不同了。而且很不幸的是，连续数年的休耕对几乎所有农民而言都不切实际。

最好的办法就是结合两者。农民如果有足够多的土地，就可以只耕种其中一块，其他一块或几块用来休耕，如此轮流操作。若条件允许，这不失为明智之举。

此外，还有许多措施可以代替休耕。有些植物寄生有微生物，这些微生物会促进土壤对氮的吸收和利用。这些植物基本上都属于蔬菜类，比如豆角和扁豆（不过也包括苜蓿、三叶草和一些其他植物），有时也被称为"绿色肥料"。它们的根系上寄生着一种名叫"蓝藻"的微生物（以及其他种类的微生物），它们会从空气中捕获氮，将其固定到土壤中，供植物吸收利用。

这些不用来收割的植物统称"覆盖作物"，因为它们起到了覆盖土壤、防止土壤侵蚀的作用。覆盖作物可种植在某种主要作物的旁边，休耕期则可以让其覆盖所有耕地。

如果不种植主要或常规的作物，而种植这些固氮作物，就属于轮作的一种形式。不管作物如何组合，都可实行轮作，但在轮作期必须种植一种固氮作物才能使氮回归土壤。大豆就是一种很好的固氮作物，将其与玉米进行轮种是一种很常见的轮作模式。

作物的轮种同种植覆盖作物一样，算不上损失，休耕也同理。给土壤增肥和下一次栽种庄稼同样重要，人们有时很难认识到这一点，因为休耕的土地短期内产不出粮食。你要么种植一种固氮植物，不为了食用、售卖或喂养牲畜，而是将这一绿肥完全用来滋养土地，要么栽种用来收割和变卖的固氮作物。这后一种做法比前者对增加土壤养分的效果要差些，但总比什么都不做强多了。

还有一种补充土壤养分的方法，那就是种植动物爱吃的作物（如果恰好又是固氮作物那就更好了），任由牛和羊这类反刍动物在这片种植区不停进食。当这些动物排泄时，氮、磷、钾及其他微量元素会渗入土壤，给土增肥，为以后种植作物打下基础。

最开始想出来的施肥方法乃无意之举，出于方便，动物或人会将排泄物"添加"进土壤。而这些排泄物带来了氮和一系列其他营养物质及有机物。农民们很快意识到，如果将这些排泄物制成堆肥并保存下来（所谓堆肥，就是有目的地将细菌、蚯蚓等生物与腐化植物、动物排泄物及其他任何可降解物质混合在一起），就可以将其掺进土壤。这种混合肥料比单一的肥料效果要好很多。

通过绿肥、堆肥、休耕期养分补给或其他任何途径向土壤中加入足量有机物，人们就得以在理论上让农业实现永续发展。

但是，随着人口膨胀，增肥土地和提高粮食产量开始面临困难。休耕变得更难了，轮作也常沦为"效率"的牺牲品。此外，需要施肥的土地面积扩大了，动物排泄物或其他有机物变得更不够用了。

这就产生了一个悖论：农业发展了，人口增长了，土地需求也上升了，土壤肥力和粮食产量却下降了。在20世纪以前，解决这一矛盾唯一可行的方法，就是重新探索可持续农业发展模式，解决罗德民所说的"自杀式农业"带来的困境，或者寻找新土地。新开辟的土地尚无人定居是理想的情形，但这种情况越来越罕见了。

> "当你不得不使用播种犁时，需要特别关注播种者操作是否得当。谷物种子的播种深度应在两个指位，还有按每宁达（ninda）的间隔播种一粒基伊（gij）。如果所播种的大麦种子不能放进犁沟处，就需要置换播种犁犁铧上的前楔子。"

上面这段文字出自约公元前1500年苏美尔人在一块陶片上写下的文字记载，虽然晦涩难懂，但也能了解其要义。《农民的操作指南》（*The Farmer's Instructions*）是一封信，内容是一位父亲给儿子的建议，其中涉及诸多工具的使用、照管和控制牲畜的设施、堤坝和水渠，以及修缮、犁地、栽培、扬谷等各种技巧。这是展现农业重要性最早的历史文献范例。

人们普遍认为，位于美索不达米亚平原南部（相当于今日伊朗）的苏美尔是最早的人类文明发祥地之一，与古印度、古埃及和中国并列。人类最早于公元前5000年在此定居，公元前3000年前创建城市，在随后数千年里还创造了计时和书写。书写为我们展现了最早关于人类当时复杂日常生活的图景。

借助这些记录，我们了解了很多关于苏美尔人的饮食和农业方面的知识。他们食用的谷物丰富多样，不过大多是制作成大麦糕点（大麦营养不如小麦丰富，但更易种植）。他们食用各种水果和蔬菜（有文字记载的就超过100种），还会酿造啤酒和葡萄酒，榨油，制作面包、酸奶和干酪等。此外，他们还饲养牲畜，掌握了畜牧业的所有知识，包括如何利用动物资源以及如何使用肥料。

美索不达米亚平原的土壤得天独厚，质量上乘。底格里斯河与幼发拉底河平原区分布着湿地，要想在这种干旱的气候条件下发展农业，就必须要从湿地中取水灌溉农田。这是一项艰巨的任务，需要把各个定居点的居民组织起来互相协作，最终由国家来组织和分配任务。大批平民被征用乃至被奴役去建造和维护令人叹为观止的水库和水渠系统。这是有史以来规模最大的公共工程项目，这使得地处穷乡僻壤的山村也能在旱季保证用水。

参与这些工程项目的劳工无法自己种粮食，这意味着农民需要生产过剩的粮食才能推动全社会发展。大多数时候，过剩的粮食会被"献给"国家，而且更有可能是被国家强制夺走。

类似这样的劳动分工不可避免地催生了社会阶层。

根据专家的说法，规模带来了分化，当人口总量超过500时，社群间的平均观念就被破坏了，接着就产生了领袖和精英阶层。随着乡村变成市镇，进而演化为城市，乡际接触也变得普遍，合作与冲突也随之增多。

至于精英主义是不是任何时候都不可避免，还有待商榷。但从历史上看，它的存在由来已久。领导的作用是至关重要的。总有人需要负起责任，组织大家解决灌溉、处理垃圾、建造围栏等问题，还需要建造公用烤炉和寺庙。总有人需要协调乡际关系，统筹开展贸易以及分配放牧权。仅凭个人是做不了这些事的，就算经过大家首肯也不一定行，因为这些工程项目过于浩大，涉及的人口数量也太大。

这样一来，人们就开始拥有私有财产，政府、法律和规章制度也应运而生……而不平等也就产生了。灌溉工程和港口的建设带动了城市的兴起，这些城市开始占领周边郊区，在一定程度上也将郊区居民变成了市民。城市的出现意味着，不管是曾经的农民还是现在的非农民，都能找到谋生之道，成为商人、政府人员、宗教领袖，或者现在所称的各种职业人士：抄写员、会计、商贩、医生、律师等。毫无疑问，那些不幸的大多数人将沦为劳工或奴隶。

值得注意的是，人类一进入定居社会时代，奴隶制就变得有利可图。奴隶制出现前，让其他人去荒郊野外为你觅食几乎毫无讨论的意义，因为这类人首先得解决自己的吃饭问题，一旦去野外就并没有为你带回食物的义务。

不过，随着农业、定居和私有劳动的产生与发展，使唤他人为自己工作就变得很理想了。如果足够富有，或者足够有权有势，你就只要劝说或强迫他人成为奴隶就可以了，而无须付出代价。奴隶最初是作为俘虏从被征服的土地或军队中抓来的。而一旦一个社会拥有了庞大的奴隶群体，奴隶就可以进行买卖和强制生育；任何奴隶的后代也应是奴隶。每过一个世纪，使用奴隶的情况就变得更加普遍。最终，奴隶在某些地区已经成为最主要的劳工形式。

苏美尔人的社会就是如此，它是一个标准的阶级社会，上有神权君主（以宗教为中心）和王朝统治，下有奴隶——主要是狱中的战俘、债奴或罪犯。这个社会至少在之后的 1 000 年间是成功的，它规模空前，其中好几座城市的人口多达 50 000。

但苏美尔人经常与邻国开战，甚至不惜中断重大公共工程的建设及维护。虽然该地区的洪积平原得到了充分灌溉，可为了防止地下水的盐分将土壤盐碱化，需要给这片土地足够的时间休养生息。随着人口的膨胀，休耕变得不切实际了，而土地盐碱化迫使苏美尔人放弃种植小麦，这可是当时最重要的营养食物。1 000 年间，淤泥塞渠，庄稼歉收，食物短缺，人口锐减。当这片土地已无法供养先前数量的人口时，一座座城市的发展陷于停滞。正如苏美尔作为最早的先进文明之一而闻名于世一样，它也是第一个失败的社会的例子。

从长远来看，古埃及则更为成功。公元前 3000 年时，数座人口上千的城市已经在尼罗河畔拔地而起并为了共同的利益团结在一起。尼罗河提供了可靠的水源，此外，一年一度的洪水暴发反而滋养了土地。人们一旦掌握了灌溉和排水的技术，就能保证在每个作物生长的季节都获得丰余的粮食。这在其他很多地方是不可想象的。

古埃及建立了足够强大的国家，能为开展重大公共工程建设提供充裕的资金。虽然这个过程花了 1 000 年甚至更长时间，但是一旦建立，埃及王国便一跃成为一个秩序井然、繁荣稳定的国家，用任何时代的标准看都是如此。尽管大多数人是农民，但能掌控粮食生产的人寥寥无几。这项任务后来便交由地主或国家来完成。

人口过剩和加征税收首先支持了古埃及水道工程的建设，帮助组建了大规模的军队并协助修建了金字塔，后者是世界上规模最大、最宏伟的公共工程。

其他文明在使用农业生产的剩余粮食方面各有不同。世界上第一个公共水箱和城区排污系统分别在摩亨佐·达罗（Mohenjo-Daro）和哈拉帕（Harappa）建成，这两个城市位于印度河流域，在今巴基斯坦境内。中国的红山文化建造了地下寺庙，发展出了玉器制作工艺。随后，中美洲地区的人们也建造了金字塔和其他建筑物，其壮观程度可媲美古埃及的。此时中国人也修建了著名的长城。

正如古埃及一样，中国农业发达的地区也享有余粮：农民们采用了行栽作物，发明了播种机（播种机的出现要晚得多）并使用犁。犁这种工具很可能是由中国人独立发明的，时间大致与古埃及人的出现同步。这些技术和工具以及对水资源的利用，使中国人能够开辟和维护大片农田。他们甚至还创造了世界上第一个养耕共生模式：在稻田里养鱼、养鸭。这些动物在啃食植物的同时也能吃掉稻田里的害虫，它们的排泄物还能滋养稻田。

水稻种植本身就有革命性意义，它在给定的土地面积里产生的能量比小麦和其他谷物产生的多得多。由于水稻和其他植物养活了大部分人口，动物则多被用来充当劳动力，或生产乳制品。

相比用牧草喂养牲畜再食用动物肉的模式，这种以作物为基础的农业系统要稳定得多。相对而言，种植水稻的人几乎或完全倾向于素食，这使得人口数量更为庞大，人口规模也更为稳定。这种以水稻为基础的农业模式很大程度上左右了后来1 000年的历史走向。

诚如富兰克林·海勒姆·金（Franklin Hiram King）在《四千年以来的农民》（*Farmers of Forty Centuries*）中所言，总体上看，亚洲发展出了"永续性农业"，这种农业"生命力强，有耐性和韧劲，规划缜密"。这种可持续发展的农业早在3 000年前的亚洲就已初现苗头并一直延续至今。

每过一个世纪，这种农业模式就变得越发精细，也通常经营得更为顺风顺水。原因在于灌溉、锄地和其他农耕技术的改善，（源自越南的）水稻品种传播得更广，这些新品种的水稻更加耐旱和早熟，在某些地区一年两熟甚至三熟，这意味着每年粮食产量会提升至原来的2—3倍。（中国和印度部分地区仍以黍米为主食，这种粮食的产量也很大、很稳定，能够使人自给自足。）

先进的灌溉系统、对高产作物进行的持续改进、生产工具的革新（有些工具的制作与早期的炼铜，甚至高温炼铁相关）和水力谷物磨坊的发明，使亚洲在公元纪年以前，事实上一直到欧洲殖民者到来前，都是世界上最高产的农作物产区。

在美洲，先进而可持续的农业虽然出现稍晚，但最终也发展了起来，留下的遗产至今仍然可见。

在美洲一些地区，尤其是太平洋西北部地区，物产丰饶，众多结构复杂的社会根本不需要依托农业就能建立。那里的人依然过着狩猎采集的生活，当地人口密度依然很大并导致了社会阶层的分化。

不过，在西半球人口最稠密的地区——中美洲（包括今天的墨西哥南部、中美洲和南美洲北部）出现了一种新的农业类型。该地区不像尼罗河谷地和许多其他文明腹地那样富饶，也缺乏平整的草原供小麦等作物自然生长，无法栽培近乎单一的作物。

在美洲，人们发现雨林是另一种环境结构，不同种类植物占据了树冠层的不同生态位[1]。农民们模仿了这种结构，把雨林分区开采，再种植粮食。有些人把他们开辟的农场称为米尔帕（milpa），该词在阿兹台克语中意为"田地"。他们依赖刀耕火种的模式，持续种植作物4—5年，之后休耕15年甚至更长时间，静待土地恢复肥力。

美洲地区同世界其他地区一样，生长着数十种重要的、现在人们习以为常的特有植物，其中有两种改变了人类的历史。当安第斯地区的人们还在培育上千种番薯的时候，玛雅人早在5 000年前就开始选育一种微小的纺锤形作物，叫作墨西哥类蜀黍。玛雅人将它培育得易于种植、易于收割并且富含营养。

这种新培育的作物就是苞谷（在美国以外地区通常称作玉米），后来进一步选育变得极为高产。最终，在理想条件下，同一片耕地一年可以收获两季玉米。

玉米是近乎理想的作物，但作为食物则不然，因为玉米需要经过特殊工序加工才能使其营养价值最大化。这一工序发明于公元前2000年—前1000年，这一时期人们在种玉米时会盖上一层

---

[1] 生态位（ecological niche），是指一个种群在生态系统中，在时空上所占据的位置及其与相关种群之间的功能关系与作用，又称生态龛。生态位表示生态系统中每种生物生存所必需的生境最小阈值。——译者注

灰或者熟石灰（即生石灰遇水生成的氢氧化钙）。很久之后，有研究表明，碱化玉米（即碱法烹制的玉米）含有更多利于生物体吸收的烟酸以及更佳的氨基酸组合，后者是构成蛋白质的基石。

你一定在吃墨西哥薄馅饼和玉米面团包馅卷时尝过这种玉米面（请留意"玉米面团包馅卷"和"玉米面"的相似之处），而且肯定觉得奇怪：为什么这两种食物吃起来爽口很多，味道也比用粗玉米面做的食品好得多？这就是碱化的结果。

不过，就算是碱化玉米也不能提供足量的蛋白质。因此，米尔帕①成了南瓜、豆类和玉米混合栽培的著名场所，一个名为"三姐妹"（the Three Sisters）的栽培体系在这里建立了。这一体系运作非常成功，在南北美洲均有应用，至今仍是一项至关重要的生产实践。

谈到农业，有些人就会联想到金色的麦田，不过米尔帕看起来并非如此。其实，当我第一次见到米尔帕农场时，感觉自己如同置身林海，不知农场在哪儿。但是环顾四周，全是多产的作物。许多农业生产方式仍供养着世界上大多数人口，而在这些生产方式中，上述情况很常见：它们并不像工业化农业那般蔚为壮观，但对环境的破坏更小，也更可持续。

在米尔帕，人们先是种玉米，再种豆类和南瓜类作物。种玉米可以让蔓性豆类②自由生长，但用不着搭架子——玉米秸秆能起到支撑作用。许多微生物存活在豆类的根系上，起固氮作用，为土壤储存养分。而南瓜类作物的种子是主要的蛋白质来源，它们的叶子很大，能营造阴凉的环境、调节土壤温度并可以保湿。

米尔帕农场采用的技术确实简单，但如果称其为"原始"，就无异于在说为了牛奶、牛肉、牛皮而饲养奶牛很"原始"。这一农业模式由来已久，但仍然奏效，更准确地说，它很"珍贵"。这是

---

① 指一种古老的耕种法，也指农场、栽培地。——编者注
② 又称"攀缘豆类"，指缠绕在支撑结构上的蔓生植物，如豇豆。——译者注

一个相当可持续的农业系统，能通过适度休耕提高土壤肥力，既能实现内部的协调（如"三姐妹"可以很好地共生），也能与外界和谐并存。这种农作方式还能为农民提供富含营养的食物，而且不会影响周边的森林环境。

数千年来，米尔帕养育了伟大的文明，在此期间，中美洲地区的人口繁盛和社会复杂程度不亚于欧亚大陆，在农业、建筑、数学和天文学方面更是毫不逊色。事实上，与古埃及、中国和苏美尔一样，中美洲是仅有的 4 个发展出文字的早期文明之一。中美洲人口也繁衍兴旺，以至能够建设规模与古埃及相当的公共工程（包括金字塔），其中很多座至今仍屹立不倒。

而玛雅和中美洲其他社会，随着人口增长，稀松的热带土壤开始流失。当地人没有饲养家畜，也就没有天然肥料，农民不得不继续开垦易受侵蚀的土地。根据大卫·蒙哥马利的说法，"900年左右，在玛雅文明崩溃前不久，土壤受侵蚀程度已经达到了峰值，维持社会等级制度的余粮也消失了"。化石记录显示，由于婴儿和儿童死亡率上升，人口数出现了低谷，原因被认为是粮食短缺及其导致的营养不良。（当然，大部分历史记载在西班牙入侵和其后的种族大屠杀中遭到了破坏。）

玛雅文明走向崩溃，重蹈了苏美尔人及其后世农业社会的覆辙。纵观全球，古往今来，人口增加意味着土地需要产出更多粮食，若这一点无法实现，人们就不得不寻找新的土地资源。这通常意味着要动用军队，而军队又需要粮食。人类不断革新工具、技术及征服外族的技能，其用时远超人们培养共同的价值观的时间，由此推动着上述模式一直循环下去。

从公元前 4000 年左右开始，人们从矿石中提炼出锡和铜，将其混合，生产青铜。青铜这种材料可塑性强，能用来制造更好的工具、武器、装饰品、灯具和炊具。后来，人们又炼出了铁和钢等金属合金，它们和青铜一道，逐渐改变了农业、战争、烹饪以及人类生活的其他方面。

这类金属来之不易，比如锡就很难制造。这使得相关的贸易得以发展，不只是金属贸易，还包括盐、木材、宝石、沥青（用来制造火把，或作为防水材料，用在远洋航行和承载液体的船只上）以及后来加入的葡萄酒、香料和纺织品。这又促进了公路和汽车、马车、帆船、桨动力船的发展。

对土地的一系列开采，包括采矿、开荒、挖掘、种植和采收等，变得越发高效。人口仍在增长，但按今天的标准看还是比较缓慢的——全球人口从 5 000 万翻一番，即增长到 1 亿，用了 1 000 年；而增长到 3 亿可能还需要 1 000 年，也就是到公元纪年为止。这意味着对食物的需求始终存在。只要有机会，人们便会另辟新址或砍伐森林，寻找新的土地投入生产。蒙哥马利在其著作中写道："（这使得）土壤侵蚀增长了足足 10 倍。"

犁是这一时期最重要的发明之一，具体源于何时尚无从考证，但肯定早在公元纪年前就已出现。犁可能在中国首先出现，不过后来在苏美尔和古埃及也相继出现。这种工具能使田垄又长又直，便于种植单一作物，即在大片耕地上只种植同种作物。犁的发明如此重要，以至于伟大的历史学家费尔南·布罗代尔（Fernand Braudel）① 不禁发问："是否应将犁的诞生称为一场革命？"

布罗代尔和其他学者是这样想的：相比负责狩猎的男性，从事采集的女性与土地和大海的馈赠关系更为密切。同时，她们提供的能量也更多，因为可以肯定，女性是最早负责采集种子的人，也是率先种植作物的群体，还可能是最早猎捕小型动物的猎手。她们即便不是最早繁育动物的人，也在驯养动物方面扮演了重要角色，而且很可能首先发明了农业工具和种植技术。有证据表明，

---

① 费尔南·布罗代尔（1902—1985），法国著名历史学家，年鉴学派第二代代表人，提出了著名的长时段理论，代表作有《菲利普二世时期的地中海和地中海世界》《法国经济社会史》《资本主义论丛》等。——译者注

在某些地区，尤其是美洲，最初是由女性掌控对土地的使用。

男女之间必然有劳动分工，但在犁发明以前，男女分工并不是依照支配和被支配的角色划分的。从过去 50 年左右的学术著作中可以看出，随着犁和其他更重、更耗体力的工具被用于农业生产，男性的重要性越发凸显，性别分工的父权制色彩也越发浓厚。

用犁耕地意味着要在土壤中拖动犁刃，即便有役畜帮忙也是个重活。经济学家埃斯特·博塞拉普（Ester Boserup）是率先提出农业革新主要源于人口增长的学者之一。他在 20 世纪六七十年代做过一项研究，该研究表明大多数男性的上身力量足以支持他们控制犁，这成了一个实实在在的优势。犁的应用使得耕地更为简单，也减轻了除草的负担，在此之前，这些工作主要由女性承担。这样，男性在外干活的时间逐渐增加，女性则将更多时间投入室内劳动。

随着男性开始掌权，社会意识形态也在悄然改变。卡斯贝尔·乌尔姆·汉森（Casper Worm Hansen）等人合著的《现代性别角色与农业历史》（*Modern Gender Roles and Agricultural History*）是讨论该话题的新作之一，书中这样写道："新石器时代革命让社会走上了以父权制规范和信仰为准则的道路。"

这些不平等的新标准带来了一种日益固化的性别观念，这一观念在传统上常被视为"人性的一部分"，是"与生俱来的"或"上天赋予的"，至今依然如此。当然，这种观念既非天生，也非神赐，而是一种超越政治、哲学和宗教领域的广泛变化带来的结果，在由供求关系主导的世界里已变得十分普遍。

上述论断并无确证，却很有说服力。无论如何，在任何一个农业生产十分倚赖体力的文明社会，都出现了相似的劳动分工：男人在野外劳作，女人主要待在家里。这样一来，男人的工作在经济上就变得异常重要，如今我们仍能看到这种变化带来的影响。

在我们的想象中，地中海南岸地区，尤其是法国、意大利和希腊，处处洋溢着诗情画意：那里有峻峭的山脉，怪石嶙峋的海滩上浪花翻滚，艳阳当空；还有简单的、用香草和橄榄油调制的食物，再配上一杯美酒，足以满足那些追寻刺激的味蕾。这里盛产美味佳肴，而且根据与荷马（Homer）同时代的赫西俄德（Hesiod）[1]记载，其历史已有 3 000 年之久：

> "让我在一块岩石下乘凉，来一杯比布利斯[2]的葡萄酒，一块山羊乳酪，以及满满一桶山羊奶，配上在林中喂养的、从未产犊的小母牛肉，还有初生的羊羔肉；接下来，再让我品一杯颜色鲜亮的葡萄酒，坐在树荫下，优哉游哉……"

然而，"地中海地区"的某些地方需要比内陆地区更多的资源才能兴旺发达。如果你身处埃及，拥有尼罗河的恩赐，土地肥沃、资源丰富，那么或多或少都能够自给自足。

但是希腊和意大利历来就很难发展农业。这些地方的海岸全是悬崖峭壁，可尽管海岸崎岖多石、不易航行，船运通常仍不可或缺。山坡起伏大，几乎没有平整的耕地，而且春天的雨水或冬季的冰川融水会形成山洪，冲刷地表的土壤，使该地区经常被淹。这些急流也不能用于灌溉，因为作物在春季还十分脆弱。雨季通常要等到仲秋时节，但可能为时已晚，那时作物要么已经收割，要么因严重缺水而旱死。此外，两个雨季之间还夹着一个干热季，而农民恰好是在这个时间下地干活儿。希腊农业最早的可靠记录者赫希俄德建议农民们打赤膊干农活："播种，要脱衣；犁地，要

---

① 赫西俄德（古希腊文为 Ἡσίοδος，英语为 Hesiod，公元前 8 世纪，享年不明），古希腊诗人，原籍小亚细亚，出生于南欧地区的希腊比奥西亚境内的阿斯克拉村。他从小靠自耕为生，可能生活在公元前 8 世纪。今天大多数史学家认为赫西俄德比荷马更早。其以长诗《工作与时日》《神谱》闻名于后世，被称为"希腊训谕诗之父"。——译者注
② 比布利斯（Biblis），希腊神话中米利都国王的女儿。——译者注

脱衣；收割，要脱衣。"

对农民而言，遇上好年景才有余粮，但指望年年风调雨顺是不现实的。荒年并不罕见，彼时庄稼收成很差，收入也会变少，有时还得忍饥挨饿。有些年份，大麦丰产，连更难种的小麦也能丰收；可在另一些年份，人们需要把橡子磨成粉当粮食吃。

随着人口的不断增加以及越来越多的人成为城市人口，原有耕地已经无法满足现有的粮食需求。虽然下此结论可能过于草率，但我们依然可以说，这种粮食需求不断增长的压力，为帝国主义和殖民活动奠定了基础。在一个特定的地区，为了生产剩余的粮食和财富，就得建立一个庞大的帝国，向更适宜长期发展农业、土壤也更为肥沃的邻国土地扩张。

于是，到公元前600年，希腊人率先向周边地区扩张，又向偏远地区扩展，东部疆域一直延伸到黑海，南部拓展至埃及，西部推进了2 000英里①，直抵加泰罗尼亚。在这些地区，大麦、小麦、橄榄和葡萄更易确保丰收，还有更丰美的草场可供牧羊。这样一来，希腊人种植了更多的经济作物，产生了更多盈余，出海的船只将这些廉价的谷物、葡萄、橄榄和红酒运往外地市场销售。

在整个地中海和西欧地区，小麦、橄榄和葡萄结成了神圣的农业铁三角；与此同时，罗马人也开始在数百万平方英里②的土地上种植自己的作物，还从近东和远东地区进口并广泛种植曾经稀有的蔬菜、水果和坚果，如杏、樱桃、桃子、木瓜、核桃、栗子等，不一而足。

此外，罗马人之所以能发展生产力，还得益于他们拥有一种特殊"财产"，那就是奴隶。这些奴隶的工作环境恶劣，甚至致命；他们戴着镣铐被逼劳作，有时还要充当角斗士。在哥伦布（Columbus）发现新大陆以前，罗马人对待奴隶的方式在全世界可能是最残忍

① 1英里≈1.6千米。——编者注
② 1平方英里≈2.6平方千米。——编者注

的，而罗马能跻身史上最富庶的文明古国之列也并非巧合，奴隶这种"免费"劳动力在其中是有功劳的。

和其他地方一样，罗马统治下的大多数人都是农民。剩下的人中，有不少都参与运输、贸易、食品零售。只要帝国还在，几乎所有人每天就都要吃面包，这些面包基本是用从北非进口的小麦制作的。不过，就算这片土地如此丰饶，也还是印证了罗德民的预言：这里的土地仍被开采到了令农业难以为继的地步。滥伐森林、过度放牧以及未能休耕最终使得人口锐减，甚至土地荒漠化——埃及广袤的沙漠就是最好的证明。

通常人们会把罗马帝国的衰亡归咎于军事失利、长年内战和蛮族的残暴入侵，但很少意识到食物在其中也起了巨大的作用。食物短缺也是帝国衰亡的一大原因。在当时，偏远地区的土地被用来"永久"种植小麦这种单一作物，土壤肥力被耗尽了，而帝国腹地的土地却被用来优先种植橄榄和葡萄等出口作物。在帝国覆灭前，罗马人的农业技术可与中国相媲美。而对欧洲大陆的其他任何一个国家而言，要达到相同水平的农业生产力恐怕要花1 000年才行。

第三章　农业在全球的扩张

中世纪（500—1500 年）通常被称作"黑暗时代"。这种说法容易让人误解，因为当时人类文明在东方方兴未艾。不过对瘟疫横行的欧洲大陆而言，称其为"黑暗时代"也不为过：希腊语和拉丁语的文字和书写技艺殆尽，希腊和拉丁文明发展出来的科技成就也统统被世人遗忘。

到 1300 年时，全球近一半人口都生活在中国和印度。在农业、科技、数学和工业方面，对希腊和罗马文明后期最有影响力的发明创造，多数都在亚洲发展起来。中国人发明了造纸术、火药和指南针，中国人的船航行到非洲南部（这段航线比西班牙航行到加勒比海地区远得多），并且几百年以来都在向欧洲出口香料和丝绸。与此同时，在西方，伊斯兰国家也很快发展了农业，以至于有些历史学家称这段时期为"穆斯林（或阿拉伯）农业革命"。

通过试验、记录、研究和创新，亚洲农业稳步发展。各种作物的种植都远离它们的原产地：糖从印度出口，柑橘从中国出口。黍米和稻谷在各处均有种植。农民们饲养了新品种牲畜，培育了新品种作物，而且大多都具有高产、耐旱、抗病、抗虫害的特点。因时制宜的种植模式精准无误，能帮助农民做更好的规划，轮作技术也提高了，灌溉技术也得以完善，或至少得到了重新应用。

对穆斯林世界的农业发展程度，史学界至今仍存在争议：有些学者认为这是革命性的；另一些学者称其为恢复性的，认为罗马人早已掌握了这些农业技术，后随罗马帝国的灭亡而失传，而现在伊斯兰国家仅仅是重新发现了它们。诚然，这一时期，伊斯兰国家的人民开始修缮罗马人搁置了数百年的农业供水系统，在此基础上改进并发展农业。似乎无可争辩的是，这些宝贵经验先后通过穆斯林征服伊比利亚半岛和十字军东征传入欧洲，其中包括引进了一批新作物。

中国、印度和西亚地区的贸易已经十分普遍，东亚和地中海地区的贸易路线也促进了商品、文化以及越来越多的科学发现成果的交流。而自亚里士多德和托勒密时代以来，这些交流在欧洲一直停滞不前。

世界其他地区的文明也并非一潭死水。在西半球，大坝、水库、水道和运河也都相继建立起来（有些仍保留至今）。人们开始大规模地占有土地、制造工具，开展文字记录，组织生产试验，保持水土，也开始广泛开展作物和动物的杂交育种。

相比之下，欧洲的进展就慢一些，因为封建制度要先满足领主的需求，农奴和佃农的生存无关紧要。这使粮食和农业生产之间出现了巨大的鸿沟。随着人口增长，更多下层农民不得不忍饥挨饿，饿殍遍野已是司空见惯。费尔南·布罗代尔在一部可读性和学术性兼备的著作《日常生活的结构》（*The Structures of Everyday Life*）（这样两者兼具的著作可不常见）中写道，法国这样"一个条件优越的国家，却在 10 世纪时大约经历了 10 次饥荒，在 11

世纪经历了 26 次饥荒"。这意味着每 4 年就有一次饥荒。

他写道，"任何一个国家的统计数字都不乐观"。食不果腹、饥饿难耐和大规模饥荒"在数世纪接连出现，简直成了人类生物系统和日常生活的一部分"。每两次饥荒之间的空档期如此之短，令人胆战心惊，没有人不惧维生素缺乏、疾病和死亡的威胁。

中世纪晚期人类遭受的苦难已经有了详细的编年史记载，这类记载描述了人们对野生植物、泥土、树皮、草的食用，偶尔还涉及同类相食。历史作家卡洛·M. 希波拉（Carlo M. Cipolla）在《工业革命前的欧洲社会与经济》（*Before the Industrial Revolution*）中写道，欧洲大多数市民的生活开销基本全部用在了食物上，甚至"购买衣服或衣服布料在当时都是一种奢侈，普通人家一辈子能买几次都很不错了"。

这些问题中，许多都肇始于社会和农业系统的发育不良。正如拉杰·帕特尔（Raj Patel）和詹森·W. 摩尔（Jason W. Moore）在《廉价的代价》（*A History of the World in Seven Cheap Things*）中所写："从封建生产方式向不同的土地耕作方式过渡时，农民对种植什么及如何种植拥有了更多的自主性和权力。这种转变将使中世纪的欧洲能够养活当时数量 3 倍的人口"。

可惜，这种转变没有到来。不过，虽然食物的极度短缺造成了一系列可怕的后果，西欧地区还是很快崛起并成为世界霸主，开始上升为主宰世界秩序的力量，从此便一直影响着人类的生活方式及人类与食物的关系。

在 11 世纪以前，欧洲人口下降到约 3 000 万的低谷。到 11 世纪，人口回升到了 6 000 万左右，这个数字几乎相当于罗马帝国全盛时期的人口数量。

变革先始于气候。全球气候变暖，城区间的联系更加频繁，货币贸易日益取代了物物交换，商人们也在寻找新的市场。欧洲正崛起成为世界强权。

12 世纪和 13 世纪的十字军东征是一个历史转折点。尽管人们几乎不会去探讨十字军东征对人类食物的影响，但二者的关系不可忽视。十字军的成员成分复杂多样，从劫匪、宗教狂热者、唯灵论者、理想主义者、浪漫主义者到寻求救赎的罪人，不一而足。他们都是失业的流浪者、贵族、落魄的农民和军阀、热衷寻找刺激的人、没有继承权的子嗣、帝国主义者和篡权者，乃至强奸犯、杀人犯、抢劫犯，还有反犹主义者和反伊斯兰主义者。

这些人有个共同点：都是机会主义分子。对许多十字军成员来说，效劳国家的“回报”要么是牺牲，要么是得救（理论上如此）。而另一些东征者则成了商贩，贩卖香料、糖以及一些“新”食品，包括大米、咖啡、各种水果等，还包括纺织品、工具和手工艺品。这些新商品为开拓疆域、贸易、殖民和剥削在日后爆炸式的呈现奠定了基础。

但是，1347 年，一批来自东方的远洋船抵达西西里岛，带来了黑死病，阻碍了全球财富的传播。这是十字军东征后国际贸易增长的直接结果。黑死病至少让 2 000 万人丧生，使得欧洲社会四分五裂，同时也开辟了一条变革之路。

此后，欧洲大陆的人口锐减了大约三分之一（有些学者认为减少了一半），食物却相对充裕了。那些仍靠广大佃农（当然还有其他劳动力）获得收入的幸存贵族顿时陷入财政困难。

付租金和缴税的佃农越来越少，封建地主开始重点发展贸易并将其作为主要收入来源。这样就会产生一种更大的压力，迫使原有土地充分发挥潜力，产出可用于交换的商品。如果说曾经的国家还优先考虑养活负责耕作的农民，那么现在已经不可能了。统治阶级还在加紧圈地，将公共土地全部划为私有。

圈地破坏了传统的封建社会秩序。在原有的封建体系中，统治者可以确保佃农无论产量如何，都能继续留在自己的份地上，而且基本上总能有至少一小片土地自给自足。现在公共土地被圈占，这些佃农只能靠自己种植作物，后来更是靠饲养牛羊赚钱养家。无论如何，他们能产出多少价值，通常取决于遥远的市场以及变化不定的外部条件。地主们可能收益丰厚，但新兴的货币经济对大多数农民和百姓是不利的。那些不能自给自足来解决温饱的人则总是徘徊在忍饥挨饿的边缘。

动物能用来生产肉类、毛皮、奶制品、油脂、肥料，并充当劳动力，因此成为财富的重要源泉。（农场圈养的动物被称为"股票"①是有原因的，类似公司的股份。）因此，投资牧场比投资耕地更可靠。20世纪中期的荷兰历史学家斯里切尔·梵·巴斯（Slicher van Bath）写道，在英格兰，"成片的村庄都被夷为平地，用来开辟成牧场，种植牧草、饲养牲畜"。但是牲畜饲养出来填饱的是富人的肚子，那些喂养牲畜的佃农则分不到一杯羹。同时，佃农在温饱方面越来越不能自足。这将产生一系列灾难性的后果，影响数世纪。

随着更多的耕地成为牧场，那些本用来种植庄稼的土地不仅越来越少，承载的压力还变大了，也更加贫瘠。布罗代尔认为，持续种植单一作物（特别是种植小麦）"会毁灭土壤，逼迫人们定期休耕"。然而现实是，土地既没有得到休耕，其养分也没能得到补给，使每年的收成几乎必然会比上一年更糟糕。

农民有部分土地被用来饲养动物，自己却不能吃动物肉；他们在土地上劳作，土地产出却越来越低。但农民的数量竟不减反增，这是怎么回事呢？

原来，欧洲人在国内走投无路，便把目光投向了海外。

到14世纪，尤其是到15世纪，人们开始在更为现代的意义

---

① 牲畜的英文为 livestock，stock 也有"股票"的意思。——译者注

上生产财富、积累资本，通过培植资本和借贷来偿还债务的压力变大了。各地争相垄断商路，掀起了一场疾风骤雨式的激烈竞争。战争和征服变得很普遍，因为各国君主被迫到远方寻找新的财源。这些财富最初的形式是金银珠宝、纺织品（尤其是丝绸）和瓷器。不过，在众多奢侈品中，最具影响力的竟是我们现在司空见惯的物质：香料。

富裕的欧洲人对香料情有独钟。胡椒、肉豆蔻、肉桂、丁香和糖最初均被当作香料，甚至被认为可以入药。香料能够给食物提味，有时香得令人欲罢不能。它们被广泛添加于药品和多种香水中，而且在掩盖令人不快、无处不在的垃圾和死尸的腐臭味时起到了重要作用。

这些商品大多是通过丝绸之路传入欧洲的。这条商路一直延伸至中国、东南亚（如印度尼西亚）。虽然丝绸之路名字里有个"路"字，但在当时，多数商品还是通过海洋运输。而且，由于贸易主要掌握在北非和中东地区的中间商手里，欧洲本土几乎没人知道这条路最远通往何处。这不仅让欧洲商人大为受挫，还使货物价格居高不下。

1453 年，君士坦丁堡被奥斯曼人攻陷，奥斯曼人封锁了除亚历山大至威尼斯以外的所有商路。从东方运来的商品价格一路飙升，即便是贵族也很难买得起。如果这些贵族需要获得亚洲出产的奇珍异宝，就不得不着手开辟新的商路。

有些君主，像斐迪南和伊莎贝拉，嗅到了发展的契机。这两家王朝的联姻促成了西班牙王国的统一，也使国家实力大增，足以在 1492 年将伊比利亚半岛南部的摩尔人驱逐出境。对国王和王后而言，财富和荣耀大于一切。他们表面上对传播基督教感兴趣，其实不过是为机会主义寻找借口，真正目的还是寻找新的香料贸易路线。他们已经准备好要支持开展海上探险活动了。

这一举动正中基诺安·克里斯托发·贡布（更广为人知的名字

是克里斯托弗·哥伦布）下怀。他说服西班牙国王资助他的海上探险，其目的地（表面上）是印度，但他到达的地方不久便被称为美洲了。假如他当时没有"发现"美洲大陆，很快也会有其他欧洲人发现，地名有可能不同，但性质则不大可能改变。

几年后，葡萄牙人瓦斯科·达·伽马（Vasco da Gama）途径好望角，率先开辟了从欧洲到印度的海上航道，完成了哥伦布未竟的事业。在登陆卡利卡特（印度的喀拉拉邦）时，他手下的船员纷纷高喊："为了上帝，为了香料！"由此，殖民主义、帝国主义、资本主义和随之产生的一切事物都宣告来临了。

尽管哥伦布本人可能没有兑现诺言，其继任者们却通过掠夺土地和剥削人民实现了他的承诺。从此，糖和奴隶这两种"商品"再也分不开了，成了最能满足欧洲人财富需求的两样东西。

有证据显示，甘蔗是在新几内亚首次出现的，时间可追溯至大约 10 000 年前，数千年后传至亚洲。人们认为，在公元纪年前的某个时期，从甘蔗中提炼蔗糖的技术在印度诞生。十字军东征期间，欧洲人在中东和北非发现了糖的生产。

糖和奴隶可能最早是在 14 世纪被挂上钩的。根据 J. H. 加洛韦（J. H. Galloway）在《甘蔗产业的历史地理学概论：从起源到 1914》（*The Sugar Cane Industry: An Historical Geography from Its Origins to 1914*）一书中所述，克里特岛和塞浦路斯岛是最早生产蔗糖的地区，这两个岛上的劳动力"由于战争和瘟疫的蹂躏变得稀缺。为了弥补劳动力缺口，奴隶日益被越来越多的地方当作劳动力投入使用"。

甘蔗一旦成熟，就必须砍下来立即加工，否则就会变质。因此，甘蔗的加工一般都在原产地进行。首先要收割甘蔗，然后碾碎，接下来还有一系列从蒸发到结晶的工序，过程复杂费力，很折磨人。

这就需要一大批高效协调的劳动力来炼糖，还需要充足的水源——每磅^①甘蔗需要消耗 300 加仑^②的水。这使得一些学者将蔗糖的提炼称为工业化的开端。

种植甘蔗会迅速消耗土壤肥力，令人们需要不断开辟新土地。因此，糖的生产基地逐渐从地中海地区向西迁移，先是搬到了西班牙，之后又搬到了大西洋上的葡萄牙属马德拉岛。

马德拉岛上木材需求量大，森林常被乱砍滥伐（马德拉在葡萄牙语中意为"木材"），因而通常被认为是地理大发现的第一个牺牲品。之后，人们在岛上开始种植小麦，该岛在 15 世纪成为世界主要蔗糖产地。加那利群岛和圣多美岛很快后来居上，后者是一个临近非洲西海岸的面积狭小、先前无人定居的岛屿。

西班牙人和葡萄牙人大部队紧随哥伦布之后，发现并征服了加勒比海群岛，也把糖的生产和奴隶带到这些地区。当欧洲人将糖运往大西洋对岸时，奴隶贸易也逐渐成形。当地土著被用作劳动力，要么死于疾病，要么死于非人的虐待，欧洲人却不愿意填补劳动力的缺损。相反，16 世纪时，他们从西非绑架当地土著来给他们干苦力活。

臭名昭著的三角贸易便开始了。人被当成从事农作的机器——目的国（主要指当时已将半个葡萄牙变为殖民地的英国）的生产工具和材料一起被运往非洲和各殖民地。奴隶直接被从非洲贩卖或绑架到大西洋彼岸不断扩张的殖民地。糖蜜作为一种生产糖类过程中的副产品，与糖一起用于酿造朗姆酒，被从美洲运回欧洲。三角贸易就这样得以维持。

说糖是导致蓄奴制度产生的唯一因素有些夸张，因为真正起主导作用的显然不是糖，而是糖背后的钞票。可是，在所有食物中，没有哪种能像糖一样，随处生产、遍地开花，如此有力地推动贸易，

---

① 1 磅 ≈ 0.45 千克——编者注
② 1 加仑 ≈ 3.7 升（美制）/4.5 升（英制）。——编者注

包括骇人的奴隶贸易的发展；也没有哪种能像糖一样，供需贴合如此紧密，不管生产多少糖，都会被迅速贩运和销售。

数个世纪以来，无论咖啡、茶叶，还是烟草，这些广受欢迎的奢侈品都不如糖的发展势头迅猛。1700 年，英格兰本土糖类的人均年消费量约为 5 磅。到 1800 年，这个数字约上升至 20 磅，1900 年则逼近 100 磅。几百年间，糖的人均年销量在全世界达到了顶峰，现在一些国家（包括美国）糖的人均年消费量甚至超过了100 磅——每天近 10 汤匙。

几乎同一时期，欧洲人发现的其他奢侈品全都涌入贸易市场，进一步推动了帝国主义和殖民主义的发展。正如已故的、研究糖类历史的传奇学者悉尼·明兹（Sidney Mintz）所言，英国人很快意识到，"从建立殖民地、掠夺奴隶、积累资本、保护航运等一切，到其他所有的成品消费，整个过程的全部环节无一不是在国家的羽翼下形成的"。

所以，世界上影响最深远、最强大的帝国是踩在棕色和黑色人种奴隶的背上，在出售糖、棉花和少数奢侈品的基础上建立起来的。这些商品很快成为欧洲人的"必需品"，而欧洲人的财富也随着帝国实力的提升而水涨船高。

蓄奴制的影响怎么说都不为过。一开始，人们用残忍的手段强迫奴隶为富人生产食物，这到后来却发展为全球通行的、标准化的食物生产模式。人们再也不会只在家门口种植粮食，只解决自家的温饱问题，而是开始通过剥削劳动力，派专人负责监管，在很远的地方生产粮食，将巨量粮食运往各大市场。没过多久，美洲地区成了食品生产的中心。可是相比换来的利润，大自然和人类在这个过程中所付出的代价高得令人震惊。

交换的定义是用等价或接近等价的东西进行交易。上文提到的贸易模式通常称为"哥伦布大交换"[1]——考虑到后来的种族屠杀行径，这可谓是历史学上最大的一个误称。欧洲人从后来所称呼为南北美洲的土著居民那里掠夺了数不胜数的财富，直到20世纪中期一直有能力统治世界上绝大多数地区。那些欧洲人所掠夺的财富包括南北美洲大陆的所有土地和在那里发现的一切：一船一船的白银和其他价值不可估量的原材料。

此外，美洲的本土粮食作物也有着无法估量的巨大价值：玉米（联合国粮农组织认为，玉米按重量计算现已成为世界第二大粮食作物）、土豆（第五大）、甜土豆（第十六大）、山药（通常排名前十），从鳄梨、藜麦到各种豆类，包括花生以及其他各种食物。

其中，辣椒特别有名——它被哥伦布误称为胡椒。当时哥伦布罔顾事实，把美洲原住民叫作"印第安人"，想把当地作物当成稀有的香料拿到市场上卖。辣椒后来风靡全世界，就像在中美洲一样广受欢迎，在北欧却不受待见，因为不合当地人口味。

先前的不毛之地现在长了许许多多的"新型"作物，这些食物从根本上改变了世界运行的规则，改变了世界其他地区的饮食习惯、农业发展重点和营养状况。

在这次"交换"的浪潮中，欧洲人贡献了什么？除了赤裸裸的屠杀，还有天花、麻疹、流感、痢疾、肺结核、炭疽、旋毛虫病及其他疾病。他们还贩卖奴隶，欺压百姓，盗抢土地并建立残酷的宗教统治，破坏土著文化——欧洲人对美洲土著文明的摧残可谓无所不用其极。

在那之前，美洲大陆上的人们总体上运气还是不错的。上文提及的本土作物，比如玉米、土豆、山药、甜土豆和蔬菜，其产

---

[1] 哥伦布大交换是一场东半球与西半球之间生物、农作物、人种（包括黑奴）、文化、传染病，甚至思想观念的突发性交流。在人类史上，这是关于生态学、农业、文化各方面的重要历史事件。1492年，哥伦布首次航行到美洲大陆，这是世纪性大规模航海，也是旧大陆与新大陆之间联系的开始。这种生态学上的变革便被称为"哥伦布大交换"。

量比小麦、大麦、燕麦和黍米都多，跟水稻差不多。此外还有很多：番茄、菠萝、草莓和蓝莓，还有品种丰富的南瓜、甜瓜和葫芦科植物，几种树生坚果、巧克力（对许多人而言，称得上全世界最重要的作物）和烟草。

这些地区的原住民之所以能免受食物短缺和饥荒之苦，在很大程度上归功于以下因素：方才提到的丰富高产的本土作物、肥沃富庶的土地、多数地区取之不尽的水资源、总体上适宜的气候以及可持续的农业发展方式。在他们的努力下，辉煌的文明得以建立。从火地岛到北极地区，数百个部落（以及上千个小部落）建立了成熟的社会和城市，形成了部落联盟，推动了科学、农业、文字记载（record-keeping）、艺术、建筑等领域的发展。

然而，这些完全无法阻挡殖民者的脚步。西班牙只用了50年的时间就控制了新世界一半以上的土地。跨越两个大洋的货物贸易普遍开展，人类历史上空前惨烈的种族屠杀正在进行。多达1亿原住民丧生——这个数字占了全球原住民的90%，占世界总人口的20%，远高于死于欧洲瘟疫的人数，至少相当于20世纪两次世界大战死亡人数的总和。

地球环境也同样受到了巨大的影响，尽管是逐渐显现出来的。欧洲殖民者很快开始成群结队地到来，在新殖民地上建立自己的食物系统，排斥现有的墨西哥薄馅饼、土豆、火鸡、豚鼠或者豆类作物。猪肉和面包才是他们想要的。1539年，埃尔南多·德·索托（Hernando de Soto）将13只猪带到今天的佛罗里达州，随即开启了生猪养殖的进程。由于一头母猪一年能产20只小猪，殖民者对猪肉的需求很快便得到了满足。

正如原住民对欧洲人带来的细菌和病毒毫无抵抗力一样，这些引进的猪在当地没有任何天敌，很快便势不可当，迅速繁殖。除了猪之外，欧洲人到了17世纪中期又引进了牛，使得肉类、皮革、动物油脂（用来制作蜡烛）和乳制品在整个西半球变得比在欧洲更便宜、更常见。

起初，这些新引进的动物完全采取自由放养的模式。欧洲的农民需要修建篱笆来控制牲畜进出牧场，同时避免偷猎。但在美洲，哥伦布到来前，这些对当地农民而言都不是问题。在当地人签署契约、转让和继承土地过程中，不存在土地"所有权"的概念。如果一个农民或一群农民经营了一片耕地，那么这片耕地的边界是自动得到他人承认和尊重的，别人也不会侵犯。在休耕期，任何人都可以在这片土地上觅食和狩猎。

这类土地的大部分都已经由原住民在耕作，对土地的经营管理会依照部落间的协定进行。但在任何情况下，粮食种植都不需要建篱笆。欧洲人是否自欺欺人地认为这片土地无人耕作并不是问题的重点，因为即使他们知道有人耕种，也不会在意。重点是，他们事实上可以无限制地攫取这片土地上的资源并会继续在最富庶的土地上偷盗，把它变成种植园、庄园、农场或牧场，用来圈养外来牲畜。

最终，欧洲人圈占了大部分土地并据为己有，用来买卖以从中获利。他们推行单一作物种植，把生产的余粮用于全球贸易。这些人还制定了财产法，改变了原先的情形，保留了欧洲的土地所有权和农业传统。那些幸存的原住民中，许多人已经在农业社会生活了几个世纪，他们为了生存被迫重拾游牧狩猎的生活方式。

在如此短的时间内发生了这么剧烈的动荡是难以想象的。100年前，几乎所有人终其一生都活在那区区几亩地上，生于斯、长于斯。他们中很少受到人为的外部事件的影响。诚然，战争、侵略和远征依然存在，这些偶尔会影响到普通人，但除了一小部分人外，绝大多数人日常生活都相对独立，即便穷困，生活也十分稳定，世代如此。

来自西半球的财富迅速改变了数百万人的生活，最终改变了地球上每个人的生活轨迹。

在欧洲大部分地区，面包的物价乃至生活成本涨了 3 倍，引发了历史学家所称的"价格革命"和"17 世纪普遍危机"[①]：粮食暴乱、饥荒、贫穷和营养不良接踵而至，成为接下来 200 多年里发生的数场革命与战争的导火索。这些都是建立一个全新的生产和贸易模式所付出的日益严重的代价。

法国、荷兰、西班牙、葡萄牙和英国已经将世界大部分地区瓜分完毕，一个显而易见的动机是为了获取财富。但人们很容易忘记，土地本身及它提供急需的食物的潜力是另一个重要动机。在接下来几个世纪中，欧洲列强纷纷奴役原住民，强迫他们在新殖民的土地上耕作，生产茶叶、咖啡及糖等奢侈品。他们还在当地推行种植单一经济作物并将其发展为第一产业（很多时候是唯一的产业），以使自身利益最大化，阻碍原住民本土经济发展。欧洲人先是让原住民不间断劳作，直至倒地不起，再去别处寻找免费劳动力，绑架和掳掠数以百万计的非洲黑奴，由此建立了一个全球经济体系，把人作为商品贩卖，利用劳动力养活整个欧洲大陆。他们从整个生产体系的运作中牟利，用所得利润建立和扶持本国工业和金融部门，同时在国外建立军事和政治机器。最终，这些欧洲人打断了被征服和被压迫地区的自然发展进程，而且说实话，那些被强迫干活的劳动者完全得不到一点好处。

殖民者对原住民造成了如此惨烈的破坏，却不大可能感到懊悔，因为他们的行为已经被勒内·笛卡尔（René Descartes）在 17

[①] "17 世纪普遍危机"（the general crisis of the seventeenth century）是英国著名史学家 E. J. 霍布斯鲍姆于 1954 年首先提出来的。他指出，此时期欧洲发生了由中世纪社会向近代社会的关键性转折，经历了经济衰退、谷物生产萧条甚至下降、人口死亡率上升、资产阶级革命、社会叛乱等众多现象，从而认为欧洲经济在 17 世纪经历了一场"普遍危机"。霍氏提出了 17 世纪普遍危机问题并给出了系统解说，还将当时正在进行的西方社会转型、西方文明的兴起等学术热点问题与 17 世纪有机结合起来，凸显了经济的重要地位，为 17 世纪的研究提供了一个较高的起点和平台，使之成为世界历史上有重大研究意义的问题。——译者注

世纪推广的思维方法证明是合理的。笛卡尔揭示了对世界的一种原始的科学理解，即将世界分为两种实体：一是可感知的、有生命的、有智慧的"精神实体"，几乎为受过教育的白人男性所特有；二即剩下的部分，被称为"广延实体"。这种简单直白的自然观念被称为"心物二元论"（笛卡尔二元论），可视为科学观念的雏形，它对今天人们的思维方式所造成的影响怎么强调都不为过。

笛卡尔所称的第二种实体，即广延实体，几乎包含了自然界所有存在物：动物、森林、岩石、人的情感及一切被认为"非理性"的事物。它也包含大多数人类，这些人被当作肉身，是承载大脑的无生命的躯壳，其大脑中"野蛮"的成分远多于"思维"的成分。妇女、未受教育的男人和"野蛮人"都属于"广延实体"，说白了就是劣等人群。

由此观之，所有妇女和有色人种与动物、矿物质、山、土和其他各种自然界的物质皆属同一类（笛卡尔称他们为"制造噪声的机器"），都要接受白人男性的统治。笛卡尔二元论被认为是科学思维的一种形式，其实这不过是对白人男性至上主义宗教式合理化的延伸。

这种思维方式与种族主义、性别主义、环境破坏和对人民的奴役联系在一起。娜奥米·克莱恩（Naomi Klein）在《这改变了一切》（*This Changes Everything*）中写道，"笛卡尔谈到了身与心的分离以及人的肉体与大地躯体的分离，这种从根本上一分为二的看法贻害无穷。父权制对女性身体的残害、对大地母亲肌体的破坏，皆与这种二分法密切相关。不管是科学革命，还是工业革命，都滥觞于此"。

正如所有新生的统治阶级所做的那样，如果要建立一个全球性的、以工业为基础的经济体系，就必须不计后果地铲除农业、农民及其生活方式，这正是已经发生的事实。17 世纪前的 10 000 年间，几乎所有人都从事农业或至少依靠农业生存。17 世纪开始，一切都变了。旧的生产方式献祭给了一尊新神，我们委婉地称它为市场经济，或无节制的资本主义。

西方科学要形成一个真正的理性思维传统，仍需再等上好几百年。这种与笛卡尔二元论相反的思想认为，一切事物都是相互联系的，人的身体、自然与精神世界相互贯通，所有玄妙、难以解释和违反常理的事物也是相互联系的，这一思想流派被称为生态学。然而，在生态学思想观念建立之前，资本主义与食物之间的关系是不计后果的，而整个人类世界首先得承受由此带来的一系列影响。

第四章　制造饥荒

每个民族的饮食历史都是独特的，它从某种程度上定义了我们。我在移民城市纽约长大，是第一代犹太裔美国人的儿子，第一代的父母则从波兰、罗马尼亚、捷克斯洛伐克移民过来。不过，祖父母、外祖父母在离开家乡时，他们分别所在的 4 座村庄原属同一国家，但现在其中 3 座村庄已各归属不同国家了。我一直认为自己是个纯正的"美国人"，但我时不时会意识到我和我的家族在美国相对短暂的历史。爱尔兰裔美国人的祖先比我们的祖先早50 年到达美国，虽然与犹太裔美国人的人数相当，但他们的根基比我们要稳固得多。

在我的记忆中，爱尔兰人和罗马人都很令人困惑。我对爱尔兰邻居几乎一无所知，只知道他们会去天主教堂和学校，对他们酗酒和爱吃马铃薯的习惯也有所耳闻。

后一特点并不奇怪，我们也常吃马铃薯。只要我和妹妹不愿吃母亲烹饪的食物，父亲便会提醒我们，他是吃水煮马铃薯长大的，"运气好的时候才有酸奶油拌着吃"。我的西西里朋友会想起在他们的故国，面包通常会在挂在门上的一条鳀鱼上抹一下才吃。一些爱尔兰祖父母会说晚餐是"指着肉吃马铃薯"，即手指向挂火腿的地方（假如有这样一个地方），然后继续吃盘里的马铃薯。我的父母也不是毫无幽默感，却从不聊故国。

我家通常会把马铃薯捣碎，有时加酸奶油，从父母童年所处的大萧条时期至今，我们的生活已经好转很多了——马铃薯成了一道配菜。我们几乎每晚都吃肉，通常是牛肉，有时吃羊肉或鸡肉，偶尔也吃猪肉。自我两岁起，母亲便不再按犹太教教规制作食物。

20世纪50年代，刚刚进入后大屠杀时代，那时我们家族的历史大多是悲惨的。被连根斩断后，我们失去的不只是几代犹太人的生命，还包括所有历史。据说我的曾祖父母是裁缝和面包师。我知道我的外祖父母曾经营一家餐馆，外祖母负责烹饪，我的祖父曾是一名服务员。正如许多我同时代的犹太人一样，我不知有多少亲戚死于大屠杀，也不知有多少亲戚逃离饥饿、贫穷和迫害，成功抵达美国。我祖父母谈起故国，总会提到反犹太暴力和恣意破坏财物的行为，情况非常糟糕，恰逢当时的移民潮，他们不得不开始冒险移民国外。

爱尔兰人的故事则与此不同。在我的祖父母出生前50年，即1845年后的一段短暂时期，爱尔兰约四分之一人口要么移民，要么死于饥饿。这要归因于爱尔兰的马铃薯大饥荒（Potato Famine）——自欧洲中世纪大瘟疫以来最可怕的人口悲剧。

错并不在马铃薯（真正的食物不会有错），而在于人们对它的依赖。这种依赖只是哥伦布大交换和随后的美洲财富外流产生的影响之一，而马铃薯在这些珍贵的食物中居于顶端。

安第斯山脉有数百种特有的马铃薯品种，由此又培育出数千种栽培种。马铃薯的种植要求不高，也无须太多照料。由于可食部分长于地下，因此它更耐雨、耐风、耐热。它们极为多产，每亩产出马铃薯的卡路里甚至比玉米的还多。此外，它们也可以持续生长下去。安第斯山脉的盖丘亚族人（Quechua）和艾马拉人（Aymara）发明了楚诺（chuño），这是一种自重轻、可存储多年的冻干马铃薯。

16 世纪中期，西班牙人把马铃薯带到欧洲，大部分欧洲人傲慢、传统，意识不到它的价值，甚至很多人认为它有毒。但当时根茎类蔬菜并不罕见，没过多久，马铃薯就作为动物饲料开始种植。18 世纪末，它已经变成一种被人们广为接受的主食。马铃薯不仅结束了饥荒，还促使了那些马铃薯普及的国家的人口的增长。

这一现象在爱尔兰最为普遍。后封建时代地主创设了一个在殖民时期全世界通用的模式：他们将爱尔兰最好的土地变成圈地，用来放牧或种植玉米和其他作物；大部分作物在被运到爱尔兰海对岸前，由贫困的爱尔兰佃农照料。

留给本地人的只有适宜种植马铃薯的小块土地，所以到了1800 年，爱尔兰成为一个小农国家，大部分小农拥有的"农场"不到一英亩①，每天得吃几顿马铃薯。据估计，每日马铃薯消耗量达人均 12 磅，而且近一半人口几乎只吃马铃薯。

你可能不相信，但爱尔兰人就是靠吃马铃薯生息繁衍的。与当下主流观点相反，如果存在超级食物（其实并不存在），马铃薯一定会位列其中，超过浆果、牛油果、绿茶和许多其他新品类。特别是带皮吃的时候，马铃薯含有大部分重要维生素，包括维生素 C（它们有效结束了很多国家的维生素 C 缺乏病），还含有矿物质、纤维和蛋白质。再加上一点牛奶，马铃薯就成了营养接近完美的餐食，即便这一事实听上去平平无奇。

因此，吃马铃薯是件有利于健康的事。1780—1840 年，爱尔兰传染病案例减少，婴儿死亡率降低，国民寿命增加，人口翻番

---

① 1 英亩 ≈ 4 047 平方米。——编者注

至 800 万，这都要归功于马铃薯。

但马铃薯作物非常脆弱。正如我所说，19 世纪 40 年代爱尔兰饥荒的责任并不在马铃薯，而在于马铃薯晚疫病菌，这是一种导致枯萎病的微生物；在于英国人剥削性攫取海外经济作物，挨饿的爱尔兰穷人无法负担这些作物，而英国人又不愿向他们免费提供。饥荒的原因还在于单作的主导地位，整片土地都用于种植单一作物。许多爱尔兰人不仅只种马铃薯，还只种一种马铃薯。

马铃薯在某些情况下会产出种子，但那些种子通常不会"产纯种马铃薯"，或像它们的母株那样长出有相同特点的秧。大部分马铃薯长在马铃薯块上（"芽眼"就是马铃薯芽）并且有相同特性——它们实际上是营养繁殖下的克隆体。虽然安第斯地区农民培育出 4 000 多种马铃薯，它们可在不同土壤、季节、地点、气候、海拔下茁壮成长，但大部分爱尔兰人只培育了一种马铃薯克隆体。碰巧的是，这种克隆体易受枯萎病影响，所以一旦枯萎病降临，便大难临头。

没人知道当时具体有多少爱尔兰人失明（天花的症状之一，而正是饥荒导致了天花）、饿死，或干脆背井离乡，其中大部分人去了美国。

爱尔兰的马铃薯大饥荒广为人知，但它并不独特。饥荒自始便是人类历史的一部分。然而讽刺的是，农业进步到足够支撑全世界人口后，饥荒反倒变得越发平常和恐怖。这是帝国主义和殖民主义的直接后果，因为它们对农业的要求并非向人们提供粮食，而是向市场提供商品。

用弗朗茨·法农（Frantz Fanon）[①] 的话说，殖民主义意味着世界其他地区的财富被盗，以建造一个更加强大、美丽、文明、发达的

① 指弗朗茨·奥马·法农（1925—1961）：法国黑人政治家、哲学家、精神分析学家、革命家。其作品在后殖民主义研究、批判理论和马克思主义等领域都具有影响力。——译者注

欧洲。到 18 世纪，在世界各地运输的不仅有香料、茶叶、糖等奢侈品，还有谷物、肉类等真正的食物。它们通常在一个地方种植和生产，然后运到另一个地方被消费。在殖民政权下，经济作物和单作迅速成为常态，目标是生产力及利润的最大化。在粮食产量减少前，土壤健康经常遭到忽视。粮食产量降低的对策是少休耕、少轮作、少种覆盖作物、多施肥。但问题是当时化肥供给有限。

人类无法在保持土壤健康的同时，又使其生产力最大化，这一事实显然意味着农业无法跟上人口增长的节奏，终将开启一个可怕的饥荒新时代。这一悲观观点的代表人物是英格兰人托马斯·罗伯特·马尔萨斯（Thomas Robert Malthus）[1]。

1798 年，马尔萨斯写的《人口学原理》（*An Essay on the Principle of Population*）一书面世，预言人类数量增长速度很快会达到每 25 年翻一番，而农业产出只会递增。因此，他论证，人类只有对此采取严厉措施，才有望实现粮食安全——无论这些措施是"建设性"的（意指造成更多死亡），还是"预防性"的（意指节育、晚婚、禁欲、流产等）。

仔细阅读他的作品后，你会发现他不一定是一名灾难预言者。他的文章对 18 世纪晚期农业经济进行了富有说服力、洞察力的分析。事实上，当时农业生产跟不上人口增长的节奏，至少跟不上当时已有的技术。此外，全球饥饿状况逐渐稳定很大程度上要归功于节育措施。

时至今日，马尔萨斯的言论被一些人扭曲为蹩脚的论据，这些人认为只有开展密集型农业才能使人们免于挨饿。当你听见有人哀号"我们要怎样喂饱 100 亿人"时，你所听见的正是马尔萨斯留给后世的深远影响。

---

[1] 托马斯·罗伯特·马尔萨斯（1766—1834）：英国政治经济学家、人口学家。他提出的"马尔萨斯陷阱"认为，技术的进步会造成人口的增加，从而导致粮食供不应求。——译者注

这个问题听上去不无道理，但答案要比单纯提高粮食产量复杂得多。粮食安全不只是农业问题，还是一个政治问题。饥饿预示的并非生产不足，而是不平等、钱与权的滥用。即使在马尔萨斯所处的时代，这一事实也在迅速变得显而易见。

事实上，假如农业优先考虑人类和土壤健康，食物对所有人来说是充足的。相反，过去几百年间，饥荒使曾经坚韧、蓬勃的社会饱受摧残。大部分殖民前的饥荒由农业生产不足或环境灾难导致，而这些频繁发生的饥荒是国家的敌意、虐待、种族歧视、贪婪和忽视造成的。

英国在 20 世纪早期控制着世界四分之一的地方，很多时候对于饥荒的发生它难辞其咎，这也是意料之中。首次现代的、由环境触发的且由政治加剧的饥荒发生在爱尔兰，但它绝非独立事件。

马铃薯大饥荒发生时，爱尔兰仍属于英国，所以严格来说它并非殖民地。但当地信仰天主教的人所耕种的土地并不属于他们，他们种植作物、饲养牲畜，还向英格兰地主支付租金。这么说来，他们和被殖民者更为相似。

而且，他们并没有现金或粮食储备。尽管引发饥荒的直接因素可能是马铃薯枯萎病，但真正的元凶是贸易型经济，它使得爱尔兰生产的大部分粮食被运往外地，而大部分利润落入外地地主的口袋。

失去作物从不是件好事，但当整个社会体系反常到连公共资源都消耗殆尽、人们无力互相照料时，情况便是致命的。如果外界不提供帮助，失去农作物的情况便会演化成饥荒。

英国应对爱尔兰危机的方式受马尔萨斯和亚当·斯密（Adam Smith）思想的启发，后者是现代政治经济学的创始人之一，以创造"看不见的手"一词著称，该词用以描述市场的神奇之处。他关于饥荒的文章强调：为了帮助艰难挣扎的社群，无论是降低商品价格，还是直接为他们提供现金、食物等援助，政府的干预只会耗尽供给，恶化现状。他没有预料到的是爱尔兰所经历的全面谷物歉收，因马铃薯当时并未纳入欧洲社会的农业体系，谷物全面歉收极为罕见。这可能也解释了为什么在关于爱尔兰灾难的问题上，他的断言听上去如此残酷。但反对向爱尔兰提供援助的英国官员往往援引他的观点，将其与当时的时代背景完全割裂。

对马尔萨斯和斯密理论的一种尤为愤世嫉俗的解读是：凡"值得"活下去的人总会找到生存之道，而饥荒导致的死亡是"上帝"或"自然法则"在告诉我们，世界无法支撑当前人口。

这种思维方式被用作贪婪和残忍的借口。为"懒惰的"爱尔兰人改编的英国《济贫法》（English Poor Laws）认为，那些工作的土地在四分之一英亩以上的人太舒服了，没资格获得援助。但是，这些农民几乎无法支付租金，他们土地的生产力每况愈下。几十万爱尔兰人最终逃离了农场，加入公共工程项目。

这些项目的可怕程度是狄更斯小说级别（Dickensian levels）的。由于英国施压爱尔兰当地政府为项目提供资金，城镇陷入了更深重的债务，削减成本成为当务之急。结果是，参与这些国家资助项目的工人拿到的薪水不足以养活全家。按照斯密的标准，这些项目也构成过多干预，导致自由市场无法发挥它的魔力。假如这听上去很熟悉，那是因为自那以后主流经济学理论几乎没有变化。

最初领日付工资的工人很快就开始领计件工资。换句话说，挨饿的人们被迫生产更多的物资来赚取足够的食物。社会安全网的反对者长期以来倡导不工作者不可领食品券，这一现象正合他们的意。

假如爱尔兰人可以在他们劳作的土地上为家庭种植多种作物，这些作物便可弥补因枯萎病损失的马铃薯。事实上，他们的土地、劳动和牲畜都在养活英格兰人，而爱尔兰人则沦为自然法则的合理受害者。据历史学家詹姆斯·弗农（James Vernon）所言，以下说法是明确的："查尔斯·特里维廉（Charles Trevelyan）在担任财政部助理部长时因处理饥荒被封爵，他认为马铃薯枯萎病是'全智全仁的上帝给予人类的直接打击'。它为人口过多的爱尔兰提供了'可能产生疗效的、尖锐但有效的补救措施'。"

挨饿的爱尔兰人离开了农场，在近乎奴工的劳动条件下从事道路和桥梁的建设工作，这助长了痢疾和斑疹伤寒（又名"饥荒毒素"）的肆虐——当时最常见的死因之一。

终于在 1847 年，因为公共工程项目挤满了挨饿的爱尔兰工人，英国人才建起救济站直接向他们提供免费食物。历经一切苦难后，事实证明免费援助是减轻死亡和疾病的有效方式。多么不可思议！

但木已成舟。约 100 万人死亡，另有 100 万人移民。而且，英国人似乎没吸取教训。他们反倒以这场悲剧为基准，来解决处于英国控制下的其他国家的作物减产问题。

事实上，这一模式此后在全球运行。自由市场的神话把穷人描绘成缺乏动力、抱怨不休、懒惰成性、愚昧无知的模样，以此将大量伤亡正当化，与此同时死亡人数也在增加。

与许多（甚至大部分）20 世纪五六十年代白人中产阶级的儿童一样，我父母要求我把晚餐吃干净，因为"印度的孩子们正在挨饿"。毫无疑问，有些孩子确实在挨饿，我们公寓外数英里或数街区内的那些孩子就在挨饿。

但正如我们所见，饥荒并非亚洲的独有现象。财富在历史上也并不只属于西方。1700 年，中国和印度分别拥有超过 20% 的全球 GDP（国内生产总值，即特定时间内生产的商品和服务的统计数字）。这相当于整个欧洲大陆的 GDP。

而到了 1890 年，欧洲的 GDP 翻番，中国和印度的却减缓增长。

英国在印度建立殖民统治前，印度许多地区有复杂且有效的食物供应管理系统，同时还有适应当地耕作风格的法律体系。当然，某些地区比其他地区产更多的粮食，但当地有关照农民群体的良好记录。流传到今天的一条孟加拉国习俗是："慷慨地"给有需要的人提供食物。

英国东印度公司［历史学家威廉·达尔林普尔（William Dalrymple）在《无政府状态》（*The Anarchy*）一书中将其称之为"首个大型跨国企业、首个横行无忌的企业"］在 17 世纪末称霸前，莫卧儿帝国是财富的典范。它的 GDP 不仅位居世界前列，而且它主要通过运往欧洲的服装控制着四分之一的全球制造业市场。手工编织工是劳动力的主体，他们拥有比欧洲农民和工厂工人更强的经济实力和更高的生活水平。

但英国对非工业化殖民地更感兴趣，这些殖民地只会为英国工厂提供原材料，因此英国迫使印度工业化，对印度本地的工厂制品征收沉重的税收，以保护英格兰兰开夏郡不断壮大的纺织业。结果到 1880 年，印度在全球制造业市场的份额降至不到 3%，以今天的货币计算，相当于数万亿美元"蒸发"了。

这不仅仅是个数字游戏。在英国殖民统治前的 2 000 年中，印度只发生过 17 次有记载的饥荒；在英国统治的约 100 年中，却发生了 31 次。换句话说，印度的饥荒频率从平均每世纪一次增加到了每世纪 30 次，或者说每 3 年一次。1850—1900 年的半个世纪中，印度发生的饥荒要比其历史上任何一个 50 年都多，而且这些饥荒的死亡率是之前的两倍。

接下来我要讲的起因与英国在爱尔兰的作为如出一辙。在印度建立殖民统治后，英国迅速残暴地重组了农村经济，指定政府为事实上的地主并强迫农民种植棉花。那些农民的理性回应是生产尽可能多的棉花，尽管棉花价格低且不可预测。

1791—1860 年棉花产量猛涨，增幅几乎达 4 倍。印度成为世界第二大原棉产国，除美国以外，其增长率比其他任何地区都多 3 倍。

但如此一来，农民更无收入保障了。英国人希望印度能确保稳定的棉花供应，但他们只在对己有利的情况下才购买并交易棉花。比如，美国内战前夕物价飙升，当时英国担心美国供应中断，但战争结束后，1865 年英国恢复购买美国南方的廉价棉。全球棉花价格暴跌，数百万印度人也因此挨饿。

这些与厄尔尼诺－南方涛动现象同时发生，该现象每 5—7 年发生一次，造成大片太平洋水域温度升高，扰乱全球气候，使环太平洋圈、非洲东南部、美国部分地区，包括印度次大陆的南亚大部分地区长时间过于潮湿或干旱。

厄尔尼诺现象是一种周期性、难以预测但总是隐约在意料之中的天气模式，印度民众和政府一直致力于抵御该现象。19 世纪 70 年代，厄尔尼诺现象比往常更糟糕，主要是带来了干旱，但它的影响本不该如此具有毁灭性。

然而，面对农业灾难，英国人因贫穷惩罚印度国民的方式与当初对待爱尔兰人的方式如出一辙——让他们为食物工作。1876—1878 年，印度死于饥荒的人数超 500 万，准确数字也许高达 1 000 万。

印度的统治者和臣民都知道，国家在灾难时期的角色应是帮助在死亡线上挣扎的人民。在中国，这一传统始于公元前 221 年的秦朝。儒家思想家孟子曾写道："人死，则曰：'非我也，岁也。'是何异于刺人而杀之，曰：'非我也，兵也。'"

1636—1912 年，统治中国的清朝将农民的富足视为帝国稳定的核心。一般来说，土地所有权程度越高，不平等程度就会越低；国家对农民进行灌溉和土壤维护方面的培训并调整小麦价格以防市场泛滥。它还购买余粮，储存粮食以在粮食短缺时进行分配并免费提供给臣民——这比等待看不见的手发挥作用要有效得多。

英国设计的新全球化经济几乎摧毁了该体系。英国人对中国茶叶的需求旺盛（你也许凭经验就知道，咖啡因可以致瘾）。茶叶对殖民主义者来说不仅仅是一种奢侈品，还是提高生产力的引擎——它不仅让新的产业工人摄入咖啡因，而且成为促进糖类消费的绝佳手段。同样重要的另一点是，英国政府预算 10% 来自茶叶的进口税。

但贸易失衡已经到了无法控制的地步。英国人用白银购买茶叶，但很快白银就用完了。毕竟白银作为贵金属来之不易。

必须采取措施了，而他们的解决方案则非常阴险毒辣。英国人基本上变成拥有超能力的毒贩，在印度扩大鸦片生产，然后强化中国人对鸦片的需求，让他们产生毒瘾。接着，他们用鸦片替代白银，购买茶叶和其他商品。

19 世纪 40 年代，清政府官员要求英国人停止或至少限制鸦片出口，英国人以压倒性力量做出了回应。他们炮击城市，以步兵进攻，在贸易主权和政府权力上要求清政府妥协。这便是著名的鸦片战争，旨在将当时的清政府推向有利于大英帝国的"自由"贸易经济体的发展道路上。

用历史学家大卫·阿诺德（David Arnold）的话来说，这些打击使清朝"迅速衰落，陷入现今看来几乎无法理解的贫困、衰败和毒瘾困境"。

几十年内，清政府的粮食储备只有英国干预前的 20%，在某些地区只有 10%。中国北方广大地区，却成为 19 世纪 70 年代和 90 年代厄尔尼诺气候事件的受害者，大量中国人在干旱引发的饥荒中饿死。英国人再次将这些死亡归咎于自然原因，甚至声称如果他们能说服统治者加倍努力适应自由市场原则并进一步"现代化"，饥荒反而可能产生积极影响。

英国人的论点是，如果清政府深入农村修建铁路，他们本可以及时将粮食运到内陆给那些挨饿的人吃，但铁路建设过程太慢了。正如迈克·戴维斯（Mike Davis）在《维多利亚晚期的大屠杀》

（*Late Victorian Holocausts*）这部著作中认为的那样，饥荒是由生态和政治联合驱动的。这是对饥荒的最佳分析，也是重要信息来源。他指出，"在18世纪，（政府）有技术和政治意愿在区域间大规模转移粮食，从而比此前世界历史上的任何政体更大规模地缓解了饥饿"，在19世纪，清政府精疲力竭，"沦为靠私人捐赠和向使其蒙羞的外国慈善机构领取断断续续的现金救济"的半殖民地半封建社会。

当英国人喝着加糖的茶，贩卖着鸦片，处理他们的贸易逆差并资助南非、阿富汗和埃及的殖民战争时，数百万中国人正在挨饿。这场饥荒使清政府动荡了数十年。

不足为奇，殖民统治以同样的方式破坏了非洲大陆的社会结构并精心策划了非洲的饥荒。在欧洲人抵达西非之前，当地农民种植十几种不同的维持生命的谷物和其他作物，其中包括小米、画眉草、高粱、福尼奥米（fonio）、红薯和各种绿叶蔬菜。它们是本土植物，适应力强，耐寒、耐热、耐干旱，甚至在贫瘠的土壤也能生长。

例如，加纳第二大城市库马西周围的农业地区顺利度过了始于15世纪、持续近200年的干旱期。考古学家已经确定，那个时期不存在食物短缺，饮食结构也未改变。手工业者推行铁、陶器和布料贸易，形成强大的区域经济，加上本土作物，二者的结合创造了一个粮食安全的健康社会。尽管数代人经历了严酷的天气状况，但社会仍继续蓬勃发展。

但从15世纪中叶以来，从葡萄牙人开始，欧洲人破坏了这些区域经济网络，转而做全球贸易。帝国主义统治者征收沉重的税赋，表现出了对采矿、城市发展和单一种植的偏好，即只种植可可或咖啡。正如在中国和印度，这些奢侈品开始取代维持生命的本土作物，入侵者将本土作物归类为"牛饲料"。

这对人类健康造成了严重影响。人们的饮食变差，储存食物以备不时之需的能力变得越来越弱。环境也受到了影响。农田面积开始萎缩，沙漠得以扩张。结果，原本一个殖民入侵前比同时代的欧洲更健康、更不容易发生饥荒的社会，走向了遭受长期处于饥饿状态的局面。

这也不是唯一的例子：米饭是塞内加尔人的传统主食，但法国人却强迫塞内加尔人种植花生，使农民越来越依赖进口大米。通常，这种大米来自法属印度支那，这对法国来说是一种方便且有利可图的安排。随着米价的上涨，塞内加尔人不得不靠种植更多的花生来谋生，同时也牺牲了土壤质量。

1931 年尼日尔和 1924—1926 年发生在加蓬的饥荒也是法国人造成的。像往常一样，他们将危机归咎于挨饿的人。阿诺德回忆道："指责非洲人'懒惰''冷漠'和'信仰宿命论'是法国官员的一大特点。"

殖民者和入侵者将非洲大陆视为一片未开发的荒野，满是饥饿和未开化的人，正如他们将美洲原住民视为荒野猎人和游牧民一样。如伊万杰罗斯·瓦连纳托斯（Evaggelos Vallianatos）所言，在全球范围内，"在营养不良和饥饿的惨淡面庞面前不断闪现着旧殖民体系的暴力"。

英国人也剥削美国殖民地，这无疑是独立战争爆发的主要原因。但与印度不同的是，北美对某种内部殖民化持开放态度。在原住民遭受种族灭绝之后，这里几乎有无尽的土地和蓬勃发展的市场。从殖民时代到内战后很久，本地出生的美国人和移民美国的人可以通过多种方式轻松获得土地——前提是他们是白人和男性。

其中的一种方式是建立特许公司，例如普利茅斯公司或弗吉尼亚公司。该方式并不寻常，但假如你是其中一家公司的早期股东，你将获得土地，供你持有或出售。

此外便是人头权制度，该制度最初建立于弗吉尼亚州，后来被其他一些殖民地采用，而且大多仅限于 17 世纪。该制度规定，每自费将一个人送往美国——包括你自己、你的家人、契约仆人，甚至奴隶，你将得到 50 英亩的土地，有时甚至更多。比如，假如你有能力向美国引入 60 名奴隶、仆人、亲戚或三者的任意组合，你的地产将至少增加 3 000 英亩。

国王、村庄或教堂也可以直接授予你土地。后来，便宜购买土地变得更加普遍，你也可以直接搬到"无人占领"的土地上，将其占为己有。

真正的问题是，一旦某个州声称拥有某片土地的所有权，白人男性（政府承认的唯一公民）就能获得其所有权及政府的保护，不管这片土地上是否仍有美洲原住民。

美洲原住民并不认为土地是可转让和出售的财产。但突然间，那些每年或每两年休耕并转移到新土地的人再也无法回来耕作。另一部分的原住民目睹了他们的土地被"合法"盗用并被当作商品进行买卖。土地的主要目的不再是种植各种食物来养活居民，而是生产特定作物或饲养一两种动物以进行贸易。

从一个角度看，一群了解自然及其运作方式的人受到了另一群人的处置，这群人认为自然和生活在其中的人都无足轻重。（至于动物，北美大平原上最初有 3 000 万头野牛，到 1889 年只剩下 1 000 多头。同样，数十亿只旅鸽被射杀、网捕，甚至被无止境地毒杀，装进桶里。到 1914 年，这片平原上，旅鸽已不复存在。）

18 世纪，欧洲人认为阿巴拉契亚山脉以西的任何地方都是"边境"，即"白人尚未控制的最西之地"。甚至在宪法制定之前，国会就从《西北法令》（Northwest Ordinance）①开始，以法令形式征用土地。作为该国"契约自由的第一保障"，该法令确定所有以前的无主地（根据入侵者的定义，原住民不"拥有"任何东西）现由联

---

① 美国国会于 1787 年通过《西北法令》，该法令提供了俄亥俄河西北领地转变为正式州的法律依据。——译者注

邦政府控制，这些土地可以自由买卖。

新来者已成为联邦政府授权的土地掠夺者，而且一直以来，可用土地似乎都在增长。无论土地是出售、赠予还是被抢，土地的增长和转化速度都令人难以置信。

该现象是由一系列国际事件促成的。1789年，法国殖民地圣多明各（今海地）的有色人种开始了反对殖民统治和奴隶制的斗争。美国独立战争胜利后，到处都在讨论人权，许多地方也在积极争取人权，于是同年法国大革命爆发。

尽管拿破仑和其他人做出了努力，海地成为第一个宣布奴隶制非法的加勒比国家，并于1804年成为新世界的第二个独立共和国。这也许是件值得庆祝的事，但根基更稳固的政府，包括美国政府，对待海地的方式与一个多世纪后对待苏联的方式非常相似——完全敌对。

法国人因失去海地而感到沮丧，又害怕同样的命运降临其北美殖民地，于是同意将剩余的殖民地卖给美国。这片领地的交易被称为路易斯安那购地案（Louisiana Purchase）。美国耗资1 500万美元便将国土面积扩大了一倍。

由于北美洲的殖民者主要受土地扩张和贪婪的驱使，而且通常能够免费获得土地，因此他们很快将目光投向了更富足、肥沃且石头更少的土地，即我们现在所称的中西部和心脏地带。起初，这些西部地区由猎人、设陷阱捕猎者、商人和个别自耕农探索和开发，这些都是愿意冒险越过边境寻求财富的人。

对这些新来者及随后而来的人而言，这片土地大得难以想象，土壤肥沃、阳光充沛且雨水充足，具有不可抗拒的吸引力。而且最令人难以置信的是，当地政府也希望他们拥有这些土地。

无论这些朝圣者是真的在逃避宗教迫害，还是只以此为幌子，他们从王室（以及后来的共和国）那里获得的土地馈赠从来都不是真正为了捍卫自由或美好生活，而是允许白人殖民者将土地作为自己的私有财产进行占有和开发。作为一种为特权人士积累财富的举动，此法堪称绝妙。

所以早在《纽约论坛报》（New York Tribune）编辑霍勒斯·格里利（Horace Greeley）说"向西走，年轻人"这句话（或是其他人说的，因为该引语出现的时间比格里利早）前，欧洲人便开始在中西部定居（起初是北方人，他们主要来自苏格兰、爱尔兰、德国和斯堪的纳维亚，但后来南方人也加入其中）。这是人类从一个大陆到另一个大陆最大规模的自发迁移。

任何阻碍新来者进入美洲大陆的人和事都被视作麻烦，而通常最恰当的解决方案是暴力。原住民被谋杀、追逐、胁迫或欺骗，而这些行为通常是合法的。最令人震惊的案例是安德鲁·杰克逊（Andrew Jackson）总统签署的《印第安人迁移法》（Indian Removal Act），导致切罗基人（以及来自塞米诺尔、乔克托和其他国家的人）于 1838 年沿着血泪之路（Trail of Tears），踏上了死亡之旅。他们从自己在密西西比河以东的领地上被流放，前往现在的俄克拉荷马州。一些切罗基后裔至今仍不愿持有使用印着杰克逊头像的 20 美元钞票。

在许多西部地区，采矿业与农业一道成为第一大产业。在某些州，比如盛产煤炭的宾夕法尼亚州、西弗吉尼亚州、肯塔基州和盛产黄金的加利福尼亚州，采矿业甚至先于农业出现，主导了几十年的景观。

然而，除了最荒凉或矿产最丰富的地区幸免于难，各处森林遭砍伐、河流被改变、山丘被夷平，农业很快就占据了主导地位。如今活动集中在修建／买卖住房、生产食品和其他主要用于贸易的商品上，可谓沧海桑田。

路易斯安那购地案强化了日益增长的天定命运（Manifest Destiny）这一信念。该信念认为占领从大西洋到太平洋的大陆是这个年轻国家的天赐之权，其南北边界也扩张到了极端。天定命运本身是一个房地产营销术语，但其实它也是一个伪宗教借口，使白人可以冠冕堂皇地侵占及买卖土地。该词通常被认为由记者约翰·奥沙利文（John O'Sullivan）创造，他对杰克逊总统和波尔克总统产生了重要影响，这两位总统都可被视作合法的土地掠夺者。

19世纪40年代，美国挑起与墨西哥的战争，由此产生的《瓜达卢佩－伊达尔戈条约》（Treaty of Guadalupe Hidalgo）迫使墨西哥以不到2 000万美元的价格出让一大片土地，其面积大致相当于加利福尼亚加上西南其他5个州的大部分领土，约等于路易斯安那购地案的面积。在同一个10年中，美国政府吞并了今天的得克萨斯州以及新墨西哥州东半部和科罗拉多州中部，美英谈判达成了一项名为《俄勒冈条约》（Oregon Treaty）的协议。该协议实际将现在的美国西北部、爱达荷州以及蒙大拿州和怀俄明州的部分地区让给美国。

随着1853年加兹登购地（Gadsden Purchase）的加入，欧洲裔美国人主张墨西哥北部和加拿大南部所有土地的所有权，占地300万平方英里，仅略小于整个欧洲。尽管严格来说，他们（他们的兄弟，或者至少是后代）并未取得控制，但欧洲人已经接管了这些土地。剩下的任务就是用白人填满这片大得难以想象的土地。

要做到这一点，需要改进交通和通信。这些改进以运河、公路、铁路和电报的形式迅速发生。要追溯这种转变从何时开始并非易事，但1825年开通的伊利运河将纽约、东北部其他城市与中西部边境连了起来——很好地解释了事情是如何发展的。这条运河以新方式打开了当时的"西部"，即俄亥俄州等地，使没有足够体力、耐力，甚至连一双靴子也没有的人可以不费吹灰之力离开纽约市，前往俄亥俄州。

变化的速度几乎难以想象，但更好、更便宜、更肥沃的农田吸引着久住的居民和新来的移民举家搬迁，到新土地定居并以高收益的方式耕种（至少在短期内它也是高效的）。在全球范围内，

19 世纪的耕地面积几乎翻了一番，但这与美国比不算什么，因为美国的耕地面积在 20 世纪下半叶翻了两番。

运河开通以前，定居者要么徒步旅行，要么乘坐马车或骑马。在最初的几个月或更长时间里，他们要么靠打猎（尽管许多人最初不知道如何打猎），要么靠带来的食物生存，如袋装玉米面和干豆、咸猪肉、瓶装或桶装威士忌。共同定居在一处的人种植玉米，养猪，制作玉米面包和咸猪肉，酿蒸馏威士忌、苹果白兰地和桃子白兰地，也用他们种植或采摘的粮食酿制酒精饮料。

美国原先以几个沿海城市为中心，内陆却荒凉得令人生畏，但这种情况并未持续多久。1850 年，加利福尼亚成为美国的一个州，此时距《西北法令》的通过仅 60 多年。在这 60 多年里，美国领土从阿巴拉契亚山脉扩张至大西洋和太平洋沿岸，两者之间的所有土地也皆涵盖其中。

人们可以在像俄亥俄州这样的地方过着不错的生活，因为那里有定期从东海岸运来的产品。新领土的吸引力实在是大，欧洲人难以抗拒诱惑，纷纷涌向新领土。伊利运河建成前，每 10 年的移民人数约为 6 万。30 年后，该数字接近 200 万。在接下来的 75 年里，近 3 000 万人紧随其后。

这些移民成了工具，借助这些工具，数千年可持续的环境变成了商品交易的手段。在接下来的 100 年里，农业将成为产业巨头，对空气、水资源和公众健康产生的负面影响越来越大，甚至使土地本身也受到不小的损害。

第五章　美式农业

食物推动历史发展，土壤推动食物生产。随着农业产业化的发展，各作物对土壤的需求日益增长。20世纪前，这意味着我们对用人类和动物排泄物做成的肥料的需求空前旺盛。对贸易及逐渐以现金流为基础的经济而言，农业成功与否的评判标准与庄稼质量关系不大，与土壤质量则几乎毫无关系。产出及数量远比可持续性和长期计划重要。关键在于如何在任何一块特定面积的土地上增加产出，哪怕这么做对土地有害。

到19世纪，尽管数千万人不是移民就是搬到城市，但欧洲的农田已因过度使用而枯竭。人口继续增长，一些农业技术实际上却在倒退。人们放弃了可以补充土壤养分的计划，绿肥的使用和轮作也正在减少，18世纪英国农业家杰思罗·图尔（Jethro Tull）更是断言称轮作没有必要。

这主要是因为"科学"并不是作为解决如何耕种的工具而出现的，而是一种从自然攫取最大利润的机制。按照笛卡尔的思维，其他文化认为相互联系的事物，西方逻辑却将其割裂开来，其中包括人类与地球、男人与女人、头脑与心灵。

这种细分复杂系统的本能主导了科学探究，也产生了一个框架体系，试图将自然错误地重组为简单的部分。这就是还原论的逻辑，这种思维方式至少可以追溯到亚里士多德。还原论通过将复杂的事物（自行车、城市、人类）分解成不同的部分（轮子和齿轮、街道和人、器官和细胞）来分析它们。理论上，一切事物都是部分之和。因此，还原论支持者认为，理解了部分，就理解了整体。

这种非黑即白的逻辑有时甚至适用于复杂系统，却忽略了部件之间复杂的相互作用。还原论可能有助于解释一只鸟如何飞翔，但不能解释一群鸟如何一致移动。它可以描述内燃机原理，但不能描述交通模式；它可以描述人大脑中的脑电模式，但不能描述意识。任何人或任何事物（即使是世界上最强大的计算机）都不太可能全面分析形成健康土壤的各组成要素是如何相互作用的。

但还原论思想使那些无法解释的奇妙现象变得无关紧要。同样，在农业领域，如果土壤健康或植物生长的要素用某个公式无法直接解释，就干脆忽略不管。

19 世纪后期，欧洲农民再也无法负担休耕的代价。现在作为国际经济主要参与者的北美国家也是如此。农民为了生产更多作物进行交易或售卖，为了创造盈余，唯一的方法便是提高土地产量，可是农民怎么会让土地停止生产呢？即使轮作对农民来说也许是可行的，但由常识可知，土地应该种植收益最高的作物。

这些常年的持续需求导致土壤几近枯竭。最终，它造成了全面的农业萧条，特别是在西欧，那里的农场动物和人类产生的粪便量不足，而且随着时间的推移，情况变得越来越糟糕。几乎每个人都认为更强效的肥料才是解决办法。

植物需要氮。正如之前讨论过的，氮的来源多样，其中包括粪便。但植物也需要钾和磷。各地的农民都知道，至少他们可以从钾碱（potash，该词源自荷兰语 potaschen，字面意思为"锅灰"）中获取钾，从骨粉中获取磷。

钾和磷的贸易很早就非常活跃。14 世纪以来，埃塞俄比亚就开采了一种钾肥，而且当时骨粉的需求量也非常大。美国边疆农民则使用濒临灭绝的野牛骨粉。时至今日，来自动物的钾肥和骨粉仍被用作有机肥料。

即便如此，肥料也永远不够用。1840 年，德国科学家尤斯图斯·冯·李比希（Justus von Liebig）确切指出，氮使得粪便变得价值不菲。由于欧洲人迫切需要这个重要元素，这种临时解决方案竟变成了殖民美洲的神奇疗法之一。1800 年左右，德国博物学家亚历山大·冯·洪堡（Alexander von Humboldt）开始对加勒比海、墨西哥和南美洲北部进行为期 5 年的探险。在秘鲁海岸，他甚至只靠鼻子就知道那"四分之一英里外"往返于附近岛屿的船只上载的是什么。

这些船都载着鸟粪（guano），在盖丘亚语（安第斯高原上同名的原住民使用的语言）中，guano 是指来自动物粪便的肥料。在世界其他地方，这个词成了当地蝙蝠和海鸟粪便的同义词。粪便中的氮含量非常高，直接施用甚至会烧坏植物根部。

当地人知道鸟粪是一种特别好的肥料，他们已经找到可以合理地、可持续地收集、运输甚至分销鸟粪的方法。在某个特定岛屿，每个家庭会分到一部分鸟粪，违反该规则的人将受到惩罚。在欧洲，科学家分析了洪堡的鸟粪样本，发现以前用来往土壤里添加氮的物质都不如使用鸟粪好。但是，几十年之后，和原住民的其他系统一样，这种分配鸟粪的系统也被殖民者破坏了。

对于缺乏肥料的欧洲人来说，鸟粪是天赐之物。它不仅氮含量高于其他肥料，钾和磷的含量也很高。更绝的是，它的储存量大得难以想象，都集中储存于一个地方。

正如动植物的残余变成可开采的石油，这些鸟粪也是经数千年积累而成的。而且和石油一样，只要你足够傲慢到漠视当地人的权利，便可以随意抢夺了。欧洲人发现了堆积的鸟粪，他们所知道或关心的只是鸟粪能解决迫切的需求，而且会让他们变得极其富有，所以他们将鸟粪取走了。

想象得出，假如鸟粪没出现，研究新型轮作方式和绿肥的压力可能会导致农业朝着完全不同的方向发展。这样的话，虽然从各角度来看产量差异不大，但土壤会更健康。

然而不幸的是，事情并非如此。但凡出售鸟粪的地方，都会忽视土壤的整体性健康，只会根据稀缺情况来添加养分元素。19世纪40年代，由于需求猛增，英国鸟粪的进口量剧增了100倍！

需要明确的是，作为一种优质堆肥，鸟粪能给土壤增肥。但问题是，它是传统社会的传统产品，像西半球的许多其他宝贝一样，逃不脱被偷盗并运往欧洲的命运。而且，鸟粪是有限的、不可再生的资源。

健康农业的关键在于接近某种封闭系统，在这个系统中，土壤的养分甚至其非营养物质成分都尽可能地在当地循环再生。"鸟粪热"为此后两个世纪依靠日益频繁地采掘和损耗土壤的农业模式铺平了道路，成为还原论最精彩的时期之一。

可以预见且可悲的是，处理土壤的方法变得过于简单化，因为人们误以为植物不需要健康的土壤及其所含的其他物质——数百种元素和化合物以及数万亿种微生物。根据还原论分析，土壤和植物仅仅需要氮、钾和磷元素。

数百万年来堆积而成的肥料被运往全球各地，但几十年后就被耗尽。在接下来的半个世纪里，尤其是在化肥发明之后，欧洲人才意识到这是个愚蠢的办法，因为很明显，自然法则就是防止无限增长，无视这个法则就无法建造一个持久的系统。

这对欧洲人来说不应该是新闻。牛顿曾讨论过物质的有限性，古希腊人伊壁鸠鲁（Epicurus）说："物质的总量，在过去、现在与将来总是相同的。"即便是还原论者李比希也指出，"地球的馈赠取之不尽"的想法是"愚蠢的"。同样，卡尔·马克思（Karl Marx）批评新式农业是"掠夺"土壤，他早在 1861 年就感叹自持续农业（self-sustaining agriculture）已经终结。数年后，他这样描述"北美资源消耗体系"："清理和耕种新土地比翻新旧土地更便宜、利润更高。"毋庸置疑，这种价格更低、利润更高的农业方式已经占据了主导地位。

英国议会几十年来一直在努力保持国内农业地位和活力。它在 1815 年正式实行这一理念，颁布了《谷物法》（Corn Laws），通过对玉米、黑麦、大麦、小麦和许多其他进口的食品征收高额关税来保护地主阶层。这使其国内食品价格保持高位，深得农村地区民众的民心。但随着谷物在全球市场上变得越来越丰富、充足，在国外种植粮食并进口粮食变得更容易、更便宜。1846 年，《谷物法》被废除，玉米等谷物以及一些其他食品的关税被取消。

鸟粪让英国农业兴旺了一段时间，但因为土地和劳动力的高价，英国的自给自足农业很快变得和个体地主经营一样不切实际。随着工业的兴起，越来越多的农民变成了工厂工人，农民工在城市争夺骤降的现金工资。尽管如此，对这个新阶级来说，必须得买得起食物，为了生产效率，为了和平相处，他们必须至少摄入最低限度的营养。妇女由于留在家里做饭、照看孩子及做家务而没有报酬，因此农民工的工资主要被用来支付食物和房租，很少花在其他地方。

这些都是历史性的发展：英国依赖廉价的进口食品，再加上城市化，其农业必然走向崩溃。事实上，19 世纪 70 年代出现的"农业大萧条"，一直持续到"二战"之后。

农产品成为全球商品，这个时期比任何时期都更甚，这种现象我们现在认为是理所当然的。有了钱，我们可以每天把香蕉摆上桌，随时随地买蓝莓、西红柿、芒果、新鲜金枪鱼和咖啡。大农场和全球粮食体系同时为许多人提供几乎世界上的所有种类食物。

但便利的背后也产生了一些不好的后果。其中之一便是，政治原因导致的饥荒变多，因为自由贸易政策将粮食生产转移到海外，侵蚀了传统农业社区自给自足的能力。以前的农民推动了工业革命，新的城市居民成为"消费者"，这一类人只管挣钱，但几乎不生产生存所需的物品。

事实上，世界上的某些地区的确比其他地区更适合种植廉价粮食。从 19 世纪末到 20 世纪的大部分时间，没有任何一个国家能在这方面超过美国。

没有任何一片农田是完美的，但后来被称为美国中心地带的土地是地球上最肥沃、最平坦、灌溉最充足的土地之一。起初，它甚至不需要休耕或轮作。大部分土地还是处女地，有的土地则因原住民几个世纪的合理耕种而得到了良好的维护。

大量新来的农民很快就意识到，生产小麦和肉类这两种主要商品是使土地最有利可图的办法。

这些向西迁移的驱动力塑造了土地，塑造了水和能源的使用方式，塑造了定居模式，最终影响了美国人的饮食。一个世纪后，他们也在这些方面影响了世界其他大部分地区。随着农业产业化的兴起，这里的小麦和肉类生产成为世界其他地区羡慕的对象，随后小麦逐渐被更高产的玉米和大豆取代。

小麦、玉米和肉类的产量都获得了增长。因为 19 世纪俄亥俄州种植的粮食比该地区迅速增长的人口所消耗的粮食多得多，所以大部分粮食被运往美国东部，甚至是国外。这一点很重要，因为这个年轻的国家十分依赖与英国的贸易。

但即使在 21 世纪中叶铁路线建成后，运送谷物也很麻烦，风险也很高，而且盈利也并不总能尽如人意。那么东部城市居民将如何处理这些谷物？

就像依赖进口化肥一样，对肉类生产的依赖最终可能导致他们又得和魔鬼讨价还价，但当时的解决方案很简单。动物（尤其是猪）是将谷物转化为利润的好方法。

简单地说，每给一头猪喂 6 磅谷物，（大概）能得到 1 磅肉。这种转换因动物而异，1 磅牛肉比 1 磅猪肉需要更多谷物，而 1 磅鸡肉则需要更少的谷物。但如果你正在寻找一种比这些谷物更易运输、更畅销的产品，那么被看作浓缩营养物质的转化物是个不错的选择。

由于越来越多的粮食用来喂养动物而不是给人吃，这些动物又用来出售以获取利润，所以人们会更多地种植用来交换的粮食，当时的农田使用模式变得越来越集中。

酒精蒸馏产业也出现了类似的模式，这比畜牧业容易得多。但因为每天都有人醉酒，该模式最终遭到了反对，因此人们的饮酒量也逐渐减少。然而，肉类变得越来越受欢迎。

肉类总是比植物作物更有价值，不仅是因为它的营养浓缩特质，其需求量也一直很大，而且 19 世纪前都难以获得。特别是一旦冷藏技术变得普遍，肉类的加工和运输也会比谷物更容易。首先，动物能自行走到加工厂。屠宰完成后，就变成了一种体积小且相对易处理的产品。对比之下，谷物不仅容易腐烂，容易受到害虫的攻击而大幅减少，还容易从手推车、货车和驳船上遗落。

在铁路出现之前，大多数肉类和谷物都是通过水路运输的。到 19 世纪 20 年代，伊利运河、密西西比河和通过路易斯安那购地获得的新奥尔良港都在肉类贸易中发挥了重要作用。

浩荡的俄亥俄河流入密西西比河，它在 1825 年也变得更适合通航，因为当时修建了一条可以绕过路易斯维尔的瀑布的运河。这促进了辛辛那提的发展。到 1850 年，辛辛那提成为美国西部最大的城市，该地生产的猪肉比任何地方都多，它因此获得了"猪都"

（Porkopolis）的称号。

辛辛那提是当时美国的生猪交易中心，是一个猪能在街上自由行走、数量多到人类无须清理食品垃圾的城市。屠宰场和肉类加工厂到处可见，人们把猪肉腌制好（附近的肯塔基州有充足的盐），装进桶里运往东部，它们被用于消费或在国际市场上交易。猪油则被制成肥皂和蜡烛。猪身体的每部分都被制成某种物品，从纽扣到刷子，应有尽有。

然而，辛辛那提的主导地位是短暂的。由于密西西比河大部分河段在内战期间关停了与北方的贸易，又因为北部新兴铁路系统（它通过奥尔巴尼、布法罗和克利夫兰连接了纽约和芝加哥）的刺激，当时被称为泥城（城市建在泥滩上）的芝加哥抓住了机会。内战期间，该市负责为联邦军队包装猪肉，该市划出了数百英亩的土地修建牲畜饲养场。密西西比河以西的这些土地成为全世界有史以来产量最高的牧牛区，畜养在此的动物最终被送往芝加哥的饲养场。

对这片看似无垠的土地的开发，促使美国变成了一个强大的经济引擎。到 1870 年，芝加哥每年加工 300 万头猪和牛，这个数字以前是无法想象的。（纽约的 100 万人口每年大概消耗 300 万头牲畜。）用卡尔·桑德堡（Carl Sandburg）的话说，芝加哥是全球屠猪中心（Hog Butcher for the World）。1890 年，它成为美国第二大城市。一些大型包装厂的名字至今仍广为人知，如阿莫尔（Armor）和斯威夫特（Swift），它们在十几个快速发展的西部城市设立工厂，之后率先使用冷藏运输。

与此同时，占地 50 万平方英里、约占美国本土面积六分之一的大平原（Great Plains）被改造成了世界上最大的养牛、牧牛试验场。牛肉正在取代猪肉，这要归功于这个空前宽阔的盆地，数不清的牛可以在这里放牧。这也是因为它靠近芝加哥，而且从 19 世纪 30 年代始，国家每年铺设数千英里的新铁路。这个不断扩张的系统意味着动物可以越来越方便地向西移动，而它们的产出也更方便被运向东部以养活整个国家。科罗拉多州和怀俄明州很快就成为以养牛为主的州。

所有这些牛都是我们现在所说的"食草"动物。牛本就该吃草。而且，就像它们的祖先野牛一样，这些牛在没有人类干预的情况下会在平原上漫步。

一旦农民开始养牛，一切都改变了：农民赶着牛走数百英里，牛挤在一起，这样的环境让它们染病、疲惫、消瘦。很多牛在抵达芝加哥时已经瘦弱不堪，其中一些牛被屠宰并包装，一些牛靠吃谷物继续被养肥。饲养场的喂养系统那时已经开始运行。

随着养牛业席卷大平原，它的发展永远改变了那里的动植物群的分布。与美国东北部工业化不同，南部则仍是老式农业的据点，这里农业模式独特，生产力日益提高，同时也保留了最可耻的传统——蓄奴制。

南北战争前，南北双方的差异非常明显。南方依靠其被奴役的人民发展成为一个农业从属国，并与英国保持着持续的依赖关系，而北方则迅速成为一个现代工业国度。但美国南北两边有一个共同点，即被奴役的非洲人是繁荣的基础。爱德华·巴普蒂斯特（Edward Baptist）的佳作《被掩盖的原罪》（*The Half Has Never Been Told*）正是关于这个主题。

美国蓄奴制是人类有史以来最残酷、最赤裸裸的邪恶经济体系，也是一个有利可图、不断增长的产业。密西西比州在内战开始时是美国最富有的州，正如马修·德斯蒙德（Matthew Desmond）在《纽约时报杂志》的 1619 项目（*New York Times Magazine*'s 1619 Project）中所写的那样，"奴隶的总价值超过了当时国内所有铁路和工厂的价值"。

北方可能确实废除了奴隶制，但它仍然靠这一制度的价值赚得盆满钵满。它抓住了早期工业化的浪潮，用奴隶种植的棉花制造纺织品，同时在金融、保险、交通、政府和房地产等领域积累财富。

与此同时，南方的种植园主负债累累，他们过度依赖不合时宜的生活方式。当经济衰退来袭时，就像往常一样，其他企业可以清算其持有的资产，从而撤出敏感的市场，但是棉花王国被困住了。"他们的资本不会简单地生锈或闲置，"历史学家沃尔特·约翰逊（Walter Johnson）写道，"它会饿死。它会偷盗。它会反抗。"为了赚取现金，种植园主需要更多的棉花，而更多的棉花需要更多的土地和劳动力。用约翰逊的话来说："为了生存，奴隶主不得不扩张。"

几十年来，田纳西州、佛罗里达州、乔治亚州、亚拉巴马州等地长期暴力驱逐美洲原住民，这一做法使种植园主心满意足。但是奴隶主和政客梦想着建立一个包括加勒比海，甚至延伸到巴西的美利坚帝国。多年来，他们一直想将古巴收入囊中。1823 年，国务卿约翰·昆西·亚当斯（John Quincy Adams）写道，"自然法则"决定美国终将统治古巴。该观点持续了相当长一段时间。

1845 年西班牙宣布奴隶制非法时，古巴出生的（白人）甘蔗种植园主感到非常痛苦，美国的统治对他们很有吸引力。1848 年，美国总统詹姆斯·波尔克（James Polk）出价一亿美元从西班牙人手中购买古巴，1854 年政府官员则主张用武力夺取古巴。（虽然对奴隶主来说为时已晚，但 1898 年美国最终进行了武力夺取。那年，美国挑起了与西班牙的战争并控制了古巴、波多黎各、关岛和菲律宾。）

随着"天定命运"成为流行口号，有些人想要拓展蓄奴州和殖民地（以得克萨斯州、密苏里州、堪萨斯州、古巴和尼加拉瓜为例证），而有些人希望看到白人耕种、拥有的土地向西扩张，两种人之间的分歧不断加大。后者认为，对于整体经济而言，自由（当然对白人而言）比奴隶制更可取。前者则认为，当蓄奴制能满足他们的需求时，蓄奴从道德层面来看更为可取。南北战争正是这场争论的后果。

南方的分裂使北方的立法者在国会中势不可当，获得了多数席位，甚至在战争结束前，亚伯拉罕·林肯（Abraham Lincoln）和他的新共和党就急于推行他们对"天定命运"的解释。用约翰·奥沙利文（John O'Sullivan）的话来说，"为了每年不断增长的数百万人民的自由发展，我们要扩张上帝分配给我们的大陆"。这种过度扩张的目的很明显——赶走甚至杀害原住民，同时理所当然地将土地转交给被认为值得信任的白人。

1862 年，这一进程加速进行。当时林肯和国会联合通过了几部系列《宅地法》（Homestead Act）中的第一部，如果定居者将住宅保留 5 年，则只需支付少量申请费即可获得 160 英亩的土地，或以每英亩 1.25 美元的价格直接购买。这是历史上最伟大的土地赠予活动，当然，该规则只适用于白人。以前被奴役的黑人没有资格参加这项交易，独立女性、原住民以及当时构成最大非欧洲移民群体的中国人同样没有资格。

共约 2.7 亿英亩的"公共"土地（美国本土陆地面积的七分之一）被赠给了自耕农。此外，铁路公司（最终）占据了超过 1.8 亿英亩的土地。很快，超 8 000 万英亩的土地被卖给了出价最高者——通常是每英亩 1.25 美元。由于土地可以迅速转变为金融资产并为银行家、金融家和投机者所占有，我们很容易看出，在美国农民的困境中债务问题有多么突出。

总的来说，美国超过四分之一的土地被赠送或低价出售，而且由于美国大部分土地（20 亿英亩）是不可耕种的山脉或沙漠，这四分之一其实代表了大部分可耕种土地。如果你在寻找当今收入不平等的根源，你可以从联邦政府单单给白人男性捐赠土地这点开始，毕竟土地是众多财富的基础。

一切本可以朝另一个轨迹发展。1865 年 1 月 12 日晚，20 名非裔美国传教士与联邦军将军威廉·谢尔曼（William T. Sherman）[1]坐在位于萨凡纳的临时总部。67 岁的浸信会牧师加里森·弗雷泽（Garrison Frazier）是代表他们的发言人。他生命的头 59 年里一直被奴役，直到用价值 1 000 美元的金银换来了他和妻子的自由。

　　谢尔曼要求他们，"说明你们觉得自己怎样能照顾好自己以及怎样才能最好地协助政府维护你们的自由"。

　　非裔过去一直遭到绑架和奴役，现在他们的后代竟然被问及可以给联邦政府提供什么意见，但这似乎并没有让弗雷泽感到慌乱。他回答："我们照顾自己的最好方式是拥有土地、翻整土地并自行耕种。"

　　谢尔曼听进去了。几天后，他发布了第 15 号特别野战令（Special Field Order No. 15），承诺将海岸线以西 30 英里的内陆地区、佛罗里达州杰克逊维尔至南卡罗来纳州查尔斯顿一段长达 250 英里的区域指定为非裔美国人的移居地。当问及他们是否愿意与白人一起生活时，弗雷泽说："我更愿意独自生活，因为南方对我们的偏见需要数年时间才能克服。"

　　每户家庭将分到 40 英亩的"耕地"，前提是户主加入联邦军队，"为维护个人自由，为保护自己作为美国公民的权利贡献一份力量"。在被征入联邦军队后，以前被奴役的人们可以用他们的报酬"采购农具、种子、工具、靴子、衣服和其他生活必需品"。

　　在自己的土地上耕种并获得收益可以被视为自由的基本要素。美国政府唯一一次询问曾经的奴隶想要什么时，以上便是他们的要求。1862 年的《宅地法》保证了每个"一家之主"（无论是在字面还是在本质上都排除了大多数女性）以及公民（1862 年的法案排

---

① 威廉·特库赛·谢尔曼（William Tecumseh Sherman）是美国内战时期联邦军著名将领、陆军上将，因战争期间下令火烧亚特兰大而饱受争议。——译者注

除了非裔美国人）都有机会实现这个简单的愿望。

通过取消非公民的资格，该法案剥夺了被奴役者获得土地的权利，那些"举起武器反对美国政府"的人也被排除在外。然而，即使在非裔美国人成为公民后，他们仍完全无法享受《宅地法》带来的红利，前邦联士兵（叛徒）却受到欢迎。如果林肯还活着，情况是否会有不同？我们无从得知，但在他被枪杀后，安德鲁·约翰逊（Andrew Johnson）总统立即推翻了谢尔曼的野战命令。

为了多少弥补《宅地法》对黑人的排斥，自由民局（Freedmen's Bureau）允许先前的奴隶租用并最终拥有从奴役者那里没收的土地。军方短暂地执行了这些规定。

但这并不会持续太久。尽管谢尔曼承诺给自由人的40英亩土地只是白人获得宅地的四分之一，但这比联邦政府提供的要多。相对于对自给农民的兴趣，北方工业还是对工人更感兴趣。非裔美国人以土地赠予的形式获得赔偿的想法很快被扼杀在摇篮里。

此外，1877年，那些战前被迫在合法居住地上工作的前奴隶眼睁睁地看着土地被归还给了前主人。回归的土地所有者迅速建立了工资和佃农制度以及一系列社会制度，其中包括监禁、买卖奴隶、《吉姆·克劳法》（Jim Crow tyranny）①、动用私刑，旨在确保无论如何黑人都始终受到奴役。

这种趋势蓬勃发展。由于《第十三修正案》（Thirteenth Amendment）禁止彻底的奴隶制，但允许劳役拘禁，若要迫使曾经的奴隶及其后代作为因犯提供免费劳动，只需将其逮捕即可。尽管不能再买卖非裔美国人，但他们（及其后代）仍会妻离子散，失去自由。

甚至在重建时期（Reconstruction）②正式结束前，许多前奴

① 1876—1965年，美国南部及边境各州在平等的外衣下，对有色人种实施种族隔离的法律制度。——译者注
② 1865—1877年，南方邦联与奴隶制度被摧毁，美国试图解决南北战争遗留问题的时期。——译者注

隶及其亲属就放弃了在南方过上美好生活的希望并开始了大迁徙（Great Exodus）。他们自称为流亡者（Exodusters）并将自己比作《圣经》中逃离奴役、寻找应许之地的以色列人。他们向西前进，主要是前往堪萨斯州（战前的自由州，他们以此为荣），但也去科罗拉多州、俄克拉荷马州以及工业化的北方。

非裔美国人代表美国主要农民群体的时代已经结束。就像20世纪离开南方前往北方的那些人一样，大多数流亡者最终留在了城市，而那些务农的人则大多留在了南部诸州。虽然当地政府和联邦政府仍对他们充满敌意，但他们只能努力保护自己的土地并以此为生。

如果在19世纪最后三分之一的时间里，政府对土地进行了公平的重新分配，承认原住民、妇女、前奴隶和其他有色人种的权利，那么20世纪就会大不相同，数以百万计家庭经营的中小型农场会关心自家的土地，更在乎种植的粮食和周围的社区。事实恰恰相反，联邦政府与前奴隶主共同建立了一个仍旧不公正的体系，而且越来越关注经济作物和单一作物的生产。

该过程进行得如此直白，如此公开。除了《宅地法》外，1862年美国农业部（USDA）成立，通过了《土地拨赠法案》（Morrill Land Grant College Act），该法案为许多至今闻名的大学（主要是公立大学）分配了土地，这些大学的建立初衷是不计代价提高生产力。

《宅地法》和《土地拨赠法案》（1890年该法案进行了扩充）最终决定了当时美国乃至全球农业和粮食的未来。二者的目标也很明晰——1863年，首位农业专员艾萨克·牛顿（Isaac Newton）写道："农业盈余不仅让农民有能力偿还债务、积累财富，对国家也是如此。因此，增加盈余，开发并充分利用土壤的大量资源，以此创造新增资本，应该是农业部和立法的宏大目标。"

牛顿继续写道："这应该是每位年轻农民的目标……尽其所能；使原本只长一片草的地方长出两片。"这句话展露了作者对自然、世界，甚至宇宙法则的无知。一切都是有限的，美国丰饶的土地也不例外。但 19 世纪欧洲农业的倒退留下了空白，人们需要引进某种经济作物来填补这片空白。事实证明，这一作物是小麦，用《粮食商人》（*Merchants of Grain*）的作者丹·摩根（Dan Morgan）的话来说，"有史以来世界上最大的粮食市场"已经成熟，等待着有意愿种植、售卖的人。

在这方面，没有哪个国家可以与美国媲美。这个年轻国家的铁路从 1860 年的 3 万英里扩张到了 1890 年的 16 万英里。这有助于确保迅速占用新粮食种植地，也确保产品易于运输。后来的嘉吉（Cargill）、皮尔斯百利（Pillsbury）等公司就在当时开始建立备有升降机的谷仓网络，使其与铁路相连，以便协调贸易和全球货运。在 19 世纪的最后 30 年中，美国小麦和面粉的出口量增加了两倍多，而这仅仅是个开始。

美国不惜一切代价发展农业，在国家的切实支持下，自耕农涌入威斯康星、明尼苏达、达科他、内布拉斯加、堪萨斯和科罗拉多。这些人最初来自英国、德国和斯堪的纳维亚半岛，后来也有许多人来自欧洲其他地区。1860—1890 年，美国农场数量几乎翻了一番，达到 450 万个。

美国成了全世界最强大的经济引擎。在某种意义上，美国垂直整合了传统的殖民地。换句话说，虽然欧洲人的财富和权力源自从海外殖民地攫取的资源，但美国国土和殖民地是一体的：国土包含了殖民地。温德尔·贝里（Wendell Berry）[1] 称我们为"侵略自己国家的帝国主义者"。虽然"我们"最初一定是侵略其他国家的帝国主义者，这句话仍颇有道理。美国颠覆了传统殖民模式，利用本土自然资源建立了出口体系，在该体系中，利润留在国内。

---

[1] 温德尔·贝里（Wendell Berry）是美国小说家、诗人、散文家、环境活动家、农民。他捍卫传统农业价值，反对工业化农业，其作品的一个重要主题是环境保护、可持续农业和健康的农村社区。——译者注

这在世界上是第一次。

大部分行业的资金来源是贸易，价格的剧烈波动使购买小麦变得尤其有吸引力。供给看似在无止境地增长，这满足了国际需求，尽管国际需求日新月异且复杂到没人能真正理解的地步。

短短时间内，数百万英亩土地种上了粮食，这一前所未有的速度创造了大量农业盈余，驱动美国社会发展，使农民面临必须不断提高产量的挑战。提高产量不是因为需求在持续增长（实际并未增长），而是为了应对价格的降低，以满足奸商从中谋利的需求。

关税保护了初露头角的产业。自由移民政策（仍主要面向欧洲白人）使得新劳动力西移。自 1883 年起，因为粮食能作为"期货"售卖（意味着在作物还没种植前，你就可以对其进行买卖），农民也学会了赊购。

自耕农搬到新的领土，填补了奴隶制留下的空白，发展中的体系就使得自耕农变成了供应商，这是一个永久负债的阶级，也是 DIY① 工业家和农奴的混合。

这些风险和债务缠身的农场对新公司来说根本不重要，只要农场能继续进行产品交易。就像 19 世纪中国和印度的小农一样，农民种植粮食不是为了自身或社区的人，而是为了全球现金经济。在美国，黑色沙尘暴（the Dust Bowl）② 和经济大萧条（the Depression）发生后，风险才变得显而易见，而这些灾难很快就要登场了。

在美国，粮食机器像一个由铁道和粮仓组成的怪物，取代了水牛，涌入中西部平原。农业、铁路和金融成为 19 世纪众多财富的主要来源。农业致富的方法有很多，但种地本身基本上不能算

---

① 指自己动手，原文为 do-it-yourself。——编者注
② 黑色沙尘暴事件指 1930—1936 年发生在北美的一系列沙尘暴侵袭事件。——译者注

在内。谷物磨坊、粮仓、重型设备、加工厂、运输公司等都在迅速发展，当时磨好的面粉价值是棉花的两倍。

而一切都需要协调，农业生产变得"合理"和标准化。因此，人们把美国式的耕种方法整理出来，这种革命性的方法与制造业的变化并行，成为现代农业的模型在全球推广。

尽管"现代"是一个足够准确的词，它也意味着"新颖"，但一个更好、不太常用的词是"采掘"。这是工业时代的农业，依靠机器系统地从地球上提取的资源超过了可以替代的数量，也远远超过了地球的承受能力。美国南北战争前的南方依赖单一种植，依赖棉花和烟草出口，这已成为当时的国家政策，而且这一过程正在变得机械化。田地变成了工厂，农业变成了产业。

此处所指的产业在政府中的代表是农业部，农业部已决定把（食品业的）工业化和商品化放在第一位。农民的福祉遥远且飘忽不定，居于次位。至于食客，他们只会拿走市场给他们的东西。对于购买食物的人来说，营养甚至几乎不在考虑范围内。正如最大限度地减少对土地和其他生物的损害不是农业的目标一样，同样为人类最大限度地提供健康食品也从来不是目标。

事实上，美国农业的目标既简单又具讽刺意味：增加剩余，创造资本。美国农业部成立的初衷就是要建成一个能够充分使用其政治和经济影响力的强势农业机构。即便被用以创造这样一个强势机构的人和资源会产生附带损害，那也无须顾忌。

第二部分

20 世纪

第六章　作为工厂的农场

我们常把工业革命看作一个有关工厂的故事，这个故事源于英国，在那里，蒸汽动力首次用于机器，得益于此，织布机的工作效率高到不可想象。

但城市工厂只是故事的一部分。在远离城市和巨型砖石建筑的地方，农场也在工业化。正如黛博拉·凯·菲茨杰拉德（Deborah Kay Fitzgerald）在《每个农场都是工厂》（*Every Farm a Factory*）中所言，几乎所有成功的工厂都有 5 个特点："大规模生产、专业化机器、流程和产品的标准化、对管理知识（而非工艺知识）的依赖以及持续追求生产'效率'。"

20 世纪的农场符合菲茨杰拉德提到的所有特点，因为在美国南北战争后的一个世纪，农业发生的变化比其在过去 100 个世纪内的加起来还要多。

工业化也在西移：阿巴拉契亚山脉的平原地区有千年历史的厚草皮，土地十分肥沃——前提是得先破土。然而，涌入该区域的自耕农面临的主要挑战正是开垦土地。草皮不仅又厚又硬，难以穿透，土块还会粘在老式犁上，人们不得不经常停下来清理。

约翰·迪尔（John Deere）是一名破产的铁匠，1836 年他从佛蒙特州搬到伊利诺伊州，用新型犁解决了草皮问题。他对犁的形状和角度进行了革新，抛弃了铸铁，改用钢刃。他的销售方式也不同于以往。他没有采用接受订单的方式，而是使用生产线生产犁并在现场卖给顾客。到 1859 年，他每年生产一万台犁，而且至少有 400 个竞争者，当时生产简化和标准化的趋势仍在继续。

通过革新机械，美国人迅速改变了大平原的生态。接着他们又革新了用于制造机械的机械。"美国制造系统"结合了机器的力量和速度，在 1851 年于伦敦举办的水晶宫展览会（Crystal Palace Exhibition，又称万国工业博览会）上，受到世界瞩目，专业工匠同时被操作机器的半熟练劳动力替代。在展览会上，美国制造商推出了由可互换零件组装的枪支，这些枪支即使在战场上也可以迅速修复。同样可以巧妙互换组装的农具也很快被开发出来。

该新系统也将人看作可以互换的。工作角色按任务分解进行系统化，因此几乎任何人都可以接替其他人，而且不会减慢生产速度。过去只有熟练的人才能手工制作鞋子，而制鞋机器旁边的工人可能只有一项任务需要学习、完善和执行。工人未能执行该任务意味着会被迅速更换——操作员就像他们正在操作的机器上的零件一样易被更换。该系统不需要技术熟练的个人，它只需要工人，需要完成工作足够多的工人。

和这种"理性管理"最密切相关的名字就是弗雷德里克·温斯洛·泰勒（Frederick W. Taylor）[1]。他在装配线方面的成就激励了一代农业工程师，他们通常是在赠地学院或农业试验站工作的公职人员，他们敦促农民变得"更加专业"，他们像对待其他产业一样对待农业，更加依赖机器，用更少劳动生产更多产品。

---

[1] 美国著名管理学家、经济学家，被后世称为"科学管理之父"。——译者注

迪尔发明的犁意义重大，但其实是蒸汽拖拉机以及之后的汽油拖拉机真正颠覆了传统。这些机器很快就以指数级速度减少了人力和畜力，同时几乎解决了垦荒地所包含的全部问题。

1859年，第一口油井在宾夕法尼亚州开钻，随后出现了汽油动力、马力的增加和钢铁的大规模生产，这三者结合推动了农业生产化的快速发展。1850年，一个农民和一匹马至少需要75个小时才能生产100蒲式耳①玉米。到1930年，同样的任务只需要15个小时。产量也同步增长，从1859年的1.73亿蒲式耳小麦到19世纪末的2.87亿蒲式耳。这一增长最重要的原因在于拖拉机的使用。

像大多数新兴技术一样，早期的拖拉机是逐步改进的成果。它很粗糙，行动缓慢，经常发生故障，操作起来不方便，价格昂贵，燃料难以获得，而且很危险。特别是在早期以燃煤和燃木获得动能的情况下，使用拖拉机很容易引发火灾。更重要的是，它必须由马匹拉到田野上，在那里它需要时间来累积蒸汽。

然而，在农民已经拥有信贷和现金的地方，如俄亥俄州、印第安纳州和伊利诺伊州等富裕且产量极高的地方，早期的拖拉机还是迅速流行起来。1892年，随着第一台成功的燃气动力拖拉机的问世，变革的步伐再次加速，它在各方面都优于蒸汽型拖拉机——更轻、更便宜、更安全、更高效。

1916年，亨利·福特（Henry Ford）的模型车在内布拉斯加州隆重推出时，美国农场有3.7万台拖拉机。福特本人深信拖拉机的市场需求高达1 000万台，他发誓要以最优惠的价格出售这些拖拉机。他可以预见拖拉机产生的影响——"我要在澳大利亚的灌木丛以及西伯利亚和美索不达米亚的大草原上犁地耕种"。到1940年，拖拉机保有量超过150万台。

---

① 1蒲式耳 ≈ 36升。——编者注

一旦人们负担得起燃气拖拉机的价格，其销售便开始走量，草原就真正开始受到破坏了。新的拖拉机具有突破性的效率，加快了播种和收割的速度，它的耙子可以使行距更整齐，播种机可以均匀而快速地进行播种。最后，将几个收获过程"合并"到一台机器上，这一过程减少了劳动力，使生产成本下降了一半以上。

到1960年，470万台拖拉机在370万个农场工作，由于效率的提升及农场的合并，农场的数量开始急剧下降。1960年，农场的数量只有1940年的一半多一点，拖拉机的数量却相当稳定。

拖拉机还产生了另一个影响，一个生活在今天的人很少会考虑到的影响。它腾出了百万英亩的农田，这些农田上作物的产量得涵盖喂养能负重的牲畜。马的数量随着需求一起减少了，从1920年2 500万匹的峰值下降到1960年的300万匹左右，此时美国农业部停止了对马群的追踪。

这种影响是深远的。美国农业部经济学家威拉德·科克伦（Willard Cochrane）在1958年写道："拖拉机动力代替畜力后，腾出了约7 000万英亩土地（即目前农田面积的五分之一）用于生产可销售的作物。"

但在"可销售作物"中，农民的选择是有限的。由于只为种植和收获一种作物而定制的新机器最容易设计和应用，因此农场种植变得越来越单一。在20世纪上半叶北美大平原的新农场中，这种单一的作物往往是小麦，其种植面积从1870年的约2 000万英亩增长到30年后的5 000万英亩。

第一次世界大战使小麦暂时全球性供不应求，然而，在城市化和军队对人员的需求之间，农民的人均比例比以往任何时候都低。这意味着农场必须生产更多的粮食，因拖拉机的使用，农场可以做到。

随着产量的飙升，美国和它的新旧殖民地得以在全国，甚至全世界范围内运送足够的粮食，以养活欧洲和美洲快速工业化城市中日益增长的前农业劳动力以及军队。与此同时，欧洲农村继续萎缩，因为人们离开了农场，在工厂或商业领域碰运气，或者去一个他们更可能成功的地方，如美国西部尝试耕作。这些人口的迁移是有史以来最大的跨大陆人口流动。

但是，这批雄心勃勃的新移民并不知道，他们想象中的农业景观正在迅速消失。

农业的收成总是有好有坏，这一时期的经济特别不稳定，部分原因是全球市场瞬息变化，干旱或是万里之外的战争都可能突然影响各地的需求、供应和价格。由于谷物和期货当时都在金融市场上交易，泡沫、恐慌、价格波动和经济衰退的发生率激增，它们像坏天气一样不可预测、令人畏惧。

虽然《宅地法》帮助了数百万人（只要你能得到免费的土地，你的生活就算过得不错），但毫不夸张地说，甚至在新农民刚刚开始耕种的时候，未来发展趋势就已经开始显示，他们将不再被需要。农业产量不断增加，农场不断合并，这意味着美国的农场数量开始缩减，对自耕农的支持也在消失。

对那些靠农民劳动致富的商人来说，个体农民讨人厌，因为他们要求特别关注，还常常组织起来要求公平待遇，而且经常拖欠账单。如果他们的数量能够减少，生产却保持在相同的水平，整个系统的运作就会更顺畅。

尽管农民经常被城里人称为"乡巴佬"，可他们知道到底发生了什么。随着19世纪的结束，他们开始抗议不可靠的经济、波动且不可预测的利息和按揭利率，以及通缩压力，这些都是政府可以补救却没有补救的。他们也明白，这个国家的富人正变得越来越强大。

尽管粮食产量比以往任何时候都多，但饥饿和对饥饿的恐惧仍然存在。在世界范围内，曾经为家人和邻居种植粮食的农民被迫在市场上出售他们的作物，以换取现金来维持生计。在同一个市场上，农民像其他人一样，可以购买他们买得起的任何食物。

但是，如果他们的经济作物歉收，他们就无力购买其他地方种植的粮食，当地当然也不会有粮食出售。这将是爱尔兰饥荒的重演。然而，农业继续朝着为全球市场服务的方向发展，并不会顾及社区。

为了控制生产和价格、保持独立，许多农民与劳工运动和其他致力于积极变革的力量结盟，形成美国农民工会（National Farmers Union）等组织。为了摆脱垄断的控制，这些组织在供应、融资和保险方面形成独立的合作购买集团。

农民要求铁路提供更优的运输价格，要求银行提供更低的贷款利率（和贷款豁免），要求更佳的税率（包括对土地投机者征收更多的税），要求政府制定更有力的、更严格执行的反托拉斯立法，提供更宽松的货币供应。随着这些统一主题的出现，农民和他们的代表联合起来，于1892年成立了人民党（Populist Party）并在1896年为进步派的总统候选人威廉·詹宁斯·布莱恩（William Jennings Bryan）[1]拿下650万张选票。不幸的是，那一年，威廉·麦金莱（William McKinley）[2]得到了700万张选票。

即使老牌农场在合并，新的农场却在不断涌现。美国政府和企业都急于从公共领域获得土地以创造税收，而且继续产生对农业综合企业产品的需求。需要更多农民和工人意味着联邦政策继续鼓励移民，因此新美国人的数量继续以惊人的速度攀升。1860—1900年，美国的人口翻了一番以上，达到约7500万人。

在农民对中部的生活有了更现实的认识之后，优质土地开始耗尽，他们清楚认识到老实务农很难致富。美国需要比当初的《宅

---

[1]　民粹主义政治家，前美国国务卿，3次被提名总统候选人。——译者注
[2]　美国第25任总统。执政期间，他领导美国在美西战争中击败西班牙并吞并了夏威夷。——译者注

地法》更有力的激励措施，以使人们搬出东部城市，在西部建立农场。因此，国会通过了 1909 年的《扩大宅地法》（the Enlarged Homestead Act），该法将分配给新农民的土地增加到 320 英亩，这些土地往往难以灌溉，当地气候干旱、多风且降雨量不可预测。

对许多人来说，这些土地在得克萨斯州、俄克拉荷马州、内布拉斯加州和堪萨斯州。在这些州，无论是否有《宅地法》，土地基本上都是免费的。其他人则到更远的西部去淘"金"。"手提箱农民"低价购买了数千英亩的土地，只在犁地、播种、收获时回到农场（如果他们不雇劳动力的话），他们充分利用当时价格创历史新高的小麦牟利，只要无利可图就把土地卖掉走人。投机者制订了快速致富计划，土地开发商和铁路公司建立了示范农场，彰显这个千载难逢的机会，凡申请免费土地者都能获得财富，这是新农民不可错过的机会。

这些卖地的人用以下"保证"来吸引东部人：小麦价格会保持稳定，因为需求永远不会降低；西部的土壤非常适合种植小麦；根据堪萨斯大学科学家的说法，气候正在不断变好。

人们一旦有了足够的食物，想让他们吃更多的食物并不容易，而加倍供应一种需求缺乏弹性的产品可以说一定会导致其价格降低。正如历史所证明的那样，小麦即使在最富营养的土壤上也不易生长。更不用说，没有人能够预测长期的气候变化，那时北美大平原的天气恰好正在经历一个短暂、有益的潮湿阶段。

农民和小麦都越来越多，天气变化实际上意味着灾难，而这一灾难即将成真。农民一直在努力劳作，但直到 20 世纪，他们还一直依靠体力和畜力在土地上工作，希冀可以无限期地为家人提供生活所需的食物。这一切都使他们成为优秀的土地管理人和精明的农民。

现在农民的生产量大到需要雇劳动力，他们需要机器而不是畜力，而且为了发展还需要更多的土地。为此，他们需要贷款，这意味着风险比以往更大。政策、机器和金融合力扩大了农场规模。

像工厂的产品一样，农场的产品也被出售并运往其他地方。而且，像工厂一样，农场产生了新的、有时是隐性的、往往是极端的代价——污染、对工人和畜力的剥削、土壤退化和资源枯竭，这些代价都由地球和社会来无偿承受。

无论废物多么肮脏，它们都被看作正常的现象，一定量的污染被认为是"合理使用"的结果。科学家们向排污者保证"自然"会自我净化。水就像之前的土地一样，质量下降并很快就变成了一种商品。

但因为增长是最重要的，在这种情况下，农业的工业化，就像一万年前农业从无到有一样，是不可避免的。但与最初的农业革命不同的是，这场新革命以惊人的速度进行——只用了几代人的时间。

也许当时不可能看出这一点，只要发展，就需要支持地区农业，需要那些管理土地、为社区（而非商人）生产食物的农民。但是，在一个少数人的发展和盈利被看得比多数人的福利更重要的国家，19世纪和20世纪虽有不少激进人士进行了抗议，但其影响有限。

创新使商品有了无限增长的可能，拖拉机的使用也大大提高了产量，唯一的限制就是土壤的肥力，这个问题变得越来越紧迫。

掠夺遥远的堆肥宝库只是一个暂时的解决方案，认识到这一点的不仅是农民。1898年，不列颠科学协会（British Association for the Advancement of Science）主席威廉·克鲁克斯（William Crookes）在被称为"伟大的小麦演讲"中回应了马尔萨斯，向组织成员和整个科学界发出了挑战。

他说他的主要议题是粮食供应，这是一个关系到"每个人""生死"的问题。而"人"指的是"全世界吃粮食的人……伟大的高加索人种"，其中包括欧洲、美洲、英属北美殖民地、南非、澳大拉西亚、南美部分地区的白人居民以及欧洲殖民地的白人。

他说："随着人口的增多，粮食资源逐渐减少。土地是有限的，而能够种植小麦的土地完全依赖恶劣的且反复无常的自然现象。不得不说，我们种植小麦的土壤完全经不住其所受的压力……现在化学家必须站出来拯救受到威胁的社区了。"

他的担忧是完全合理的。从殖民地和盛产小麦的美国进口的粮食喂饱了西欧工业化国家的人民。《谷物法》之所以被废除，部分原因在于进口粮食太便宜了，以致本国种植的粮食失去了竞争力。这一切本来都还好，直到欧洲开始意识到：即使在富裕国家，粮食进口也需要依赖和平稳定的贸易关系来维持，问题是这种和平和稳定并不能保证会持久。

意料之中，当英国人和其他欧洲人决定重新投资国内农业时，他们发现土地（或者说仍然肥沃的土地）不足。竞争和紧张局势不断加剧，为争夺那些仍有足够养分可供种植作物的殖民地领土，甚至发生了一些小规模冲突。正如克鲁克斯在他的演讲中指出的那样，"战争中最为重要的弹药是食物"。

而且很快农民就只能从国外获得肥料了，别无选择。商人让其绑架来的华工以越来越快的速度运来鸟粪，但鸟粪供应量逐渐减少。一时间，另外两种高营养化肥——硝酸钾（也被称为硝石）和硝酸钠（或"白金"）——取代了鸟粪的位置。从印度到肯塔基州再到智利，世界各地都在开采这些产品，但随着硝酸盐供应的减少，其价格也在上涨。而土地对氮的需求在不断增加。

世界上存在大量的氮，氮气占大气层的近80%。但氮是惰性的，其气态形式无法为植物所用，而且没有已知的方法能将它从空气中抽离出来派上用场。长远来看，鸟粪和硝石等含有的可用氮在数量上甚至比富含氮的牛粪和鸡粪更加有限。如果要使全球经济作物长势喜人，就必须有人直面克鲁克斯提出的挑战，即找到一种可利用大气中氮的方法。

生于 1868 年的弗里茨·哈伯（Fritz Haber）[①]是一名德国犹太人，也是阿尔伯特·爱因斯坦的朋友，他正是这样做的，也因此成为历史上最重要的化学家之一。

1909 年，就在克鲁克斯发出恳请的十多年后，哈伯找到了一种方法——利用强大的压力（超过 200 个大气压）和高温（超过 400℃），加上铁作为催化剂，将大气中的氮气和氢气结合起来，从而产生氨。

由于首次从空气中提取了氮，哈伯为人工化肥的产生奠定了基础。正如德国人所说，他用空气造面包（brot aus luft）。

然而，这种新的肥料并没有被立即广泛使用。哈伯的工艺被德国化学公司巴斯夫（BASF）收购并由他的姐夫卡尔·博世（Carl Bosch）进行工业化生产。1913 年这种新肥料开始大规模生产，但巴斯夫没有开发化学肥料，而是转向了另一个蓬勃发展的行业——武器。哈伯的方法为世界带来了一种新型氮基化学武器以及一系列威力更强大、更容易制造的炸药。

哈伯为化学战争制造的新武器成果颇丰，他将氯气、芥子气及其他气体制成武器。齐克隆 A（Zyklon A）便是该过程的产物，这本是一种杀虫剂。哈伯死后，其他科学家使用相同技术制造了齐克隆 B（Zyklon B），纳粹在灭绝营中使用的便是该毒气，哈伯的数位家人也命丧于此。

第一次世界大战后，随着以氮为主的肥料最终得以大规模生产，作物的产量翻了一倍，几十年后，产量又翻了一倍。只要能负担得起，各地的农民都开始使用化学肥料，因此覆土作物、作物轮耕和有机肥料都走上和马拉式耕地一样被淘汰的老路。在拖拉机和不久后发展成熟的化学杀虫剂的加持下，新型肥料将决定

---

① 犹太裔德国化学家，因发明用氮气和氢气合成氨的哈伯法而获 1918 年诺贝尔化学奖。——译者注

农业在 20 世纪后的发展进程。

在这一切发生以前，还得打赢一场战争。很少有人记得第一次世界大战是靠小麦打赢的。在维多利亚时代末期的 1901 年，英国和德国都从农业国转变为世界工业和军事大国。两个国家在谷物、羊毛、肥料和其他必需品方面都是净进口国，而这些物资几乎只能通过船只运输到国内。

在运输成本方面，两个国家间的一大差异在于所处地理位置。尽管英国和盟友以及殖民地之间的贸易是畅通的，但是德国的贸易途径从以前到现在一直受到限制，德国船只不得不穿过狭窄且易于巡逻的英吉利海峡，或者穿过同样被英国控制着的北海。

几乎从 1914 年战争一开始，英国就关闭了德国海上运输所必经的水域。英国的盟友法国和意大利封锁了亚得里亚海，在这片海域最北部是的里雅斯特港口（Trieste），该港口那时属于奥匈帝国。在余下的战争时间中，几乎没有例外，德国无法通过海上运输进口食物（甚至连波罗的海的一部分都被封锁了）。加上许多适龄打仗的人都在军队中服役，德国农业缺乏劳力、饲料、肥料和牲畜（数百万匹马在前线作战）。

阿夫纳·奥佛尔（Avner Offer）在《第一次世界大战：以农业视角解读》（*The First World War: An Agrarian Interpretation*）一书中写道：德国人消耗的卡路里 19% 都来自国外，若无进口，他们难以为继。除了食物进口道路受阻以外还有别的障碍。和别的工业化国家一样，德国人的饮食中肉类占比很大，提高肉类的比重就意味着减少整体可获得的卡路里的比重，因为一些卡路里"聚集"在动物体内，用以维持生命。

这让我们想起丹麦的一个奇特案例。尽管丹麦在战争开始时就宣布中立，但是 1917 年德国切断了丹麦进口肥料、谷物和其他食物的通道，因为丹麦宣布全面封锁自己控制的国际运输通道。

丹麦人的饮食结构和德国人的一样，都十分脆弱。丹麦人均种植的谷物是德国的一半，而且许多谷物用来喂养牲畜。但是丹麦政府展现出清晰、果断和团结的态度，政府决定减少酒精的产量来提高公民的谷物供给，决定定量供应白面包，减少猪的喂养以及鼓励大家消费全谷物。这场运动的领袖米克尔·辛德赫德医生（Dr. Mikkel Hindhede）说道："在饮食中，肉类在必须满足的要求中排在最后。如果一定要先喂饱猪和牛的话，人就会先饿死。"

辛德赫德的话是正确的。如果勉强平衡的饮食中能有足够的卡路里摄入，也能提供足够的蛋白质。所以，通过把先前喂养动物的谷物加入人的饮食，丹麦人的饮食就充分利用了各种农业产品，主要有全谷物、马铃薯、水果和蔬菜。

实际上，辛德赫德把从1917年10月至1918年10月这段时间称作"健康一年"——丹麦人的死亡率降到了最低，从1.25%降到1.04%。从1900—1916年哥本哈根成年人的样本可以看出，慢性病的平均死亡率为1%，而在"健康一年"中该死亡率仅为0.66%。

说句公道话，健康状况的改善也能用别的理由来解释。有些丹麦人把1917—1918年称作"黄油一年"，他们认为健康得到改善是因为减少了酒精摄入，而且不再食用人工黄油。无论何种原因，无疑都很复杂，但是经过饮食控制"试验"后，丹麦人更健康了，这可能（或者必须）通过回归一种老式的种植和饮食习惯才能实现。但无可争议的是，丹麦人用更少的资源让自己比德国人吃得更好。实际上这种饮食习惯十分有效，今天许多公共健康专家推荐的饮食方法和战争期间丹麦人的饮食方法是一致的。

在德国，用来制作人工肥料的化学用品被用来制作炸弹和毒气，同时封锁也意味着德国无法进口智利的硝石，而硝石是氮的主要矿石来源。作为肥料，氮已经大规模地取代了鸟粪。德国农业相应地受到影响，农业成本大增，最终导致恶性通货膨胀。德国的应对是建立战时食品办公室（War Food Office），对食物进行公平定量分配，但这也意味着许多食品通过黑市流通。

随之而来的营养不良让德国人更容易染上疾病，导致数十万德国公民死亡，这对年轻一代也造成长期的损害，因为他们没有摄入足够的卡路里来正常发育、成长。战时和战后的饥饿激化了社会动乱，加剧了城镇和乡村居民之间、阶级之间和种族之间的分歧，这不仅仅发生在德国，在整个欧洲、中东地区和其他区域也都是如此，这也是导致俄国革命爆发的一个潜在原因。

与此同时，小麦丰收使美国成为西欧各国主要的谷物供应商。未来的总统赫伯特·胡佛（Herbert Hoover）被任命主管美国食品局（U.S. Food Administration），该局设定了国内价格标准，以限制谷物价格，它为军队分配粮食，同时控制运往盟国的粮食。

美国繁荣的农业产出的大量粮食都作为赠品运到盟国和军队，因此胡佛鼓励美国人自给自足，多吃鸡蛋和奶酪，因为这两种食物都可以在家里或者邻近的地方获得。美国人也开始利用自家的花园搞种植，300 万块先前未开垦的土地如今都种上了粮食，考虑到那时整个国家的人口大约只有一亿，300 万这个数字令人印象深刻。

因此，在战时和战后的美国，小麦的出口增加了两倍，肉类的出口增加了 4 倍。到 1919 年，食品出口占到美国总出口量的三分之一。然而出口的繁荣并不总能持续，对小规模的农民来说，出口不可避免的下降预示着灾难的到来。

战争的需要导致谷物价格很高，这使很多美国农民觉得规模越大越好，觉得种植得越多利润就越高，而且觉得联邦政府会支持他们这种想法。

在某种意义上，农民是正确的：1 000 个农民每人生产 100 万蒲式耳的作物，比起 100 万农民每人生产 1 000 蒲式耳的作物，对政府来说更容易管理，对企业来说更有利可图。更少的土地和更少的农民不仅意味着面包会更便宜，也意味着需要更多的拖拉机。大型农场成了赢家，这在很大程度上归因于政府的支持。

有个有趣的案例是关于一位富有开拓精神的农民。他叫汤姆·坎贝尔（Tom Campbell），1917 年，他声称利用时间和技巧的最好方式不是去打仗，而是使用提供给他的所有可用工具，让他以工业化规模去生产小麦，就像菲茨杰拉德在《每个农场都是工厂》中写的，这些方式包括"规模生产、成本计算、专门化的机器、熟练技工等原则，这些原则和这个国家里任何大型工业组织所遵循的原则是相同的"。

坎贝尔把他的情况通过电报发送给总统威尔逊（Thomas Woodrow Wilson）和摩根大通集团（J. P. Morgan），此后他获得了印第安事务局（Bureau of Indian Affairs）租给他的 10 万英亩的免税土地，这些土地是从美洲原住民部落克劳人（Crow）、黑足人（Blackfeet）和肖松尼人（Shoshone）手上掠夺来的，他还收到了摩根财团 200 万美金的投资。坎贝尔因此成了世界小麦之王，他还向斯大林提出农业方面的建议，研发出早期的凝固汽油弹，同时成为空军准将。

很少有故事能包含如此丰富的经历。从燃气驱动的拖拉机引入农业的那一刻起，科技创新就扩大着农业的规模。液压升降系统使得更换设备越来越容易，人们能够根据不同的作物更换不同的设备。更高效的柴油发动机被引入，四轮驱动和改良版变速器使得全地形的工作成为可能。更好的播种机意味着能根据不同的作物调整不同的种植间距，提高种植效率等。化肥提高了每英亩土地的产量，农田面积和总种植面积也一起增加，拥有最新的机器设备变得至关重要。

最早采用拖拉机和其他新技术的人以现有的高价销售大量的作物，因此获得了决定性的优势。随着所有人了解了其中的道理以及随着大规模生产导致更多的盈余，这些作物的价格就不可避免地跌下来，利润变得如此少以至于只有大生产商才能盈利。

美国农业部的科克伦在 20 世纪 60 年代成为该部门的首席农业经济学家，他写道："长期来看，当许多农民都采用了新技术后，最初使用该技术所获得的那种收入红利就消失了。从收入的角度来看，普通的农民退回了起点。"从拖拉机到转基因种子，农业工业化中任何重大的创新都适用于上面的结论。每次创新都利于规模大的一方，而惩罚规模小的一方。

在此之前，要种植像玉米、大豆和小麦这样高产的作物，农民需要更多土地、更多设备、更多化学肥料和更多资金才能成功。随着农业的发展，购买机械化的农场设备并不能保证农业繁荣，只会带来负债，让农民陷入科克伦所说的农业跑步机（Agriculture Treadmill）[①] 的处境。甚至连坎贝尔也没能逃过这一困境：摩根财团并没有送给坎贝尔 200 万美金，而是借给了他。

扩大生产并专注于商品作物是唯一能够存活下来的方法。许多利润都到了设备制造商、化学品生产商、种子公司手上，这个时代也出现了许多成功的公司，比如：通用磨坊公司（General Mills）、嘉吉公司（Cargill）、约翰迪尔公司（Deere）、杜邦公司（DuPont）。

因为有如此多的力量针对传统的农民，所以反对无序发展的斗争变得毫无希望。战争年代的过度生产多少导致了永久性的过剩，价格降得太低，以至于除生产规模最大的农民外，其他人都处于亏损状态。扩大规模和关注单一作物的要求来自方方面面，甚至是那些用来专门帮助家庭农民更好生存的组织，比如赠地大学及其农业试验站，都在推动小规模生产的农民去加快经济作物的生产。

1922 年，美国农业部成立了农业经济局［Bureau of Agricultural

---

① 农业跑步机用来描述农民的困境。在这个困境中，持续的技术进步使得生产力提高，使采用新技术的农民受益，但结果也是供应增加，价格下降。因此需要在技术上不断取得新的成就。——译者注

Economics，现为经济研究局（the Economic Research Service）]，该局从官方立场上鼓励国家引导农民使用相同的技术，生产达到特定标准的作物。如此一来，该局建立了一项在全国实际执行的农业生产政策。联邦政府将直接或者间接地通过各州来帮助农民走向统一的生产体系。农场变得越来越少，越来越大，而且越来越相似。

这个过程并不完全是自私的，甚至有些人觉得这个过程很单纯。"试验站的科学家和管理人员从来没有考虑过，如果他们的工作被证明是成功的，很可能让富人更富裕，让很有价值但非企业家的农民陷入贫困并离开土地，"历史学家查尔斯·罗森伯格（Charles Rosenberg）这样写道，"他们也没有预见到，拥护由政府支持的越发复杂的研究与自给自足、去中心化世界的逐渐消亡之间存在着潜在的冲突。只有效率最高者才有希望生存下来。"

无论是不是有意的，推动农民单一作物标准化种植产生了悲剧性的后果，就是科学家及研究人员不是和农民联合起来，而是和银行家、设备制造商、种子和化肥销售商联合在一起。就像温德尔·贝里在《美国的骚动》（*The Unsettling of America*）一书中所写："农业大学"变成了"农业综合公司的大学"……"一个机构原先是要保护乡村生活，却成了乡村生活最大的敌人：它的农民教育补助给了农民的竞争对手。"

这其中有猫腻。大公司想要农民占有更多的土地，生产更多的作物，然后背负更重的债务。同时，本该公平无私的政府顾问也相信，如果小规模生产的农民将会不可避免地在机械化和化肥的推广之下被消灭，那为什么不只帮助那些能够扩大生产规模的农民呢？让那些只为社区生产粮食的数百万小农见鬼去吧。

第一次世界大战后，农场开始加速消失。1920—1932 年，在我们称之为"黑色沙尘暴"的环境灾难发生之前，25% 的农场因被用来偿债或者抵税而消失。

农场机械化和规模扩大使得农场经济越发不稳定，越来越多的债务、越来越高的收入、越来越多的作物意味着高产量的农民产量更高，低产量的农民产量更低。到 1930 年，约翰迪尔公司和其主要竞争对手万国收割机公司（International Harvester）主导了农业设备的销售，老约翰的孙子、首席执行官查尔斯·迪尔·威曼（Charles Deere Wiman）在大萧条期间提供资金帮助当地的银行走出困境，还扩大了宽松贷款的规模，他意识到对没有安全感的农民展示出慷慨不仅仅是好的营销策略，而且也是一笔好买卖。最终，信贷购买成了习以为常的事情，1958 年迪尔公司成立了约翰迪尔信贷公司（John Deere Credit Company），成为美国最大的金融机构之一。

对工业化的农业来说，大规模的设备是必不可少的，但是对我们认为是"家庭"式农民的人来说，要一次性购买这些设备还是有些困难的。一台现代化但绝非顶级的联合收割机要花费 50 万美元。购买这样的设备需要复杂的融资手续，拥有大面积的土地才能弥补开支，种植单一的经济作物才会更有效率。1945 年美国农场里驮重的动物和拖拉机一样多，农场机器的平均价值是 878 美元，这等同于 2020 年 22 000 美元的投入，现在农场机器的平均价值比先前高了 6 倍。

为了融资，农民和设备生产商、肥料生产商和种子生产商捆绑在一起，当然还有银行家。尽管约翰迪尔公司对苦苦挣扎的农民表示出善意，但是在财政方面，与农民的紧密联系几乎确保了放贷人能长期盈利。这也是工业化农业在今天难以改变的主要原因之一。

如今迪尔公司的贷款利润率是销售利润率的 4 倍，但是贷款和销售两者的结合使得公司保持竞争力。如果收成不错，农民就会购买新设备，贷款条件对金融公司来说也许并不那么理想。但是收成不好时（几乎所有人最终都会有这样的经历）农民购买新设备的条件会更加苛刻。不论是哪种情况，迪尔公司都是赢家。迪尔公司 2019 年的利润是 110 亿美元，略高于同年美国 200 万农场全部利润的 10%。

第七章　沙尘暴与经济萧条

食物总是带有政治色彩的，但是随着时间的流逝，我们与食物的关系，即食物怎样到达我们手中，已经越来越受到政府和政策的影响。

有时在农民面对各种危机埋头工作时，政府只会袖手旁观。政府这种消极态度常常意味着不能很好地保护穷人对抗富人，导致大鱼吃小鱼的现象屡见不鲜。但是政策能决定生产的种类和层级，决定食物营养的增加（或者减少），促进贸易顺差，甚至能创造出稀缺。政策能够带来所有这些结果。

由此造成的影响是令人痛苦的。从马铃薯大饥荒以来，到现代世界，疏忽、残忍、缺乏同情的政策已经导致数百万人饿死。在一些案例中，政府甚至把食物当成武器来制造种族灭绝。

经济学家阿马蒂亚·森（Amartya Sen）认为，饥荒并不会毫无征兆地爆发。饥荒大多发生在公众暴乱、缺乏民主以及全面战争的背景下。阿马蒂亚·森分析了 1943 年的孟加拉国饥荒、1972—1974 年的萨赫勒饥荒和埃塞俄比亚饥荒以及 1974 年的孟加拉国饥荒，他指出，饥荒的爆发和是否能获得食物无关，而和政治自由有关。

和有些国家一样，美国在很大程度上也漠视国内农民的艰苦生活，这种相似之处是显而易见的。当美国的农业完成了机械化并在此基础上建立了最强大的经济体系，农业移民问题也随之产生。在很大程度上，美国多亏一种有限却真实的民主存在，真正的饥荒才没有出现。

你可以用各种方式表达不满，可以放任不受限制的集体化政策发展。尽管大面积饥荒没有在美国出现过，但是政府在面对农田增加、作物单一等情况时，缺乏有效的干预。因新技术的出现，数百万农民原有的技能不再适用，和往常一样政府却没有制订任何计划帮助他们，这使农民苦不堪言，他们不得不背井离乡，最后造成许多美国人死亡。

第一次世界大战期间，为了供给数量巨大的盟军足够的粮食，美国有 1 350 万英亩的土地（康涅狄格州面积的 4 倍）用于种植小麦。接下来的 10 年也就是"兴旺的 20 年代"，新式、强大的拖拉机把 4 000 万英亩的草皮翻了过来，这个面积相当于佐治亚州的面积。

通常持续的雨水和依旧肥沃的土地能给农业带来更多收获，美国农场收获的小麦足够满足国内和出口的需求。即便在 1929 年股市崩盘时，许多农民的农田仍然经营良好。商品价格上升时，农民尽可能多地种植粮食。价格最终不可避免地跌下来后，农民仍然更加辛劳地耕田种地，希望能借此弥补收入的缺口。

但廉价粮食泛滥的市场并不是唯一的问题。经济崩溃时，北美大平原的生态环境也正在分崩离析。

几乎没什么雨水了，大风也开始肆虐。在 20 世纪 30 年代，"黑色沙尘暴"席卷了田野、马路和城镇。因为能见度很低，火车误过站台撞在一起；孩子们走丢了，有的甚至在风暴中窒息；成年人看不到路，晚上只得爬着回家。一些人引用《圣经》"申命记"（Deuteronomy）中的话："耶和华要使那降在你地上的雨变为灰尘，尘土从天落在你身上，直到你被除灭。"

但是，只要你想或者能透过现象看到本质，"黑色沙尘暴"事件和其他现代农业的悲剧一样，既不是上帝的行为，也非不可避免。相反，是拓荒者的行为以及政府指导拓荒者的政策导致了悲剧的发生。

20世纪30年代的北美大平原并不是第一次被干旱和强风侵扰。然而，在一块土地上面，靠耕种谋生的农民和投机商对土地生态一窍不通，也没有兴趣去学习相关的知识，干旱和强风的来袭还是第一次。

在频繁的旱季和咆哮的大风中，有千年历史的深根草——野牛草可以固定和保护土壤。有人估计，野牛在北美大平原上吃草繁衍已经有10万年之久的历史。如今农民把草除尽，连续好几年都只种小麦一种作物。北美大平原土生土长的"管家"连同野牛一起，被设置陷阱的人、猎人和贸易商驱离（他们把毛皮运回东部地区），被军队驱离（他们支持杀戮动物，减少了原住民的食物供给），被铁路公司驱离（他们也不想要野牛，因为野牛拖慢了火车速度，甚至会损毁火车。有时火车会减速，与过路的兽群保持速度，方便乘客射杀动物）。

随着20世纪的到来，野牛的数量几近于零，因为土地都种上了小麦，深根草类几乎都消失了，接下来土壤也会消失。

独特而广袤的生态系统（几乎是阿拉斯加那么大）遭到了毁坏，这种毁坏不仅其速度前所未有，还是不期而至的，直到"黑色沙尘暴"在眼前发生。等到有人意识到生态的毁灭时，已经为时已晚。

拖拉机日日夜夜不停地工作。在1931年，堪萨斯州西南部种植了小麦的土地面积几乎达到了40%。同样在道奇城周围、得克萨斯州附近、俄克拉何马附近、新墨西哥州附近、科罗拉多州附近都大面积种植着小麦。当风暴来袭时，这个区域就成了"黑色沙尘暴"的中心。在一个好年头，以前两美元一蒲式耳的小麦现在只需要50美分。对艰苦劳动的农民来说，即使这么低的价格，本来也能维持基本生活，除非经常造访的雨水会突然停止，天气变得和平常一样干旱。"专家"曾预测温和的气候几乎会永远保持下去，而事实上，气候已经开始变得反常。经济大萧条使得数千万的美国人无法负担食物支出，小麦的价格甚至降得更低了。

即使人们开始绝望，许多农民依旧保持着信心。他们相信土地会永远高产，他们继续开垦更多土地，更努力地耕作，用以弥补粮食价格的下降。胡佛总统给农民批了更多的贷款，允许农民在土地和设备上投入更多资金，这使得每个家庭都能开发数百英亩的土地，尽管这些家庭已经装备过剩，负债累累。

但是无论农民收获有多少，无论农民卖出多少，粮食低廉的售价让农民不得不借更多的钱去种更多的粮食、去收获更多的粮食，这仅仅是为了还清贷款。垮掉的农场被邻居吞并，邻居的债务也随之增加。有些善良的人有时会在拍卖中出价一分钱买下农场，之后把农场还给破产的朋友。没有经验的政府部门对风险不能提供实质性的预警，农民采用这样的政府所鼓励的方法，循环往复地"犁地、播种、收获、犁地"。

美国农业部的农业试验站有许多支持者，他们喜欢谈论试验站在"黑色沙尘暴"期间拯救了美国农民的丰功伟绩。但是其更为"显著的业绩"是，美国农业部没能预测到疯狂耕种带来的危险。农业部职员在土壤管理、节约水资源、作物轮作、防止水土流失方面并未接受过训练，而这些措施足以化解"黑色沙尘暴"危机。相反，职员们支持工业化的单一作物种植，鼓励机械化和无休止的耕种。

这为灾难的来临做了个完美的铺垫。随着温和、潮湿的天气变得炎热、干旱和多风，土壤也变得松散起来。这一系列变化导致了令人害怕的沙尘暴、作物枯萎、饥饿和疾病肆虐，其中包括"尘肺病"。在 1933 年，先前富裕的家庭现在连房子都没得住，他们住在鸡圈里，仅剩一丝丝的希望，苟延残喘着。农民开始"等待明年的到来"。

在 20 世纪 30 年代早期，美国东部许多地区的人对大平原上农民的困境一无所知，因为他们也面临自己的问题。但在 1934 年 5 月 9 日，一场风暴席卷起平原上超过 3 亿吨的尘土，直到数万英尺的高空——沙尘暴席卷了芝加哥、底特律、克利夫兰和布法罗。两天后，纽约在白天开了路灯，尘土甚至落在了白宫罗斯福总统的桌子上。

1933 年富兰克林·德拉诺·罗斯福（Franklin Delano Roosevelt）任总统期间，当时农业收入仅为 1929 年农业收入的三分之一。1924 年提出的麦克纳里 - 豪根农场救济法案（The McNary-Haugen Act），原本是想让联邦政府以人为定的高价来购买过剩的农作物，然后卖到国际市场上，以此来帮助西部艰难发展的农业。但是卡尔文·柯立芝（Calvin Coolidge）这位自由放任的总统却两次否决了该法案。加工商出很低的价格收购，制造商以高价卖出，这使得农民生产作物的成本远高于作物本身的价值。

新总统的智囊团备受好评，这群人大部分都是哥伦比亚的法学教授，他们相信大萧条的原因在于农业：如果农民苦苦挣扎，经济也会如此。至少，这个解释是合乎情理的。

但是，农业发展的趋势使得越来越多的农民破产，陷入痛苦，达恩·摩根（Dan Morgan）在作品《粮食商人》中写道："美国农村存在着阴郁和反抗的风气。参加抗议的农民烧掉了粮食，倒掉了牛奶，杀掉了牲畜。在某处的一场取消房屋赎回权的听证会上，农民把法官拖出了法庭，威胁法官说如果不停止程序的话，就要当场绞死他。"

一些农民让农作物远离市场，想以此提高农产品价格。在艾奥瓦州和内布拉斯加州，一个叫作农民假日协会（Farmers' Holiday Association）的群体编了一首短歌：

> 让我们庆祝"农民假日"节，
> 让我们过这个节，
> 我们吃我们的小麦、火腿和鸡蛋，
> 让他们吃他们的金蛋。

他们在奥马哈、苏城和得梅因的外围高速公路上设置了路障，把牛奶倒进了下水沟，拒绝牵走牲畜。

其他的抗议活动也增加了华盛顿缓解危机的压力。农民恳求贷方停止农场的取消赎回，实际上在内布拉斯加州、南达科他州、明尼苏达州整个州的范围，暂停农场取消赎回已经持续了很多年。尽管保守的美国农业局联合会（American Farm Bureau Federation）主席警告说，"除非我们为美国农民做一点事情，否则在不到 12 个月内，农村就会有革命发生"，但是全国性的农民反抗并没有发生。

罗斯福在 1936 年的一次广播演讲中说道："没有开裂的土地，没有曝晒的阳光，没有猛烈的狂风，永不屈服的美国农民应该永远住在这样的环境里，他们在绝望的日子继续前行，用他们的自立、坚韧和勇气鼓舞着我们。"

但是这仅仅是夸夸其谈。没有农民是永不屈服的，他们也从来不是如此。鼓励农民与自然对抗，而不是与自然合作，由此造成的失败和农业本身一样古老。实际上，和苏美尔以及古罗马一样，在一个不奏效的农业系统下，美国已经开始崩溃。政府援助真正能到达小农和他们家庭手上的微乎其微。

实际上，美国家庭农场的梦想正在变得暗淡。1930—1935 年，所有的农地和建筑物的价值降低了三分之一，农场的平均价值几乎降低了一半。

像约翰·史坦贝克（Joads in Steinbeck）所著《愤怒的葡萄》（*The Grapes of Wrath*）中的乔德一家一样，这片区域中多达三分之一的人口被迫搬迁。大部分移民去加利福尼亚，因为那里气候适宜，水源丰富，一切都是绿色的，而几乎 50 年前人们也是这样评价美国东部大平原的。

一些广为人知的俄州人（Okies）和阿州人（Arkies）[①] 用马拉着汽车往西走，因为买不起汽油，他们在路上停下来乞讨或者打工去挣食物。在 19 世纪 70 年代美国重建时期，许多先前是奴隶的美国人离开南方，他们都一样被称作"流离失所者"。同今天数百万为了逃离生态灾难被迫移民的人一样，这灾难是由破坏土地的农业引起的，所有的这一切都是为了满足贸易买卖的欲望。

华盛顿首次实质性的回应是 1933 年的《农业调整法案》（Agricultural Adjustment Act），也被称作"第一农业法案"，这份法案的引进是为了增加农民的收入，法案以各种形式一直持续到今天。从短期来看，这意味着通过补偿农民来减少种植面积，以限制作物产量。一旦产量达到某个标准，政府就会给农民钱，让农民停止种植，或把作物从地里拔出来，但目的是破坏而不是收获。甚至一些土地都"退耕"了。政府在每种作物上花费的钱都协商了一个平价，来符合生产的成本以及经济的其他部分。

对农民而言，这种支持仅能产生短期的效果（就像通过毁掉谷物来提高其价格一样），并且缺少大局观，无法解决根本性问题。美国农业部的威拉德·科克伦是这样描述这个"农场问题"的：农作物产量不断增长，而需求没有变化，造成供应远大于需求。（对

---

① Okie 指俄克拉何马州人，Arkie 指阿肯色州人。——译者注

马尔萨斯而言，供应真的是太多了。）他解释道，在一个富足的社会，只有人口增长能使食物的需求增加。所以，当产量增速高于人口增速，粮食价格就必然下降。

科克伦认为，1900—1914 年，人口的增长速度非常快，人们设置农产品平价时都拿这段时间来确定价格下限。他曾说："在这十多年，移民人数达到了有史以来最高值，农业产出的增长率却大规模减少。所以在这段和平时间，我们对食品的需求超过了总供给，农产品的价格和农民的收入因此快速增长。"

农业扶持体系的基础就是错误的，因为我们想要复制一种农场经济，这种经济能存在的原因是人口以独特的速度在增长，而这种速度仅仅是通过战争和政策获得。事实是，人口再也不会那样快速增长（完全没有可能），商品扶持也就永久固定下来，其最常见的形式是保险。

但是问题远比供应过多更严重。大额负债比收入滞缓更能威胁农民的生活水平，一系列的取消抵押品赎回案例使得悲惨状况越发清晰。约翰迪尔公司认为，农民已经成了分散债务的工具。机器、种子、化肥和利率都是新负担，更多的收入给了农民一股资金流，让他们来不停地付账单。取消抵押品赎回意味着贷更多的款来扩大业务，不仅仅要买更多的土地，而且要买新的更大的设备。

作为回应，罗斯福和国会资助了一系列的项目，以确保大平原上农业稳定地发展。土地保护局（现在的自然资源保护局）训练种植户，给他们钱，让他们采用新的技术，还有真正的土壤科学家帮忙，这些科学家至少会关注土壤保护。同时，一亿美元的联邦收购资金允许农民把牲畜和土地变卖成现金。大约有一半的牲畜被杀并制成食物，装进罐头，分配给国内挨饿的人。

罗斯福政府成立了公共事务振兴局（Works Progress Administration），大平原上许多农民为振兴局提供劳力来换取谋生的薪水。平民保育团（Civilian Conservation Corps）种出了一条"保护带"，有超过两亿棵树木，以此来改善平原的生态，虽然离恢复生态还差得远。然而把土地改造成生产作物的工厂这个真正的目标依然存在。

到1938年，大平原上又开始种植小麦。环境改善了，新种植的树木抵挡了咆哮的狂风，更先进的水泵采集到了新的、更可靠的水源（即奥加拉拉地下蓄水层，但是这个蓄水层总有一天也会枯竭）。

但是这些"方案"都是治标不治本。掌权者中没人对农业系统的长远发展目标感兴趣。这个系统会产生健康的家庭、团体和经济吗？能维持土地的肥力吗？还是想利用各种能想象到的资源，包括人力资源，让面粉磨坊主、拖拉机制造商、肥料生产者、银行家等来抢夺农民的收入？

从来没有过明确的答案，但是证据显示，无论以前还是现在，这些问题的答案都是否定的，至少对那些掌权的人来说是这样。沟通交流并没有发生，很大一部分原因是那些不掌权的人（也就是大部分的美国人）没办法强迫掌权者进行沟通。

从"一战"结束到大萧条，再到罗斯福新政，政府政策对农民几乎没有什么帮助。对南方的小农、租土地的佃农，尤其是对于那些解放了的农奴的后代，这些政策尤其没有提供什么帮助，甚至产生了破坏的作用。

实际上，18世纪和19世纪美国的政策对待农民有多糟糕，20世纪的政策对待农民也一样的糟糕。举例来说，1935年的《社会安全法案》（Social Security Act）和1938年的《公平劳动标准法》（Fair Labor Standards Act）把本国农业人口排除在外，这归咎于颇有影响力的南方民主党人，他们拒绝保护在这些领域工作的黑人。

这意味着政府的新政不公平地把有色人种排除在一些最重要

的保护措施外，这些保护措施有：社会安全；集体协商和工人组织；最低工资和最长工作周；加班时相当于平时工资一倍半的加班费；禁止童工。甚至各州政府给收小费的工人设置了更低的最低工资标准，这是对铁路搬运工和女用人的直接冒犯，他们先前都是奴隶或是奴隶的孩子。令人感到恶心的是，这项政策持续到今天。

史学家早已承认，是奴隶、解放的自由人以及他们的后代开辟了棉花产业以及南方的其他农业生产，因此是他们贡献了很大一部分的美国财富。但是尽管在美国内战后得到了承诺，非裔美国人在很大程度上依然没有机会像白种美国人一样拥有土地。相反，非裔美国人很大一部分被硬分为佃农和佃户，他们拼命干活以支付地租，而且常常被迫重新回到棉花种植这个老本行。

棉花是油料作物，也是一种纤维作物。棉花的种子可以榨成油、做动物的饲料，也可以做肥料。从得克萨斯州东南部到弗吉尼亚州南部，有一片 1 500 英里长的地区，叫作棉花带（Cotton Belt）。这也是美国一大片肥沃的土地种植单一作物的一个例子。在 20 世纪 30 年代，这片地区，尤其是美国东南部四分之一的地区，居住着美国四分之一的人口，其中几乎有一半人是农业人口。同时美国有一半的农民居住在南方，而其中的四分之一是黑人。

美国农业部只服务于大公司而非小规模的农民，这已经不是什么新闻了。在农业部的政策下，黑人农民深受其害，这同样不会让人感到惊讶。尽管农业部是联邦机构，但它的政策是由地方执行的，常常是通过州县的分支机构完成。而南方的地方政府有臭名昭著的种族主义风气，他们甚至以此为荣。所以当新政府的农业政策真正要去挽救农场时，它挽救的主要是白人的农场。黑人农民被排除在政策外，得不到贷款，也无法获得关于农业扶持政策方面的信息，当然在当地的农业部门里，他们也无法进入管理岗位。

非裔美国人面临着许多其他的独特挑战。农产品扶持政策提高了农田的价格，给没有土地的黑人获得土地进一步设置了障碍。作为种族主义者的店主、厂商代理以高价出售设备、种子和化肥，而粮食收购人员却以低价购买农民的作物。

更有甚者，因为黑人农民更多是劳力而不是地主，他们很少能获得政府因缩减产量而发放的政府扶持资金。而且，可以预见的是，即使农业开始复苏，黑人仍然受到歧视。1930—1935年，白人佃户增加了146 000人，过去5年就增加了10%。同时非白人佃户减少了45 000人，减少了10%。增减的占比数相同，但是方向相反，黑人总是处于不利地位。

农民拥有的土地面积也符合上述变化。大萧条期间以及大萧条之后，数以百万计的农场破产，农民的总数减少了14%。在非裔美国人中，农民的数量减少了37%。1920年黑人拥有的农场数达到峰值，有100万左右（南方大约有10万），而那时黑人占美国农业人口的14%。现在黑人大概只占1%。

这一切的发生并非没有阻力。19世纪80年代成立的有色农民全国互助合作联盟（Colored Farmers' National Alliance and Cooperative Union）和由非裔美国人领导、各种族人都有参与的南方佃农联盟（Southern Tenant Farmers Union）发动罢工、游说和其他各种公众活动。这些群体受到了罗斯福的关注，于是在1935年移垦管理局（Resettlement Administration）得以成立，在1937年它变成了农场安全管理局（Farm Security Administration），旨在把农民搬离土壤贫瘠的区域，搬到某个他们能繁荣发展的地区。

但这种帮助为时已晚且效果微乎其微。尽管从谢尔曼开始的官方承诺在罗斯福政府中也继续存在，但是大量的黑人农民和工人依旧没有土地，依旧受到歧视，依旧没有工作，没有钱。从第一次世界大战结束直到1970年，有一股大移民潮（Great Migration），期间有600万非裔美国人离开南方到了北方的工业城市，这是历史上美国人最大的一次人口迁徙，许多美国人背井离乡。种族主义、专制的《吉姆·克劳法》以及别处可以得到的机会常常被当作这次移民的主要动因。但重要的是，我们要记住非裔美国人大都是农民：在 21 世纪刚开始，四分之三的黑人都在农村定居。所以通过剥夺数百万黑人农民的土地，政府利用食物作为工具，迫使他们背井离乡。

在留下来的黑人中，很多人的工作都被机器取代。众所周知，收获棉花非常棘手，因此机械化作业非常慢。但是在 1948 年，在美国农业部的资助下，万国收割机公司（International Harvester）发明了实用的棉花机械采摘手，该机器很快风靡一时。可以预料的是，美国农业部并未采取措施来重新训练、重新安置或者帮助那些因不再需要人工采摘棉花而失业的工人。在 20 世纪 60 年代，三分之二的黑人农民改行去从事别的职业。黑人农民减少的人数是白人农民减少的 3 倍多。

因为南方的农业并不景气，白人农民和黑人农民都被迫去寻找新的天地。大部分人前往北部，但是也有人去西部淘金。

众所周知，加利福尼亚州有得天独厚的气候条件和自然资源，早在西班牙人定居以前，这里就是原住民的家园。然而，加利福尼亚州成为美国一部分后，首次繁荣发展并不是以农业为中心，而是以采矿业为中心。在美国一段短暂的历史中，在新并入的加利福尼亚和广阔的美洲西南部，黄金就是君王。

但是开采黄金很困难，也很危险，有着和中彩票一样低的概率。没过多久，新加利福尼亚人就意识到"开垦土地"（美国式的农业）才更稳定，更能赚钱。

加利福尼亚州的许多农田已为大庄园主所有。1821—1846 年，加利福尼亚州还是墨西哥的一部分，那时土地由州长的朋友和家人瓜分。这些大庄园占据着加利福尼亚超过 10% 的土地，沿着海岸线，从当时的首府蒙特雷一直延伸到圣地亚哥。这些土地主要用来喂养牲畜，以此生产油脂和兽皮，这些产品通过船只绕合恩角运送到东部。（航程太长，不适合运送新鲜肉类。）

这种个人占有大面积土地的特点很大程度上被保留下来，所以在 19 世纪末，房地产主要集中在土地开发商、投机商和铁路公司手中。马克·阿拉克斯（Mark Arax）在《梦想之地》（*The Dreamt Land*）中写道："到 1871 年，900 万英亩加州最肥沃的土地牢牢掌控在 516 人手中。"到 1889 年，小规模的家庭农场已经变得无足轻重。从价值角度看，加州六分之一的农场产出了占总产量三分之二的粮食。

实际上，白人定居者一到达，就把中央山谷（Central Valley）从由湿地和森林点缀的自然草场转变为大面积尘土飞扬的单一作物种植地。这个过程中，生产和破坏奇怪地并存，这一方面是 20 世纪机械化创造的工业奇迹，另一方面是忽视自然平衡、忽视自然维持人类生活能力所带来的噩梦后果。

和别的地方一样，加利福尼亚州的主要农作物也是小麦，许多小麦直接通过船只运往欧洲。同样和别的地方一样，小麦耗尽了土壤的肥力。在加利福尼亚，每种经济作物都有全盛期，小麦的全盛期却很短：1884 年小麦的产量达到 5 400 万蒲式耳；而到了 1900 年，小麦产量则下降到了 600 万蒲式耳。

这对加州农民来说是致命一击，对加州开发者来说却是一场胜利。阿拉克斯说："既然靠小麦致富已不再可行，边境地区的野蛮可以给真正的文明让位。"对"真正的文明"来说，唯一的障碍是短缺的水资源。随着商业需求的增加，来自蓄水层、雨水和冰雪融化的水资源开始短缺。更有甚者，因为农田种植逐渐依赖单一作物，比起种植多种作物，种植单一作物浪费更多的水资源。

要维持加州前所未有的农业规模，得有全新的应变计划。因此，来自克恩河、圣华金河、萨克拉门托河等河流的水资源被引向了加州内部干涸的土地，阿拉克斯称这是"世界上范围最广、最集约的农业工程"，在那时加利福尼亚土壤的肥力"受益于河水灌溉和加利福尼亚大学农业学院的科技支持"。

联邦政府也想出一份力。1902 年农垦部门（Reclamation Service），也就是后来人们熟悉的垦务局（Bureau of Reclamation）得以成立，尽管这个部门并不"开垦"土地。称其为土地改造局（Bureau of Transformation）也许更为恰当，该局精心规划了许多灌溉计划，灌溉了美国西部很多土地，其中最著名的是于 1931 年动工的胡佛大坝（Hoover Dam），推动了因皮里尔河谷（Imperial Valley）农业的稳定发展。这个河谷区域以前是一片荒漠，现在人们称之为"世界的冬日花园"。

自苏美尔人以来，宏大的灌溉计划是每个农业文明必不可少的部分，加利福尼亚州也不是唯一需要大规模灌溉来维持大规模农业的地区。但是加州改变生态系统以适应农业发展的程度让别的地区难以望其项背。在 20 世纪，加利福尼亚的灌溉土地总体增加了 7 倍。

今天，加利福尼亚大约有 2 500 万英亩土地可以用来耕种，这一面积和肯塔基州一样大，另外还有 1 500 万英亩土地用来放牧。加利福尼亚种植了全美国一半的水果蔬菜，种植了几乎全部的杏树、无花果树、橄榄树和其他地中海作物。加州也是美国最大的乳制品生产地。如果没有灌溉，这些产品几乎很难生产出来。

对最好的农田来说，灌溉至关重要。对中央山谷来说尤其如此，这一段 450 英里长的土地从贝克斯菲尔德（Bakersfield）延伸到雷丁（Redding），是加州农业的中心。这里有全世界面积最大的 A 级土地。大约 25℃ 的昼夜温差是作物生长的理想环境，每年有光照的日子大约也有 300 天。有了水资源灌溉，加州只需要另外一项要素就可以成为世界上最高产的地区，这个要素就是劳动力。

种植如柑橘、核果、坚果和蔬菜等高附加值、劳动力密集型的经济作物，土地产出才最有利可图（大麻制品随后出场）。美国中西部的农场大量使用拖拉机，与此不同的是，上述的经济作物在特定的季节需要大量的手工劳动力。出于这一需要，在加州形成了一套压迫性的、精细的现代短工雇用体系。意料之中的是，该体系依靠压迫剥削季节性的移民和外来工人得以运转。

在整个 19 世纪和 20 世纪，中国工人已经修建了西部路段的铁路，现在他们涌进加利福尼亚州的新农场、运河、水渠和大坝建设处做劳工。在 19 世纪 90 年代，中国工人占了加州务农人员的一半。日本人和菲律宾人同样也扮演着重要的角色，就像"黑色沙尘暴"事件中的"俄州人"和"阿州人"移民一样。埃内斯托·加拉扎（Ernesto Galarza）写道："一场恶风带着风沙席卷了密西西比下游地区，也为农业综合经营公司吹来了机会。"根据人类学家瓦尔特·戈尔德施密特（Walter Goldschmidt）的说法，"黑色沙尘暴"移民到来之后，首次把白人家庭带进了"廉价劳动力大军，这一群体对加利福尼亚机械化农业的持续发展是必不可少的"。

长久以来，推动美国农业发展的工人相信这一老生常谈，却从来没有从中受益。尤其是在奴隶制废除后，美国农业部门中有一个行之有效的招数，即寻找那些处境极其困难的劳动力，比如"黑色沙尘暴"中的移民，因为他们愿意做最繁重的工作。

非裔美国人和原住民各有各的不幸，但是阶级划分和剥夺选举权超越了种族界限。尤其是白人中产阶级的繁荣，依靠的是逐渐增多的社会底层的移民。到达加利福尼亚的菲律宾、墨西哥、中国和日本等国的移民以及最初的流民，他们在家乡也可能免于饥荒和死亡，在美国却没法过上更好的生活，因为他们无法获得土地所有权，而且被卷入了可能导致灾难的大规模作物生产体系，生产出来的作物卖到了远方的市场。大多数情况是，工人到来时充满绝望，然后意识到自己被严重剥削，最后就离开了。如果有人留下来，最终他们也会被淘汰，因为有新的劳动力愿意以更低的工资做工。无论他们是来自别的州，还是来自别的国家，这丝毫没有影响，至少一开始是这样的。

"二战"爆发后情况才有所改变。"二战"导致的劳动力短缺状况在加州尤为严重，加州关押的日裔美国人中有三分之二的人是美国公民，关押他们"有双重影响，第一是使得非常勤劳的田间劳动者数量减少，第二是使得一些对于特定作物的生产十分重要的家庭居无定所"，身为作者和社会活动家的加拉扎这样写道。尽管有超过 100 万的墨西哥人（其中老家都是加利福尼亚）在 19 世纪末和战争伊始移民到北部，人力短缺还是给剩下的农地劳动者一些讨价还价的余地。但是行业并不喜欢这样。为了找到解决方案，行业与联邦政府结成盟友，联邦政府愿意管理季节性的移民劳动力，这些移民愿意在需要的时候参加农业工作。

因此由墨西哥和美国政府共同推行的手臂计划（Bracero Program，意为"使用胳膊劳动的人"，或者简单点就是"劳动者"的意思）开始了。1947 年农业综合企业的大资本家在给加利福尼亚的州长的建议书中写道："在我们理想的世界中，墨西哥的工人充当着灵活的角色，他们从一个地方快速搬到另一个地方，弥补挽救庄稼所需的劳动力缺口。在某种意义上这些工人是在真正紧急情况才出动的'突击队'，就像用来避免损失宝贵的农作物的保险。"换句话说，雇用工人是季节性的，是适应农业需要的，之后等到没有需求后，工人就会被送回家里。

因为没有监督，克扣工资是常事，殴打、性骚扰、过度工作等各种虐待也是家常便饭，奴隶制是不存在了，但工人们的境遇并不比奴隶好多少。（手臂计划也被称作"租用奴隶"是有原因的。）换句话说，奴隶制的悲惨状况保存了下来。只要熟练工需要派上用场，他们的薪资总是低得离谱，此后就不需要他们了。工人没法进入更美好的社会中，在工作完成后就被送回墨西哥。这项计划以各种形式在美国推行至 1964 年，1959 年工人数量几乎达到

45 万人。

在手臂计划结束和移民劳动力变得违法后，情况也很少有所改观。通常争取工人权利的运动由欧洲移民来领导，但是运动把农民排除在外，一方面是因为欧洲移民的孤立心态，另一方面是因为组织者的种族歧视。20 世纪 50 年代后期农民组织起来，这吸引了全美汽车工人联合会（United Auto Workers）、美国劳工联合会和产业工会联合会（AFL-CIO）等全国工会的注意，也吸引了黑豹党（Black Panthers）和美国全国有色人种协进会（NAACP）等推进种族公平群体的注意，进步由此开始。伴随着进步而来的是一些不同的组织的合并和改编，其中比较突出的是菲律宾农业工人组织委员会（Filipino Agricultural Workers Organizing Committee）和国家农业工人联合会〔（National Farm Workers Association，现代名称是在 1972 年正式采用的美国农场工人联合会（UFW）〕这两个组织分别是由凯萨尔·查韦斯（Cesar Chavez）和洛雷斯·韦尔塔（Dolores Huerta）领导。

可以想象，把流动工人组织起来是多么困难的事情。经过几年的努力，期间偶尔有过几次成功，韦尔塔首先提议联合封锁鲜食葡萄，接着又推动了著名的消费者抵制运动，因此在 1970 年成功签订了协议。现在距离美国农场工人联合会取得巨大成就已经过去 50 年了，但是总体而言，食品工（即为消费者生产、加工、烹饪和派送食物的人）依然常常挨饿。

与此同时，加州的农地产出依旧保持着高额利润，这在很大程度上得益于廉价劳动力，这种情况也很可能会持续下去。尽管加州种植着大面积的单一作物（任何只要见过中央山谷成千英亩长叶莴苣的人都可以证实），但同时加州还生产各种各样的作物，生产人们能想象到的任何可以食用的作物。生产数百种作物给加州农业机械化带来困难，也不利于农作物销售。把大量的小麦完全卖到国外并不是一件难事，在国内混乱的独立市场上，销售马铃薯、桃子、核桃、水稻、西兰花、生菜等却是另一种情况。

　　解决加州农业问题的方案就是如此复杂。每个人都想通过销售杏仁、桃仁、西兰花和胡萝卜发家致富，而致富最好的方法是冰冻它们，或者是将它们密封在金属罐头中。这一结果产生了一个新的行业——"食品"行业，科技创新支撑食品行业的发展。

第八章　食物和品牌

仅从产量来看，美国农业取得了轰轰烈烈的成功。美国农民种植了大量的小麦、玉米、甘蔗、水稻、棉花以及后来的大豆。虽然今天生产有了剩余，但是农民依旧承受着巨大的风险。

接下来的问题是如何处理这么多的剩余农作物。如此多的盈余肯定会导致食物价格走低。但是渐渐地这些盈余使得人们开始发明新样式的食物：工厂能够处理和加工几乎任何东西，从黄油到吐司，从番茄酱到早餐麦片，从面包到汉堡。这是全新的、革命式的挣钱方法，这个方法也深刻改变了我们餐桌上的食物，改变了我们的饮食方式。

对消费者来说，结果喜忧参半。短期来看，这些新的食物能节省时间：在我们这个新时代，农民的数量很少，很少有人有时间去腌菜、挤奶，超市里的食物却方便易得。然而从长期来看，这些食物也会导致疾病，会带来隐性成本，比如环境污染和资源短缺，这些问题抵消了节约时间带来的明显好处。通常在这个体系中受益最多的是中间商，他们包括：商人、磨坊主、设备和化学制品销售者、加工人员、批发商和零售商。

生产的盈余以及随之而来的生产技术制造出许多美妙的新产品。我们拿 20 世纪美国典型的食物——奶酪汉堡包作为例子。顶部是一层浓缩的牛奶糊（美式奶酪），加上大量过甜的番茄酱，夹在一块像是面包，即表面涂上"面包皮"的东西（夹汉堡饼的面包）里，这种纯牛肉的馅饼就成了人们追捧的东西。

我们都说过或者至少听过"没有什么比得上一块汉堡"这句话。在青春期前还是小孩子时，我吃过 25 美分的汉堡。有时，我会吃两个汉堡（新鲜多汁的馅饼在烤架上烤脆），配上炸薯条和一杯可乐，一共花 55 美分。我还记得同期白城堡快餐店（White Castle）[①] 的包装袋是什么样子。几年后已是高中生的我和朋友开着老福特车，行驶 90 英里，第一次来到了麦当劳，在广播里听着沙滩男孩（Beach Boys）的歌。

很可能你有类似的故事，或许故事更动人，更有当地特色，更值得回忆。汉堡取代了"妈妈和苹果派"，成为美式生活的象征。

其实汉堡本质上并无任何美妙之处，许多汉堡实际上令人感到厌恶。但这并不会影响汉堡的意义：汉堡对我们的民族意识十分重要，它证明了我们拥有大面积风景秀丽、土地肥沃、几乎未开发的土地，这些土地能生产越来越多的粮食，能有新发现、新创造，能发挥人的才智，能疯狂地、不管不顾地开发资源。单单在美国，这些资源一年就做成了 500 亿个汉堡，每人大概 150 个。

汉堡的故事其实就是美国牛肉的故事。

19 世纪中期，驱赶牛群是一件缓慢而有风险的事情。干旱和冬季是致命的障碍。在 19 世纪 80 年代，铁路的扩张和有带刺铁丝网的设立大大减少了驱赶牛群的次数，牛群通过铁路"存储车箱"来运输。

---

① 白城堡是美国本土一间连锁快餐店，主要卖汉堡、薯条及奶昔等。它一般被认为是美国史上第一家快餐店。——译者注

运输让铁路公司赚得盆满钵满，过程却很低效。一头活牛的产出只有 40%，这意味着重 100 磅^①的一头牛经过车辆的运输，在屠宰之后只有 40 磅的肉能够卖出去。此外，每头牛都需要照料，这并不是简单的工作，因为在拥挤的运牛车里，疾病传播得很快。

起初并没有什么好的办法。将牛屠宰后再运输很难保证肉的新鲜，从而使得整个牛肉包装行业受地域限制，故其规模不大、利润不高。新鲜的猪肉能保存得好一些，而且可以通过腌制加工或许多受欢迎的成品，如火腿和培根。而牛肉仅占整个肉类加工行业的 3%。

这是巨大的挑战，但是需求和利润潜力是无穷无尽的。一定得有解决方案。突破性的进展出现在 1880 年，古斯塔夫·斯威夫特（Gustavus Swift）发明了一列冰冻铁路车箱，能够把新鲜屠宰的（去内脏、分割加工好的）牛肉可靠地从芝加哥运往纽约。从此，先前分散的、区域性的、不集中的牛肉行业变成了统一的全国性产业，发展前景一派大好。

斯威夫特在芝加哥、圣路易斯和中西部其他的铁路枢纽建立起自己的畜牧场和屠宰场，建立了一个遍布全国的运送中心网络。到 1900 年，分割肉行业被少数几家公司控制着，是全美国第二大的行业，仅次于钢铁。公司的领导者建立了托拉斯垄断组织，把牛肉价格和运费都固定下来，而铁路部门也给予这个垄断组织优惠价。

众所周知，西奥多·罗斯福（Teddy Roosevelt）想要打破这一垄断，但是这个行业资本化程度深，过多依赖于基础设施，难以有新的竞争对手。因此从 1900 年起，虽然名字改变了，美国肉类加工行业仍然主要由 4 个大公司把控。

在 20 世纪早期，这一行业的繁荣使得美国的牛群数量在 20 年内翻了一番，几乎每 10 个美国人能拥有 9 头牛，这一比例前所

---

① 1 磅 ≈ 0.45 千克。——编者注

未见（今天的比例约为三分之一）。这些肉中最多有 10% 用于出口，其余部分用于国内消费，每周每人大约会消费一磅（约合 0.45 千克）。而一头牛身上 40% 的产出都是碎牛肉。

这意味着有很多肉可以用来做汉堡。

猜测汉堡是何时何地发明的是傻瓜的游戏，因为很可能几千年前人们吃面包加酱汁牛肉时，就是将牛肉夹在面包中一起吃的。尽管有证据显示第一家汉堡连锁店是肯塔基州纽黑文市的路易斯午餐店（Louis' Lunch），这家店成立于 1895 年，至今仍在营业，但在 19 世纪末期的纽约和别的地方，汉堡已经变得非常流行。这股风潮在第一次世界大战以后流行开来。

白色城堡快餐店成立于 1921 年，它要克服的第一个障碍就是得说服消费者，让消费者相信碎牛肉是安全的。厄普顿·辛克莱（Upton Sinclair）的《屠场》（*The Jungle*）[①] 于 1906 年出版，里面毒老鼠在绞肉机上跳来跳去的故事让人感到很不安。

但是在《屠场》出版以前，碎肉就受到人们的怀疑。没人知道究竟是什么肉给磨成了末，人们都认为肉末是快要腐烂的肉。白色城堡快餐店的创始人埃德加·比利·英格拉姆（Edgar Billy Ingram）直接在顾客面前绞新鲜牛肉来应对这一问题。他用无瑕的纯钢和白色珐琅修建自己的房子，甚至选店名也是一项策略，因为在一个已经被种植歧视玷污的社会里，白色代表着纯洁和干净。

英格拉姆设立了门店建筑标准、菜单标准和质量标准，他也对食品外带的形式，即包装袋进行标准化。这一系列策略，外加 5 美分一个汉堡的价格，使得他的餐馆很快就取得了成功。白色城堡快餐店在两年内就占据了威奇塔市（Wichita）的市场，不到 10 年，就成了国民品牌。快餐店利润丰厚：管理人员可以坐着公司的两翼

---

① 《屠场》是美国记者、作家厄普顿·辛克莱于 1906 年出版的小说，辛克莱在书中描述了美国移民的生活。许多读者则对书中揭露的以芝加哥为背景的肉类加工业中出现的问题感兴趣。——译者注

飞机在各地来回奔波。

数百家模仿的企业紧随其后，他们都修建白色屋子来制作和销售汉堡，也编造出很多名字，如白塔、红色城堡和白宫殿等。同时英格拉姆也继续创新：他创作出贝蒂·克罗克（Betty Crocker）^①的雏形，即雇用一位女士，叫她朱莉娅·乔伊斯（Julia Joyce），把她派到妇女群体中推销白城堡快餐店。

英格拉姆也预言了纪录片《超大号的我》（*Super Size Me*）的成功，因为他资助了一项试验，在试验中一名叫作伯纳德·弗莱舍（Bernard Flesche）的医学生在 13 周的时间里只吃汉堡一种食物。试验结果显示，弗莱舍身体健康，但是据后续报道，他对汉堡再没有兴趣，再也不会吃汉堡了。在 54 岁的时候，弗莱舍死于心脏问题。

出于某些原因，奶酪不可避免地成为汉堡的完美配料。薄薄的牛肉饼可能会很干，没有人会反对在汉堡肉饼上淋一层口感细腻的咸味浇料。除了盐以外，即使不添加任何防腐剂，奶酪也会保存得很好。作家科里夫顿·费迪曼（Clifton Fadiman）称奶酪为"牛奶走向永恒的一跃"。一些天然的奶酪，如帕尔马干酪，能持续数年而不变质。

因为有这么多奶牛，牛奶的产量也出现盈余，这并不会让人感到吃惊。在美国内战结束到第一次世界大战开始这段时间，牛奶的产量增长了 10 倍。在"一战"后期，无论是罐装牛奶、浓缩牛奶还是奶粉都运往了国外。和小麦的情况如出一辙，需求增长刺激了供给增长。1914—1918 年，罐装牛奶的产量从 6.6 亿磅增长到 15 亿磅。牛奶市场似乎不会饱和。按照惯例，农民回应市场

---

① 贝蒂·克罗克是一个品牌和虚构的人物，用于食品的广告活动。这个人物最初是由沃什伯恩 - 克罗斯比公司于 1921 年在《星期六晚邮报》的一次竞赛后创造的。1954 年，美国财富 500 强企业通用磨坊公司设计出红色勺子的标志，给公司各种与食品有关的商品打上了贝蒂的印记。——译者注

的方式就是不断加大生产。

"二战"结束后，需求开始下跌，由此产生了乳制品的首次巨大盈余。下跌的价格使得更多的人喝到更多的牛奶，每天都会有牛奶加工厂倒闭，也加快了牛奶行业的调整。哈维·莱文斯坦（Harvey Levenstein）在《餐桌上的革命》（*Revolution at the Table*）中写道："在仅仅一周之内，博登乳制品公司就收购了52家公司。"

随之而来的就是各种富有想象力的营销。威斯康星州是世界上乳制品产量最多的乳制品之都，牛奶销售至关重要。口蹄疫爆发后，国家乳制品委员会（National Dairy Council）于1915年成立，旨在让人们信服牛奶很安全，1919年该机构针对儿童营养，出版了第一份小册子《牛奶：成长和健康的必要食品》（*Milk: The Necessary Food for Growth and Health*）。这个小册子是由当时最有名的牛奶推销商埃尔默·麦科勒姆（Elmer V. McCollum）撰写的，他是威斯康星州农业试验站大学的一名生物化学家。

在1918年，听起来就像威廉·克鲁克斯（William Crookes）20年前发表的讴歌小麦伟大的演讲一样，麦科勒姆把宣扬牛奶的意义当成运动的一部分，来说服大众多喝牛奶："那些能敞开喝牛奶的民族……比不喝牛奶的民族更具有侵略性，而且在文学、科学和艺术方面取得了更大的成就。"

不久，有人"教育"孩子们一天要喝4杯牛奶（一夸脱）。1909年，牛奶加工厂被要求广泛使用巴氏杀菌法、冷藏技术和减少掺假，使得新鲜牛奶在全美国范围内都很容易买到。随着雀巢公司改良的巧克力牛奶和冰激凌的引进和广泛营销，牛奶变得越来越受欢迎了。在1940年，芝加哥的学校开始给学生提供牛奶，美国的其他州随后也效仿了这一做法，每份牛奶仅卖1美分。

美国农业部为牛奶业补偿了牛奶1美分的售价和成本之间的差价，也补偿了其利润。1946年，当全国学校午餐计划（National School Lunch Program）开始时，餐食要求必须含牛奶。这项命令一直延续下来，政府对乳制品其他形式的支持也延续下来，包括对广告的支持。

今天我们以为这一切理所当然，但是尽管牛奶的确比苏打水更健康，对许多非哺乳期的人来说饮用水还是更受欢迎的饮品。对婴儿、孩子或任何其他人来说，牛奶并非理想饮品。

实际上，牛奶从来就并非必不可少。牛奶中含有高蛋白，但是几乎所有美国人并不需要大费周折就能获得足够多的蛋白质。同时牛奶中也含有高饱和脂肪，不幸的是，美国人的食谱中饱和脂肪已经过量了。无论总体上牛奶是有害还是有利，牛奶都绝非必需品，更不是早期营销所宣传的那种神奇食品。

此外，全美多达 65% 的人群有乳糖不耐受。牛奶让他们的肠胃难受，或者更糟。（我是喝牛奶会引起不适的最佳例子，我受到鼓励或者强制一天得喝几杯牛奶，结果我长期处于肠道不适的状态。长大以后我几乎不喝牛奶，这些肠胃不适的症状也消失了。）

然而，国家乳制品委员会的市场营销取得了成功，接下来又有一系列计划成功实施。到 1925 年平均每个美国人每周消费一加仑（约合 3.79 升）牛奶。但是无论政府和乳制品行业如何推广销售牛奶，牛奶总是会有剩余。在美国，平均每年每只奶牛能生产超过 400 加仑（约合 1 514.16 升）牛奶，美国有超过 2 000 万只奶牛，这使得美国有数十亿加仑的牛奶可供消费。解决这一问题的办法就是制作更多的奶酪。

制作奶酪是保存多余牛奶最好的方式，这一方法在乳制品行业一直存在。此外，在 20 世纪以前，对许多农民来说奶酪是收入的稳定来源。布鲁斯·克雷格（Bruce Kraig）在《丰富而肥沃的土地：美国食物的历史》（*A Rich and Fertile Land: A History of Food in America*）中描述道：1900 年前平均每个家庭都会有 5—6 头奶牛用来挤奶。在 19 世纪早期，这些家庭每年预计生产了数亿磅的奶酪。

最终，各个家庭组织起来，雇用同一个制作奶酪的人，开始把牛奶倒进集中的设施里。其中一些组织转变成工厂，他们从当地家庭（有时从数百个家庭手中）购买牛奶，然后大规模地生产奶酪。

最终，这些工厂用钢制大桶和机械压力机取代了手工制成的薄纱棉布，以及需要两个人旋转的巨大轮子。为了获得更快的周转和更多的利润，奶酪的存放时间不能太长，不然会影响风味。反过来，添加一些别的成分会使奶酪风味更好，当然也会添加色素。因此，奶酪制作匠人和美国制造的优质奶酪时代宣告结束。

对一种能快速大量生产且或多或少能保存更长时间的产品，人们的需求越来越大，为了回应这一需求，詹姆斯·克拉夫特（James L. Kraft）给他的加工奶酪申请了专利，这也就是我们说的美国奶酪。他的技术是把许多快速制作的、低质量的、类似奶酪的面团磨碎，加入盐和其他成分，然后把形成的糊状物用巴氏杀菌法杀菌，最后产生的奶酪有更长的保质期，有均匀、低温的熔点。

和许多别的企业一样，这家公司也从战时政府的合同中找到了机遇。在 20 世纪 20 年代末，克拉夫特销售了全美 40% 的奶酪。他的公司克服技术困难，研发出切片奶酪，其销售量达到了新的高峰，这个过程使得奶酪销售量一飞冲天，也使得现代奶酪汉堡的制作更加标准化。

但是即使有了奶酪，汉堡也需要配料。接下来登场的是亨利·约翰·亨氏（Henry J. Heinz）和他神奇的调味品：番茄酱。

在亨氏的番茄酱获得统治地位的过程中，他得到了哈维·威利（Harvey Wiley）的帮助。威利是一名印第安纳出生的医生和化学家，他是一位极具魅力的健康狂热者，在 1883 年成为美国农业部化学司的负责人，他的任务是减少有害的化学物质和假货对美国人健康的影响。

有害化学物质和假货都大量存在于食品行业中。在铁路建成前，食物大都源于本地。但是在 19 世纪末期，食物以前所未有的规模被加工、保存、包装和运送。生产商、分销商和营销商能在任何地方运输和销售食物，而不受政府的监管，这些问题大都未引起人们的注意。

假货很常见，也有利可图，消费者知道，食物几乎不会百分之百"纯净"。一份官方预测指出，受污染的食物大约占市场总量的15%。举例来说，牛奶就经常会掺水稀释，用淀粉和熟石膏增稠，最终用甲醛保存；蘑菇是漂白过的；豌豆是用硫酸铜（杀虫剂）来保持鲜绿的；面粉和沙子混合在一起；面包和锯末一起烘焙。

大家都怀疑牛肉有掺假或者受到了污染。1898年美西战争的"防腐牛肉丑闻"[①]（士兵们声称他们吃的肉导致了流行病）被披露后不久，《屠场》随即出版。因为事情越闹越大，罗斯福总统给辛克莱写信道："如果真有此事，而且我有权力的话，你指出的这些恶行将会被根除。"

威利赞成这一说法。在威利的支持者中，有一群叫作"有毒物质稽查队"的年轻雇员，这是一群紧密团结的人，他们的座右铭是"唯有勇者才敢吃这些东西"。他们吃下硫酸、甲醛和硫酸铜等化学物质，以此作为证据，禁止使用新的食物添加剂。

但是威利也有别的支持者，他们使用不那么极端的方法来劝说西奥多·罗斯福总统加入对抗化学物质的战斗。最终亨利·亨氏也卷入进来，尽管他的动机并不是十分正义。

亨氏是约2 000家商业番茄酱生产商之一。英国人曾尝试模仿亚洲人吃一种深色的、发酵过的鱼酱，番茄酱就是对鱼酱的拙劣模仿。在美国，把装罐过程中淘汰的番茄做成番茄酱，提高了番茄的利用率，无论这些番茄是大或小、太成熟或不够成熟、腐烂变质、有虫蛀，或者有其他不被接受的理由。通常，这些番茄会被集中堆放在工厂的地面上，煮沸后撇去悬浮物，加上调料，最后装瓶。

---

① 防腐牛肉丑闻是一起美国政治丑闻，其起因是美国军队向参加美西战争的陆军士兵广泛分发质量极差、严重掺假的牛肉产品。——译者注

让番茄酱更美味诱人需要技巧，得使用各种各样的"食品色素，包括胭脂虫红、深红色素、伊红色素、酸性品红和各种苯胺煤焦油染料"，也需要使用防腐剂，包括硼酸（直到德国禁止进口含有硼酸的食品）和水杨酸，后者只有含量低时才是安全的。（水杨酸提取自柳树，是阿司匹林的基本成分，对去除番茄皮成效显著。）几乎全部现有的番茄酱品牌（番茄酱已经是无处不在的调味品了）都会使用苯甲酸钠，这是一种有效的防腐剂，无味而且可能无害。

亨氏意识到如果能把苯甲酸钠从自己的品牌中去除，然后使该化学添加剂被禁止，他将成为唯一合法的番茄酱制造商。然而这意味着对生产过程的全面改革：亨氏需要一份新配方，这份配方能确保他的番茄酱几乎不含化学防腐剂，仍能长期保存，同时也需要更卫生的生产环境和更可靠的运输网络。

他做出最重要的改变是把糖的添加量增加一倍，这种延长保质期的方式更加自然，也使番茄酱更浓稠，使它成为我们现在熟悉的样子：一汤匙的新式番茄酱和一块普通饼干的含糖量一样。奇怪的是，尽管亨氏把番茄酱变得更加浓稠了，却也没有改变包装瓶的细颈设计，这导致几十年来人们一直得用手掌猛拍瓶子底部才能倒出番茄酱来。

亨氏剩下要做的是让苯甲酸钠变得不合法。十多年来，在威利的要求下，食品安全立法不停地在国会上被提出。但是食品加工商、威士忌制造商和药品公司已经通过卖蛇油大赚了一笔，他们想让自己的假货和有毒物质逃脱法律的制裁。

罗斯福把食品监管当成他第二任期的重要任务，然而威利（在亨氏的帮助下，亨氏负责细节工作）是最终被称为1906年《纯净食品和药品法》（Pure Food and Drug Act）法案的主要撰写人。该法案到达众议院时，正值《屠场》出版，此时天平开始倾斜。

但是威利和亨氏并没有实现理想的政策目标：新的法律并没有

完全禁止任何食品添加成分。然而，该法案要求提高标签透明度，迫使制造商披露生产过程中使用的所有成分，包括化学成分。至少对亨氏来说，这已经是个足够好的消息了，因为他只想让政府支持"纯净食品"，这个营销术语足以让他和其他的大生产商去诽谤那些小生产商，让它们破产。

这个法案对亨氏来说是一场胜利，亨氏发动了一场颇有新意的"公众信息"运动，以此来提醒大家注意防腐剂的危险。一则广告写道："你吃的食物是不是有毒呢？""苯甲酸钠是一种煤焦油毒素。如果用在番茄酱里有任何好处的话，为什么生产者不把它用大号字体标在标签上，而是悄悄地用只有他能找到的最小号字体标出来呢？"亨氏的番茄酱因此逐渐占据了整个市场。

就这样，这项旨在保护公众利益的法律导致了一个危险的先例，其影响一直持续到今天。通过告知消费者他们吃的加工食品中所有成分的名字，并让他们自己决定好坏，政府借着"自由选择"的幌子甩掉了全部的责任。

从那时起，一些添加成分被禁止了，但是还有成千上万种其他原料则被列为"被普遍认为是安全的"（该类别设立于1958年，食品药品监督管理局基于生产商的保证，对该类原料予以批准），或被监管者忽视了。这使得企业能有效宣传虚假信息，开展欺骗性市场营销。这也是生产商把糖加在几乎所有食物里的开端。糖被广泛用来增加风味，而且还有额外的好处，至少从生产者的角度看，糖易成瘾。

19世纪涌现了许多国民品牌：1866年成立的雀巢（Nestlé），1869年的亨氏和金宝汤（Campbell），1892年的可口可乐（Coca-Cola）和1899年的联合果品公司（United Fruit）（也就是之后的金吉达公司）。但是亨氏成功地让他的公司从其他公司中脱颖而出，这显示出了品牌化的重要性。众多生产商大规模生产着数百种先前并不存在或者改头换面的食品。这些食物并不天然，营养价值低，但是可以肯定的是，它们的保质期比较长。怎样才能让自己的产品脱颖而出呢？

竞争逐渐发展成全国性的，许多本地的产品被逐出市场，品牌变得必不可少。"汤""面包"和"青刀豆"等产品本身没有辨识度，这些产品会输给"金宝汤""奇迹面包""鸟眼食品"等有辨识度的产品，因为这些产品有"产品吸引力"，就像奥兹摩比（Oldsmobile）和高露洁（Colgate）一样。

成功的品牌不仅有一个好听的名字，有时还包括更多的东西。本质上看，品牌很简单，就是把一些有辨识度但是常常没有意义的特征加在产品身上，这些特征包括颜色、包装、好记的标语或广告短曲，有时甚至包括产品质量。在很多情况中，构想出一个成功的品牌和一场成功的营销活动足够抵得上创造产品本身。用《哈佛商业评论》（*Harvard Business Review*）的话来说："品牌是一切，一切是品牌。"

为了赢得市场，取得良好的广告效果，和公众打好关系并且提高产量，你必须有最好的品牌。好的品牌可以通过运气获得，可以通过操纵政策获得（就像亨氏的番茄酱），可以通过雇用品牌策划专家获得，或者也可以简单地通过购买现有的品牌获得。这就解释了在品牌崛起时最成功的公司，像通用食品公司（General Foods）和标准品牌公司（Standard Brands），为何都是大企业。

对食品加工商来说，发展品牌十分重要。这在一百多年前就是清晰的事实，那时购物者要去挑选一个内部完全看不到的箱子、罐子或者袋子。这些包装里面的东西质量怎么样完全不得而知，直到把它们买回家。所以购物者得"学会"判断商品的突出特征，而这些技巧他们正是通过市场营销和广告学会的。

生产商可能这样推销西兰花："西兰花长得就像一颗微型的树，有好看的颜色，有强烈但好闻的气味，漂亮极了！西兰花甚至能预防癌症。"但是它不可能只为一家生产商所独有。我卖的西兰花和你卖的西兰花没有什么不同。即使我发现了一种奇怪的品种（紫色的或者更好闻或者能更好地预防癌症），但是你也能种植这种西兰花。我能把西兰花冰冻起来，贴上我的品牌标签（比如说绿巨人），但是这也并没有提高多少利润率。

但是如果我能生产出西兰花片，这种产品保存得更久，包含了添加的纤维素和大豆蛋白，或许还用一些糖和化学增味剂来提味，这样我才能有品牌。来一口比蒂的西兰花！

独特的品牌很快就在全美国流行开来。在 20 世纪，虽然兄妹远在纽约雪城（Syracuse），朋友远在得梅因（Des Moines），但是人们能够吃到相同品牌的面包。他们在杂志和报纸上读到相同的广告，在广播中听到相同的广告。接下来 10 年间的电视广告和半个世纪之后的网络广告也是一样。人们开始忠实于这些品牌，四处寻找这些品牌，而且他们能很轻松地找到这些品牌。

随着品牌变得有主导性，品牌开始决定哪些作物可以种植，决定粮食如何加工以及如何销售。种植作物是为了获得潜在的衍生品，而不像以前那样把作物当成实际的食物来源。

这导致了美国人饮食习惯逐渐标准化。在 20 世纪 20 年代，加工食品巨头和他们的品牌开始出现，以此为开端，标准品牌（Standard Brands）和通用食品（General Foods）（最终为纳贝斯克和卡夫食品所取代，纳贝斯克又被亿滋国际合并，卡夫食品则加入了亨氏食品）等公司大力推动配方食品。这种食品用科学工艺制作，很容易就能准备好，之后通过市场营销就有了市场生命力。

金宝汤公司的汤汁走在了前列，他们大胆地做广告，印出大篇幅五颜六色的杂志做展示，设计出象征性的红白色番茄作为标识，用着很好辨识的字体，由此告诉人们这么做是有利可图的（那时没有人认为颜色有任何市场价值）。他们也把目标对准家庭主妇:"没有金宝汤的番茄汤,我就没法当这个家。""自己动手做汤是不是太傻了?"1899—1920年,金宝汤把市场营销的预算翻了100倍,达到了100万美元。在经济大萧条期间,这一数字达到了350万美元。

1904年,金宝汤公司较早地采用了一项在今天看来重要的行业技巧,那就是针对和围绕孩子做广告。他们创作出一系列卡通人物,卡通里胖嘟嘟的小朋友长着红彤彤的脸颊,他们通过喝汤才变得健康。几年之后,金宝汤公司出版了一本小烹饪书,这种广告模式很快也流行开来。尽管罐装食品并不需要花时间准备,公司还是把加工食品(例如金宝汤的奶油蘑菇汤)宣传为做别的菜(例如炖锅菜)时必不可少的原料,以此来强调产品的价值。

当然像金宝汤的奶油蘑菇汤这类方便食品是经过"加工"的,甚至是过度加工过的,从这开始,我会经常使用"过度加工"这个词来描述一些被改变得面目全非,人们却经常食用的食物。过度加工的食物里很少有天然的(真正意义上的天然,而不是市场营销人员嘴里的天然),营养价值也低。一些产品,比如家乐氏谷物圈麦片(Froot Loops)和可口可乐(Coke),甚至是没有营养的。但是食品生产者常用下面的话反驳:"几乎所有的食品都经过加工。"对许多人来说,这是很有说服力的,因为甚至谷物面粉不经过碾压和加工,自然界中也就没有面包的存在。买方怎么会知道什么是真实的,什么是虚假的呢?

迈克尔·波伦(Michael Pollan)有一条很有名的建议:你不应该吃19世纪的祖先不当成食物的东西。这话还是很中肯的。说起过度加工的食物是很简单的,就像高级法院的波特·斯图尔特(Potter Stewart)大法官描述污秽低俗的事物一样:你看到就明白了。和所有的早餐麦片一样,纯燕麦片也是加工食品。但是你并不需要太多的聪明才智就能看出,纯燕麦片和家乐氏谷物圈麦片有很大差别。

女人既要维持家庭，同时也得高效地做好没有正式工资的全职工作，她们应该利用任何可以利用的捷径。为了说服女人采纳一种商品化、依靠人造营养物质、反传统的新饮食，诱骗仍然是必要的。在早期的欺骗者当中，最受大家喜欢的是贝蒂·克罗克（Betty Crocker），在 1945 年她被财富杂志命名为"食物第一夫人"。财富杂志也把她称为美国第二受欢迎的女人，仅次于埃莉诺·罗斯福（Eleanor Roosevelt）。

当然，贝蒂并不存在。

1921 年来自克罗斯比公司（即后来的通用磨坊公司）的职员把贝蒂的形象定型，至少在脑海中构想出来，后来家庭经济学家玛乔丽·赫斯泰德（Marjorie Husted）给贝蒂写了广播剧本，也给她配音。贝蒂长相好看，魅力十足，是个无所不知的木偶，她让过度加工的食品变成家常便饭，而且十分诱人。"一块白色的蛋糕，配上巧克力冰激凌和棉花糖配料，还有比这更好的选择吗？"贝蒂这样说。

贝蒂收到了求婚，也给别人提建议。随着时间推移，家庭主妇贝蒂变成了商人贝蒂。即使财富杂志揭露食物第一夫人并不存在，贝蒂的受欢迎程度丝毫不减，同样没有受到影响的是行业的挣钱能力，食品行业仅仅用一个抓人眼球的吉祥物，就能把盒装的、罐装的，而非直接来自土地的食物变得无比寻常。

但是并非全部品牌的建立都是去创造新的产品和虚构人物，然后大肆地营销产品。政治和军事力量对食物的操控也创造出一些品牌，这些操控行为不仅深刻影响了全球食物体系，也影响了整个国家的主权。在这点上最好的标志就是香蕉和代表香蕉不可屈服的形象的金吉达小姐（Miss Chiquita）[①]，她是无人不知的"水果

---

① 1944 年，金吉达品牌国际公司按照巴西女星卡门·米兰达在 1943 年的歌舞片《在此一群》的形象，委托漫画家狄克·布朗创作出吉祥物"金吉达小姐"，并以此制作出香蕉广告。最初金吉达小姐是身穿红色舞裙，卡通香蕉女郎的模样。1987 年金吉达小姐改为头顶着一大盆水果的女郎，即现今商标上的吉祥物。——译者注

第一夫人"。与她同名的农产品帝国是品牌建设的一个令人惊奇且史无前例的案例，它把香蕉这种产品做成了家喻户晓的品牌，而香蕉除去商标以外和别的竞争对手没有太大的区别。

同标准果业公司（Standard Fruit）一样，联合果品公司（United Fruit）也是世界上最重要的香蕉交易商，它成立于 19 世纪末期，是由一位有进取心的水果运输商和全球铁路大亨的儿子联合建立。这家公司被称为章鱼（El Pulpo），因为它的触角伸到了中美洲所有国家，它的影响力甚至延伸到更远的地方。

联合果品公司的行动不仅仅是不受处罚那么简单，它还受到美国政府尤其是中央情报局的保护，通过在萨尔瓦多、哥伦比亚、洪都拉斯和其他地方资助闹事，掩盖事实，鼓动内战，甚至策划彻底颠覆政权，公司的殖民能力大大增强。在 1954 年，中央情报局和联合果品公司一起推翻了危地马拉政府。

到 1929 年，联合果品公司已在全球拥有 350 万英亩土地（康涅狄格州那么大），也拥有大型的铁路。香蕉变得比苹果还便宜，而且一直保持着低价格。实际上香蕉是世界上第四大作物，仅次于小麦、水稻和玉米，每年有数千亿的香蕉运往国外。

因为在国际上的不法行为破坏了联合果品公司的名声，公司开始求助爱德华·伯内斯（Edward Bernays），他是市场营销和公共关系的先驱，在第一次世界大战期间他看到了宣传的作用，想在和平时期的商业活动中测试宣传的效果。为了改变"宣传"这个词，操纵有时甚至带有邪恶的意味，他把改变别人思想称作"公共关系"修缮。伯内斯无论是在卖肥皂、卖香烟，还是在改变一家劣迹公司在公众心目中的负面形象，他都运用如下可靠的办法："确定目标，分配资源，制定策略，最后确定出行动最好的路线。"

伯内斯活了 103 岁，被称为公共关系之父。在整个 20 世纪，他和宝洁（Procter & Gamble）以及美国全国有色人种协进会（NAACP）等各种各样的组织合作。他的工作很少专门针对食品问题，但是他在食品领域取得显著成功，其中之一是他巧妙地为联合果品公司重新塑造了品牌，树立公司金吉达小姐（Señorita Chiquita Banana）的公众形象。这使得公司有令人羡慕的名声，尽管公司多年来为了完全控制中美洲曾采取过残忍的手段。

在美国内战之后的 50 年间，原先美国人口的五分之一是城市人口，现在一半是城市人口。随着越来越多的人离开农田，大部分美国人依靠别人提供食物。所以品牌统治拼图的最后一部分就是技术，技术使得我们获得食物的方式发生革命性变化。通过铁路食物能到达任何地方的任何人手上，但是食物的保存和烹饪技术也同样重要。

20 世纪开始时，做饭的工具是大型铸铁炉子，这种炉子烧煤或者烧木头，很沉很笨重。炉子本身需要细心维护和保养，常常会引起糟糕的烫伤（"小心炉子"这句话不仅仅是提醒你去"搅拌汤锅"）。炉子也会让周围覆盖上一层难看的煤灰，常常也会引起火灾，甚至把房子烧掉。

后来，人们开始使用易于调节火焰和控制热量的炉子，只要能买得起的家庭都换成了烧气炉。新式厨房因此取得了巨大的进步，进步如此之大以至于从那时起到现在，厨房的灶具就没怎么改变过。

罐装技术也开始变得普遍。1795 年，拿破仑正是法国冉冉升起的指挥官，他说了一句很有名的话："军队行军全靠肚子。"法国政府奖励了一名法国人，因为他找到了让部队食品能保存更长时间的方法。获奖者叫尼古拉·阿佩尔（Nicolas Appert），他在 1804 年发明了罐装技术。

阿佩尔不理解罐装技术的原理，但是我们理解。用热水冲洗容器能杀死细菌并且在封闭容器内产生蒸汽。蒸汽冷却下来后会浓缩，内部压力也就变小，因此更大的外部压力就会把盖子密封好。容器内装的东西都经过消毒，密封又能阻止新的细菌进入，所以只要密封完好，食物在任何时候都是安全的，是细菌而不是时间导致了食物变质。

在美国内战期间，罐头本身就成了一种产业，南方和北方的士兵都能吃到罐装食品。南方没有罐装设施，这的确是个问题，但是南方部队经常突袭北方联邦军队的补给。到了 19 世纪 90 年代，在美国中产阶级的家庭中，城市化使得自家花园变小或者消失，所以罐头几乎无处不在。饮食者和食物之间的鸿沟逐渐变宽，食物的品质在整体上有所下降。在装罐过程中，加糖也是习以为常的事情。

家用冷藏和冰冻技术改变了更多的事情。在冷藏技术出现之前，冰块是一种商品，人们把冰块从山上运下来，或者从冰湖中凿出来。冰块常常掩埋在地下，为了储存尽可能长的时间。在美国，19 世纪时许多北方城市都有自己的大型独立冰库，就像可以随时走进去的冷藏库，人们在里面取东西或者买东西。第一个家庭冰箱就是这种大型冰库的缩小版。在气温不够低无法结冰的地区，冰块常常从外地运来。冷藏食物的方法就是如此发展起来的。

20 世纪早期出现了家用机械冰箱，19 世纪末期，机械冰箱已经在肉类包装厂和啤酒厂很常见了。第一次世界大战后，机械冰箱在家庭中也流行开来。冰箱能让食物保持新鲜，或者变得更新鲜，这使得人们不需要每日在家与市场之间奔波往返。

从保存的角度看，冷藏已经不错，可是冰冻会更佳。克雷伦斯·伯宰（Clarence Birdseye）是一位破产的动物标本剥制师，在 20 世纪头 10 年，他受到了因纽特人冰冻刚从冰湖中抓到的鱼的启发，在拉布拉多半岛试验冰冻技术并取得了成功。

伯宰决心要发明一种不需要北极寒冷气候就可以冰冻食物的方法。他开始尝试冰冻绿色蔬菜的新方法，即把食物挤在两块金属板间，用以氨基制冷剂制冷。之后他把金属板改成了皮带，氨基制冷剂改成了氯化钙喷雾。这种方法冰冻得更快，也能更好地保存食物，因为缓慢的冰冻会使细胞破裂。

1929 年，通用食品公司老板玛荷丽·波斯特（Marjorie Post）品尝了一块先前冰冻过的鹅肉，她很喜欢吃，于是买下了伯宰的公司。两家公司的联合大大刺激了技术的提高，随着冰箱变得越来越小，越来越便宜，商场里摆放了许多，超市、伯宰和冰箱制造商三方一起合作。

技术变革的速度是惊人的。很快我们就有了电灯、洗衣机和吸尘器。以前从衣服到肥皂等许许多多的东西都是在家里制作，如今都在工厂大规模生产。因此，人们越来越习惯于购买自己所需的东西。

革命性变革的下一阶段就涉及购买过程本身。

到第二次世界大战结束后，罐装食品、冷藏食品、盒装食品和冰冻食品在美国随处可见。随着生产、市场营销以及交通运输的现代化，作为直接和消费者发生联系的场所，超市也不可避免地发生变化。

直到 20 世纪，城市和乡镇的人购物要去一家又一家不同的店，在这家买水果蔬菜，在那家买肉类，在别家买干货。杂货店的货品齐全，但在那时并不是自助挑选。顾客咨询店员要买的东西，或者递过去购物清单，接着就等待店员把货物准备好，或者等待订单中的货品送到家里。

从顾客的角度看，这有利有弊。全套服务很好，整个过程却很慢。打折几乎是不可能的，供应也不稳定。对杂货商人来说，整个过程非常低效。他们得依靠众多的批发商、销售员和经纪人来补充库存。由于每个顾客都得单独接待，人力成本很高。

1930 年的汽车数量是 1920 年的 3 倍，因为汽车和冰箱的出现，人们不必每天去市场上买东西，显然食品购物方式一定会发生变化。

成立于 1895 年的大西洋与太平洋茶叶公司（Great Atlantic and Pacific Tea Company）是一位先驱者，它开始是一家茶叶零售公司，在第二代管理者手中变成了连锁的杂货超市。新的超市有标准的红白色 A&P 标识，超市的商品数量越来越多，服务却越来越少。连锁超市建立了自己的工厂，销售自己品牌的产品，把第三方商品的订单集中起来，建立或者购买了仓库，也组建了卡车车队。

在很短时间内，购物成了自助式的。赊账不再行得通，送货服务也仅仅是给城市中心的人。A&P 用规模来减少中间商的数量，降低了成本，使得供给更加稳定。很快 A&P 就取得了极大的成功，它成了那个时代的沃尔玛。在第一次世界大战前夕，A&P 拥有 650 家超市，在 10 年后有近万家。到 1930 年，一共有 1.6 万家。今天两家最大的连锁杂货超市沃尔玛（Walmart）和克罗格（Kroger）的数量加起来，才仅仅是这一数字的一半。

但是在 1916 年，连锁超市的模式发生了变化，这一年孟菲斯的商人克雷伦斯·桑德斯（Clarence Saunders）开了第一家小猪超市（Piggly Wiggly）[1]，该店宣传重点是"折扣"，由于战时价格通货膨胀，打折是很吸引人的特点。为了维持利润，桑德斯无情地减少劳动力成本。他没有雇职员来帮助顾客购物，而是雇用了一些工人来处理库存和操作收银台。他也创造了一条单向的过道来引导购物者，强迫他们去浏览各种颜色鲜艳的柜台和包装盒子。

自助服务是食物和包装自己做代言，这创造了顾客和品牌之间的新联系，这种联系是由全国性的广告宣传活动助力形成的，广告宣传鼓励人们去浏览、去购买，不是因为这些商品本来就在购物清单上，而是因为商品在架子上看起来很漂亮。

这是一个重大的改变。食品采购曾经涉及当地的一些企业，

---

[1]　小猪超市是在美国中西部和南部地区连锁经营的超级超市，它是第一家自助杂货店，有着结账台、购物车并在每一件商品上都标示价格。——译者注

由此产生的关系和服务能提供很多就业机会。但是这些服务和工作也被算进了食品本身的成本中，这会使食品价格相对更高。

超市之间开始了逐底竞争，服务质量下降了，出售的食物质量和实际价值也降低了，直到下一代人想当然地认为食物都是有品牌的，甚至是完全人为创造的。请反思片刻：为何会存在一款名为"健康休闲美食——柴火烧烤风味鸡肉冷冻比萨"的产品？销售人员用超市这个毫无生气的场所来推销他们的商品，人们对超市的存在习以为常。许多人仅仅在事后才明白什么才是真正的食物。

第九章 维生素热和"农场问题"

在 19 和 20 世纪之交,经济逐渐国有化,美国也逐步向商品型经济转变。同时美国人民却越发贫困,尤以南方的黑人农民和佃农居多。他们急于赚钱,几乎只种植棉花。这意味着他们需要花钱买粮,而他们的主食一般是玉米。在美国中西部,这种作物的种植规模空前巨大,价钱便宜得和尘土差不多。

自 1498 年哥伦布将玉米从中美洲引入西班牙后,这种作物疯狂地扩散开来。它易于种植、产量丰厚且易于储存,这些特质正是缺钱的农民们想要的。

但若未经碱化湿磨法(nixtamalization)处理(将干玉米放入熟石灰中处理的过程),玉米便是一种极差的主食,远不如全麦和糙米。尽管西班牙人将玉米播撒到欧洲各地,但许多最后变成了美国人的欧洲人,包括一些被(直接或间接)奴役的人,几乎都舍弃了这个能将玉米营养价值最大化的过程。南方农民也不得不高度依赖这些未经碱化湿磨的玉米糊(南方人称之为玉米糁),排除了其他食品。这导致农民体内缺乏烟酸,糙皮病(pellagra)肆虐,

"4 个 D"问题也随之而来：痢疾、皮炎、痴呆和死亡（这 4 个词语的英文单词均以字母 D 开头，即 diarrhea, dermatitis, dementia 和 death）。

20 世纪初，美国南方有 87 000 人死于糙皮病，其中一半以上是非裔美国人，三分之二以上为女性。

数千年以来，人们都知道饮食对健康至关重要，也知道不同食物可以预防不同种类的疾病。包括玛雅和吠陀（Vedic）〔发明了阿育吠陀（Ayurvedic）草药的印度文明〕在内的多个文明都曾使用"热性"和"寒性"食物（这里指的不是食物本身的温度，而是它们应该对人体产生的作用）来治疗不同种类的病症。早在 5 000 年前，古埃及人就知道了坏血症的存在，而英国水手会吃酸橙（lime）来预防此症，因而他们又被称为"limeys"。但无论是古埃及人还是英国水手，他们都不知道防治坏血症的关键营养物是维生素 C。

在美国南部糙皮病盛行之时，在距其半个地球远的爪哇，荷兰人克里斯蒂安·艾克曼（Christiaan Eijkman）发现了营养缺乏背后的科学原理。为找出脚气病的起因，艾克曼在鸡身上做了一系列试验，最后发现脚气病的成因和以白米饭为日常饮食有关。处理白米的过程中，许多营养都丢失了。当他给鸡喂营养保存完整的糙米时，它们的脚气病被治好了。放在人类身上也是如此。后来才查明，脚气病是因缺乏硫胺素（维生素 B_1）而引起的，这种物质存于全谷物的麸皮层中。

维生素一个接一个地被分离出来并命名，到了 1948 年，13 种维生素被认为是对人体至关重要的。这里的"至关重要"，指的不仅是它们对健康来说不可或缺，也指人体本身无法生成这些维生素。此外，还有一些维生素之外的其他营养物质也逐渐被人们识别。1941 年，美国国家科学院（National Academy of Sciences）和美国国家科学研究委员会（National Research Council）合作，为军队制订口粮计划，发布了第一份"每日建议营养摄入量"

（Recommended Daily Allowances，RDAs），将人体所需的卡路里以及主要维生素和矿物质的最佳摄入量进行了量化。

同年，当时刚建立的美国食品和药物管理局（FDA）发布了白面粉添加营养物质的饮食标准，这就是后人所知的"无声奇迹"（quiet miracle）的开端。通过在常见食品中添加人工合成的营养物质，无声且奇迹般地几乎消灭了因缺乏维生素而引起的疾病，如脚气病和糙皮病。面粉中加入了铁和 B 族维生素，浓缩橙汁中加入了维生素 C，人造黄油中加入了维生素 A。

当人们吃的依旧是棕色的粗面包时，并不存在此类疾病肆虐的问题，添加营养物质似乎很好地解决了这个问题。它又快又好地完善了尚在发展的食物加工系统，也避免了费力的结构性改变。然而，食物和营养的本质并非如此简单。

大家可能还记得李比希，他定义了植物营养三元素：氮、钾和磷。李比希曾在著作中错误地指出，既然植物只需要三种关键元素，那么人类的新陈代谢也应与此相似。他推论，人类的本质就是两种植物之和，我们所吃的植物及成为我们食物的动物所吃的植物。这让人想起一个还原论格言：万物都可以被理解为其组成部分之和。

因为当时人们对"营养"知之甚少，所以李比希的确认性偏差也没有受到质疑。因此在李比希 19 世纪中叶所著的《食物的化学及动物体内消化液的流动研究》（*Researches on the Chemistry of Food, and the Motion of the Juices in the Animal Body*）中，他列出人类营养的饮食三要素（dietetic trinity）：蛋白质、碳水化合物和脂肪。

就在 1900 年之前，德国的研究者们开始测算人类所需食物的理想数量和种类。威尔伯·奥林·阿特沃特（Wilbur Olin Atwater）是维思大学的一名教授，他在德国居住过一段时间，曾受到启发，发明了一种被称作热量计房间（room calorimeter）的呼吸室

（respiration chamber）。呼吸室是设备完善的28平方英尺大小的密闭房间，试验对象会在里面住上几天并做出各种被认为是正常的行为。通过热量交换便可以测出试验对象消耗的能量，阿特沃特由此计算出数千种食物的卡路里值。他还首度发现人体代谢大量不同种类的营养素——脂肪、碳水化合物或蛋白质提供卡路里的方式不尽相同，另外，如果要营养均衡，这三种营养物质缺一不可。

但卡路里这个概念将食物简约为一个热量的计量单位，"一卡路里就是一卡路里"这样赘述的言论（意指所有食物都具有相同本质）也因此大行其道。从热力学角度来说，这句话是正确的。无论从何处或者从什么样的食物中得来，1卡路里的定义都是将1克水的温度提升1℃所需的热量（这些热量为4.2焦耳）。但从营养学的角度来说，这是个不完整的论断，是有害且不负责的，为垃圾食品生产者的不道德宣传提供了口实。

李比希和阿特沃特的发现将食物的复杂性简化为营养物质的某些组合，重后者而轻前者，这也是我们今日所犯的根本性错误。正如土地所需的不只是钾磷氮一样，人类的营养也比蛋白质、脂肪和碳水化合物中所含的卡路里复杂，比所有我们已经成功分析出的微量元素还要复杂。

但目前的主流依然是那种简单化的方法。各地的营养学家和其他方面的专家开始处理营养不良的症状，而非其诱因。

举例来说，虽然吃糙米可以预防脚气，但白米储存期限更长，而且添加人造硫胺素之后，也可以预防脚气病。然而，糙米不只是白米加硫胺素这么简单，因为不了解这种食物的复杂性（甚至是神秘之处），生产者以及营养学家都因自己的无知降低了食物品质。

但这种观点无法和方便抗衡；解决营养缺乏这一问题的更简单、利润更高的方法就是以化学形式添加微量元素。此外，维生素提供了一个新的卖点，让人们买个心安：比如，橙汁就是因为添加了维生素C而享有持久的盛誉。人们将这种新的营销称为维生素热（vitamania），直至今日，其热度还没消减。1942 年，维生素市场一年的价值为两亿美元，如今则为 300 亿美元。

20 世纪初期，维生素热对面包的改变之彻底大于任何一种传统食物。在那之前，白面粉很难生产。人们将其与财富挂钩，认为它比实际上很纯的全麦粉更纯。（在美国，白面粉和财富之间的联系带有种族暗示：白面包是"纯洁的"，黑面包则是"污浊的"。）但若不添加营养物质，白面粉除了卡路里之外，并不能提供什么其他营养。

"谷物"其实是果实的一种。作为一个种类，它们包括一些世界上食用范围最广的食物，如大米、藜麦、福尼奥米等。（玉米也包括在内，虽然玉米也是一种蔬菜。这些分类并没有林奈所做的那般精准，林奈是瑞典人，他在 18 世纪奠定了植物分类法。）自农业刚产生以来，全谷类就开始为人类提供大部分卡路里；对整个人类文明来说，它们一直是最可靠的营养来源。而维系文明的谷物中，接近榜首的就是小麦。

全麦的麸皮（那层坚硬的外壳）含有我们绝大部分人所缺乏的纤维以及一些 B 族维生素和矿物质。胚芽是谷粒中最富营养的部分，其维生素 E、叶酸、磷、锌、镁和硫胺素的含量在整个谷粒中占比最大。如果把它们拿掉，那就只剩淀粉质胚乳了，它是谷粒中体积最大的部分，也含有谷粒中大部分的碳水化合物。它确实是优质的卡路里来源，但它不是完整的、营养丰富的食物。

除了营养物质之外，麸皮和胚芽还含有油质，这些油质随着时间推移会变质，从而毁掉面粉。如果去掉这些讨厌的元素，那么面粉几乎可以永久保存。所以小麦生产者面临一个选择：或选择在当地生产，这需要销售迅速和消费更高质量粮食的市场；或选择大规模精细加工生产，这样面粉保质期长，但产品营养差。对于大生产商来说，这个选择并不难做。

将麸皮和胚芽从胚乳中分离出来一直很具有挑战性。即使是简单的磨粉工艺，也需要将干麦粒（有时候像石子一样硬）细细研磨，使它可以加水后变得可口。"石磨"说的就是这个意思：将谷物在两块石头间磨成粉，传统的做法是用人力、畜力、水力或风力推磨。

历史上，去除麸皮和胚芽需要更多步骤、更长时间、更多劳作，而且很浪费。因此白面粉供应量非常有限，产粮者往往把磨成粉的谷物赶在坏掉前就在当地卖光。

19 世纪中期，人们在匈牙利布达佩斯发明了钢辊磨粉机（steel roller mill），它开始由蒸汽供能，后来改为电力驱动。生产白面粉的过程也因此大大加快。尤其是在美国，面粉产量大，运输距离远，这使保存时间长的白面粉在美国很快变成主流产品。紧随其后，工业化生产的白面包也迅速普及。

直到 100 年之前，商品化面包的最大问题是消费者不知道里面含有什么。生产者总是在面粉中掺入能填饱肚子但没有营养的物质，有时甚至会添加一些很危险的东西，比如碎叶、干草、沙子、熟石膏或者其他未知物质。（在 19 世纪，锯屑有时候会被称为"树面粉"。）

白面粉大规模生产之后，其制造行业使用了亨氏食品公司的模式，利用公众的恐惧来推销"纯洁"这一概念，仿佛白色就是质量的保证。之后，白面粉变得更白了，人们用氯、过氧化苯甲酰（现在它是痤疮药的一种原料）、过氧化钙和二氧化氯来漂白面粉。虽然在美国这些物质仍可以使用，但是在欧盟它们都被禁止用于食物加工。

有了新的机器、性质极优的酵母和众多加速因素，生产一条面包的速度比之前要快得多。为了保护面包不受损或被污染，这种工厂生产的新型白面包在"卫生的"蜡纸中密封。因为包装机器价格昂贵，规模较小的地方面包店虽然努力跟上潮流，却也难逃被淘汰的命运。

因为这种包装让人无法看到或闻到面包，面包品牌便宣传一种理念：面包越软越新鲜，也就因此越好。但软面包几乎不可能手工切割，因此面包切片机被发明出来，带给大规模生产又一优势。［切片面包如此成功（很多人说它是"最伟大的发明"），以至于第二次世界大战期间，政府因为钢铁的定量供应而禁止切片机的生产，这却在全美国范围内受到抗议，政府不得不收回成命。］面包这一"生命的支柱"一直是种植小麦国家的重要卡路里来源；在20世纪达到巅峰的时候，它为美国人提供了25%的卡路里。

这个时期面包的典范——神奇面包（Wonder Bread）——于1929年问世。它和数以百计的克隆品种虽然都缺乏营养，却得到美国农业部及美国医学会（American Medical Association）的支持。

许多专家持不同看法。维生素领域的先驱、牛奶的推广者埃尔默·麦卡伦姆（Elmer McCollum）也曾自信满满地谈论过白面粉缺乏营养这一问题。"美国公众因为受天花乱坠的广告的宣传和教育，素来喜欢白面包和白面粉。"他如是说。

麦卡伦姆后来被通用磨坊（General Mills）收买，该公司付钱让他在电台节目贝蒂妙厨（Betty Crocker）上宣传白面包对健康的益处。后来，他在一个国会委员会面前谴责"食物时尚者（food faddists）散播有害言论，企图让民众害怕白面包"。

然而，没有人能够否认美国的饮食的确存在某种问题。"二战"征兵体检发现有人患有诸如维生素C缺乏病，也有人患缺乏维生素A而引起的夜盲症，更何况此前几年还有约20 000人死于糙皮病。

经过了10年的萧条和饥荒，这种情况可能并非意料之外，但亟待解决。政府可以对死于糙皮病的黑人女性熟视无睹，但当事态波及军队时，事情就变得"重要"起来，引起了官方的注意。因此，科学界、食品行业、政府尤其是军方通过在白面粉中加入化学营养物这种方式"解决"了问题。1942 年，军方称他们只会购买添加了营养物质的面粉。

事情就此告一段落。战后的几年里，因为市场营销日益影响人们口味，行业代表和制定政策的官员合作，创造出了理想的面包，这种面包更甜、更软、更像枕头，这要多亏面包含糖量的增加和通过化学手段强化过的面筋。声称可以"用 12 种方式打造强健体魄"的神奇面包仍是行业的标杆。这 12 种方式全都是用人造营养物质来打造强健体魄。

面包变成了海绵蛋糕状的维生素药丸。

在大多数家庭中，自己烤面包已经成为过去时。到了 20 世纪初，由于工厂工作更加普遍，家政人员数量越来越少，出现了"用人危机"。此外，城市变得越来越拥挤，为家政人员提供住处变得更加困难。

海伦·佐伊·维特（Helen Zoe Veit）曾在《现代食物和食物道德》（*Modern Food, Moral Food*）一书中写道："直到那时，家务不仅隐含劳役的意思，而且也有奴役的含义。某种程度上，中产阶级妇女做家务承担社会地位受损的风险。"家务似乎永远也做不完，使人精疲力竭，用当时一位家政学家（home economist）的话说："它是受束缚的象征。"然而，不久之后，就有数以百万计的中产阶级和上流社会的妇女（这些妇女和家里奴仆或用人一起长大）开始亲自承担大部分家务。这些家务中，烹饪是最重要也是最耗时的。

新厨师们是迅速发展的大市场经济的关键参与者。是的，她们是购物者，同时也是管理者，她们的领域就是自己的家，这也让家庭走上了工厂和农场的道路，变得同样高效起来。要对家务进行分析研究，首先就要对相关的时间与操作进行研究。

主妇既是经理，又是工人，她们负责从报纸、广播和杂志等多种途径获取信息，这些信息敦促她烹饪新的食物，敦促她遵循新发现的关于"营养"的科学规律，敦促她为家人的健康和快乐全权负责。无论是分析这些信息，还是基于这些信息做出行动，都由她做主。

这些真正的一家之主需要一种新型训练，家政学家由此登场。

家政学（home economics）这一概念由艾伦·丝瓦罗·理查兹（Ellen Swallow Richards）提出。她于 1873 年毕业于麻省理工学院，获得化学学士学位。她是第一位被理科大学录取的女性，学校没有让她支付学费，为的是，一旦被问到是否有女性被录取，学校可矢口否认。当她于 1884 年成为教师时，有关卫生、细菌和营养的科学研究已相当先进，但向妇女开放的研究领域主要局限于家务。理查兹早期的著作就包括《烹饪和清扫的化学》（*The Chemistry of Cooking and Cleaning*）。

1899 年，她在普莱西德湖（Lake Placid）召开会议。在这次会议中，一群以女性为主的生物学家、化学家、卫生专家和其他方面的学者以"居家科学"为题，讨论如何利用科技和各自学科的发展来提升家庭及家庭主妇的生活质量。家政学家的诞生就是此次会议的成果——到会专家明言：家务不只是爱意和智慧的表达，家务是一份真正的职业，需要效率和技巧才能做好。

最初的家政学家意图良好。但当他们展现出自己的影响力之后，大企业突然介入，想利用其影响力将家政学变成美国加工食品的营销机器，其作用相当于农业经济学家之于农场经济。二者的存在都是为了教人们如何适应一种经济上的变化，即不再重视种植或烹饪。正如哈维·列文斯坦（Harvey Levenstein）所写："首先要考虑的是教会女性如何消费，而非如何生产。"

打开一瓶罐头并非难事，使用冰箱也是如此。然而，分辨各种品牌的新"食物"并了解怎样使用它们，则需要一些帮助。女性需要听取建议以学会如何使用这些大规模生产的新成果。销售这类产品的关键就是商家所声称的效率：花最少的钱，让您家人的健康和营养得到最大程度的提升。

对家政学家来说，他们得以闪亮登场的契机是第一次世界大战，当时美国粮食总署署长赫伯特·胡佛在他发起的"食物将赢得战争"（Food Will Win the War）的运动中十分信赖家政学家。盖有政府印章的小册子、报纸、杂志和其他相关材料被散布出去，该运动把家政学家定位为菜谱、厨房最佳实践和购物权威。他们成了女性在现代核心家庭方面的培训师。

1923 年家政学这一角色获得了进一步的支持，美国农业部设立了家政局（Bureau of Home Economics，简称 BHE），国会将协助建设农产品市场的职责赋予该局。针对那些为合作推广（Cooperative Extension）［后更名为农业和家政合作推广服务（Cooperative Extension Service in Agriculture and Home Economics）］项目提供家政示范的人员，国会同时也要求该局给他们提供提升农村家庭生活质量的方法，包括从非正式聚会到烹饪、育儿和农场管理的"科学"方法。不久之后，各赠地大学 ① 都在大量提供经过训练的教师，教授主妇学习现代食品系统方面的知识。

家政局面临身份方面的问题：一方面，它试图教年轻的消费者关于营养的知识；另一方面，它支持不健康的、后农业的产品，这些产品鼓励家庭厨师们去忽视那些真正的、有营养的食物。这两个自相矛盾的任务也是整个美国农业部的映射。该机构意为推广更健康的食品，却同时支持着一个系统性地降低食品质量的产业。

如果认为美国农业部在这两项矛盾的任务上投入了相同的精力，那就太天真了。它永远首先忠于农业/食品产业，也一直会消灭任何可能破坏产业利润的知识。这种倾向因第二次世界大战而得以增强。

---

① 赠地大学：亦称"农工学院""拨地学院"，美国新型高等学校，各州依据两次《莫里尔法》（1862 年、1890 年）获联邦政府赠地而建立，旨在促进农业和工艺教育，适应南北战争后经济发展对技术人才的需求。——译者注

"二战"中服役的美国人数量是"一战"中的 3 倍。当大部分男人乘船远赴战场时，女人开始在农场、工厂和办公室里工作。但生产持续攀升，和大部分欧洲和亚洲国家相比，美国几乎没有受创。

事实上，美国走向了繁荣。战时生产终结了大萧条，供美国任意使用的方式几乎无穷无尽：化石燃料开采一飞冲天，工厂生产也是如此，尤其是军需品和武器的生产。战事如火如荼，人们不惜一切只为赢得战争。

"二战"的起因如此复杂，时至今日，历史学家之间仍存争论。但有关食物在日本、意大利和德国的领土野心中所起的作用经常被忽略。

这个疏忽令人意外，因为一个人尽皆知的事实是，饥饿经常会推动人意识形态的形成。德国和日本政府有理由担心本国土地是否能够喂饱不断增长的人口，尤其是在与西欧老牌帝国主义国家及美国和苏联这样幅员辽阔的国家相比的时候。

那时荷兰统治着印度尼西亚；比属刚果是比利时本土面积的 78 倍；法国掌控着东南亚的大部分地区；大不列颠帝国较 100 年前相比，已经缩小了很多，但印度仍是它的一部分。欧洲人几乎统治了整个非洲，这些殖民地向它们的宗主国提供土地、食物和市场。

与此同时，轴心国除本土之外，控制的区域极少。意大利虽然殖民统治着埃塞俄比亚，但只能勉强维持着这片殖民地，而德国在非洲的殖民地已经被"一战"的胜利者瓜分。日本，一个非欧洲国家的后来者，被排除在外，其境况在 1929 年股市大崩盘后的保护主义浪潮中每况愈下。石油很难得到，而日本对燃料的需求却在不断增加，其人口不断增长，也追求向重工业转型。增强自己的军队，准备对他国进行殖民统治，似乎是解决问题的答案。

当时全球贸易主要被英国人掌控。许多德国公民甚至在战争爆发之前在食物上就要花费高达一半的收入，这主要归咎于高昂的进口成本。和"一战"时一样，封锁破坏、征用铁路线及社会混乱对食物供应造成毁灭性打击。

"二战"期间，全世界约有 2 000 万平民死于饥饿和与其相关的疾病。死于饥饿或其影响的日本士兵比战死的日本士兵人数更多。纳粹集中营中也有数不清的犹太人、吉卜赛人和左派人士饿死，因为他们得到的定量口粮大概是他们生存所需量的十分之一。还有数百万人被毒气杀死，因为对于纳粹来说，与喂养他们相比，这种方式更节省粮食。

英国在战时粮食配给方面做出了很多努力，在这个过程中当然遇到了诸多不便甚至困难，但由于该帝国资源充裕，无人死于饥饿，但它的殖民地人民遭受了苦难，因为殖民地负责向殖民者提供食物和军队，殖民地人民却要挨饿。战时的饥荒夺走了英属孟加拉国约 300 万人的生命，而越南饿死的人数超过了 100 万。

鉴于上述种种情况，指出战争的好处显得十分不妥，但确有一些。在美国，战时配给如此紧迫，以至于许多人都认真对待战时菜园（Victory Gardens）政策。当时在美国大约有 2 000 万块战时菜园，由全美几近一半的家庭种植，他们在自家后院、街区场地和近郊开垦菜园——他们也把菜园开垦到了波士顿公园（Boston Common）、华盛顿国家广场（National Mall）和白宫的土地上——直到战争结束，这些菜园的产量约占全国总产量的 40%。

战时菜园的成功很大程度上归功于民众的自我约束和自律，带来的结果是战时所有人之中美国士兵的饮食最为丰盛，他们平均吃掉的食物比法国或英国士兵要多出 20% 左右。在本土，美国并未像"一战"时期的丹麦一样，有特别大的获益。但死于心血管疾病的人数在战时确实降至大约 1935 年的水平。但和平年代一到，这个数量马上又开始上升了。

战时拖拉机生产规模缩小，以提升坦克和其他装甲车的生产，需求量的增大推动了拖拉机和液压装置的创新。例如，一家叫梅西 - 哈里斯（Massey-Harris）的公司发明了新一代自走式联合收割机（self-propelled combine）并说服联邦政府批准了其建造超出定额 500 辆的收割机，以打造战时丰收旅（Harvest Brigade）。该发明将该公司推向业内前沿，到 1947 年，自走式联合收割机的产量增加了 10 倍。

"二战"之后，欧洲的农业满目疮痍。农田被轰炸、蹂躏、荒废、不当使用。许多农民死在了战场上，或是搬进城市，或是干脆不种田了。但拥有充足的燃料、机械和土地的美国农民商品作物达到前所未有的高产量。事实上，1945 年美国的小麦产量创历史新高。同时，全球的粮食需求量也呈直线增加。正如哈维·列文斯坦在《丰盛的悖论》（*Paradox of Plenty*）中所写："粮食总产量较战前最后几年增加了三分之一。（美国）现在正生产着足足占全球十分之一的粮食。"

无论是在政治、军事、经济，还是农业方面，这个国家都已准备好统治世界，粮食产业面临的主要问题是如何把粮食卖出去。

农民们面临着另一种困境：如何成功转型，过渡到一种新的生活方式。史蒂芬妮·安·卡彭特（Stephanie Ann Carpenter）报道，随着农场越来越少的趋势不断加强及退伍士兵寻找新工作，"自 1940 年 4 月至 1942 年 7 月，有超过 200 万人离开农场，等到战争结束，农业人口减少了 600 万"。农民人数减少的原因不仅在于受到了《退伍军人权利法案》（G. I. Bill）的影响，这一法案鼓励退伍士兵去上大学，还因为现在农场合并成了普遍现象。

家庭农场赚取的财富从来不是我们一直以来被鼓励信奉的美式生活的基石。到了战争末期，全部粮食的三分之一由全美 5% 的农场销售。在战争刚开始的时候，这种趋势也在西欧蔓延。农场、农民和农场工人的数量在减少，与此同时机械和产量在迅速增长。

机械和化工产业都高度依赖化石燃料，人力也被逐渐取代，美国的中心地带变成了名副其实的石油食品（petrofoods）生产基地。正如温德尔·贝里在 1977 年写道："石油和土地一样，都应是我国农业的基石——我们需要食物，而且在进食之前就必须拥有食物，我们对石油的需求也是同理——这个论断看似荒谬，也确实荒谬，却很真实。"

石油食品产业继续以破纪录的速度发明新产品。1938 年，美国农业部建立了 4 个地区性的"作物利用调查"实验室，在其中，用意良好的科学家试图发现每种作物的每个部分的用途，从而决定利用这些价值来服务国家经济和人民福祉的方式。他们研发出了数百种产品，有很多有益的，也有很多无益的。高果糖玉米糖浆（high-fructose corn syrup）和青霉素（也是玉米研磨的副产品）就是其中两个例子。这些年来，他们逐渐提升了食物作为工业资源的地位。

这些变化撼动了农业系统的每一层级，包括种子。

杂交品种，也就是两种不同植物或动物的混合物，并不新鲜。直到 19 世纪中叶，格雷戈尔·孟德尔（Gregor Mendel）通过观察豌豆植株的遗传和性状规律创立了现代遗传学，在此之前杂交（或进行杂交育种）常常是一个和生物学本身一样古老的随机过程。典型的例子便是骡子，来自公驴和母马的杂交。植物的杂交没有那么戏剧性，但历史上远比动物杂交重要。最初的杂交是发生在非杂交植物之间的——被称为自由传粉（open-pollinated）、原种（species）或（如今被称作）传家宝（heirlooms）。但杂交品种之间也可以进行杂交，杂交品种的杂交种也是同理，以此类推。

有的杂交种品种可以繁殖，有的则不能。但几乎没有杂交种可以进行精确繁殖——精确繁殖指的是子代保留了亲代基因的所有性状。换句话来说，如果你让两个相同的杂交种交配繁殖，无论是动物或植物，你所得到的杂交种都不相同。得到的杂交种可能有更多或更少有益的性状——这是一个碰运气的事。但即便结果理想，它也不能自我复制。如果想得到相同的结果，你必须重新用之前那两个杂交种再交配繁殖一遍。

这是一个艰辛的过程，有时却是值得的。在做某些任务时，骡子比驴或马都要合适；杂交鸡下的蛋比非杂交品种鸡下的蛋多或者生长比后者快。杂交玉米更多产，也长得更高、更直，因此更易于收割。它可能抗旱或抗虫，或者对农药化肥等化学物质耐受性更高，也可能更为美味，更持久，蛋白质和其他营养物质的含量也可能更高，也可能更容易干燥，更适合于制作高果糖玉米糖浆、玉米油或酒精。通过杂交，任何理论上可行的作物都可能生产出来。

如果你和父母或邻居一样，世世代代都用同样的种子耕种，然后有人过来对你说："我这里有一类种子，它的产粮量是你的种子的两倍，长出的作物也更容易收割，此外，不下雨的情况下它能比你的种子多活一周。"你很可能想都不想就直接买了。

现实状况就是如此。到了1924年，像亨利·华莱士（Henry Wallace）这样的创新者（此人后来曾任农业部和商务部部长、富兰克林手下的副总统，并在1948年成为总统候选人）对杂交的了解足够透彻，他们的杂交种子性状良好，连一辈子都没买过种子的农民都掏了腰包。与此同时，全美国的农业试验站都在研发其他杂交品种。

这种转型进行得十分迅速。在艾奥瓦州，从1935年开始，杂交玉米种子的市场占比在短短4年内从10%上涨到90%。全美国范围内，玉米作物的杂交率从1930年的1%上升至1940年的30%。现在其杂交率已达到约95%。

这也只是加快了农场被迫转向商业化并失去独立性的步伐。可以预测，一片种下杂交种子的田大概率能种出更好的玉米，但它的种子几乎一定会产出更差的后代。不仅如此，一旦杂交技术取得专利，没有许可的种植严格来说是违法的。

在我们这个单种栽培主宰的世界里，高产量通常是人们最想要的作物特性，因此整个产业便依赖于少数几个产量最高的杂交品种。之前曾有数百万计的玉米基因排列，每棵植株都诞生于自己独有的自由授粉组合，美国的玉米产业将这种多样性削减至少量基因相同的杂交品种。（这些品种的具体数量高度专有化，可能连产业内部都尚未知晓，但可以肯定这个数字小于 1 000。）

所有杂交品种（不止玉米）走的都是这条路，而且有许多杂交品种的产物注定不适合人类食用。与自由授粉的植物不同，这些植物并未适应其生长环境，其耐寒性也未能在每次收割之后变得更强。相反，它们陷入停滞。这种植物缺乏对本地条件的适应性，威胁了粮食安全，尤其因为大规模种植少量几种杂交作物会产出极其脆弱的作物。

但杂交品种能带来更高的粮食产量。1945 年时收割创下的产量记录很快就被打破了。在之后的 15 年里，玉米、小麦、棉花和牛奶的产量提高了 50%，甚至比这更高。在之后的几十年里，产量将会稳步提升。到了 1960 年，政府存有将近 20 亿蒲式耳的玉米，其价格和战争伊始一样低。盈余最本质的意思是指把多出来的粮食储存起来以备不时之需。而现在这种状态——多出的需要储存的粮食太多，已经不是盈余了，而是超盈余，是生产过剩的结果。

在农业中，即便价格下降，供给会继续增长，因为许多农民会扩大种植量，企图弥补降价带来的损失。在联邦政府战后将物价补贴延期，企图保持农业仍能获利后，这种情况变得更为普遍。正如美国农业部的威拉德·科克伦所言："农业如同一台停不下来的跑步机，机械化程度不断增加，工人不断减少，产量不断上升，价格不断下降。"

超盈余问题一般被称作"农场问题"。要解决这个问题，通常需要制定限制产量的计划，"减少多余供给"，从而提升农产品价格，增加农场收入。在一个完美，或更理想的世界里，应该由美国农业部负责农业计划，资助新的科研工作并监视调控农产品价格。但是，后来的得克萨斯州农业部部长吉姆·海托尔（Jim Hightower）在一份 1972 年的报告中指出，农业部门在提高植物生长效率上花的时间里，用于维持或提高农村居民收入的时间不到 2%。

现在私有企业正控制着一切，它们的事业也进行得一帆风顺。少些农民，多点机器，价格再低些，这些都不要紧，毕竟连农民都不再重要了。"农业最需要的是减少从事农业的人数。"经济发展委员会（Committee for Economic Development）这样写道。该委员会是 1946 年商务部下设的商业规划机构，其成员来自通用食品（General Foods）、桂格燕麦（Quaker Oats）、霍梅尔（Hormel）和可口可乐（Coke）等公司。

我们幻想中的农民（在土地上劳作，为自己和当地市场生产食物的家庭）正在以前所未有的速度消失。美国的农场人口曾经占到总人口的一半，到了 1960 年，其占比降至 10% 以下。尽管政府不断承诺保证小规模农业生产者的生意持续兴旺——20 世纪 50 年代中期，20% 的全职农民年收入为 1 200 美元（大概相当于今天的 11 000 美元），所以"兴旺"一词是相对的——但政府并没有出台任何能够激励或支持农业经济发展的政策，农民则需要这种经济发展来与其他市场参与者一较高下。

不是所有人都可以从事农业生产，但社会能够选择支持哪类农民，也能决定他们种植何种作物；农民隶属于一个更大的系统。一个多世纪以来，一些政府官员试图使这个系统对农民和消费者更有利并提出了许多具体的政策来改善现状。科克伦，那位首先诊断出机械化占据统治地位，将农业比作"跑步机"的官员，向政府提议，希望其从农民手中买地，将这些土地更好地利用起来，而非种植商品作物。（无论是当时、还是现在，这都是个好主意。）查尔斯·布兰南（Charles Brannan）是一位律师，在罗斯福新政时期就已在农业部积累了丰富的经验，后担任哈里·杜鲁门的农业部部长。他发现 2% 的农场出售的粮食量比其他所有农场总产量的三分之二还多，因此建议那 2% 的农场"没有资格得到物价补贴"。他的计划包括支持土壤保持，他示意补贴真正的蔬果而非商品作物。该计划得到了草根阶层的广泛支持，但面对大农业的利益和利益背后的资本，他的计划注定失败。

相反，得以实行的是艾森豪威尔时代某项颇有创意的计划，该计划将生产盈余的粮食拓展为政治工具。欧洲之外，还有很多国家需要食物和补给，却无力购买。美国同意对这些国家施以援手，美其名曰"喂饱世界"，却为这些援助设定了自己的条件。不难预料，这些条件更多涉及市场开发和政治势力，而非实际的食品配给。

首先是马歇尔计划，该计划延续了战时给欧洲国家提供食物和补给的模式。这种援助多以贷款的形式发放，少有真正的拨款。美国在 1947 年再次经历了超盈余并将大部分盈余的粮食当作最初的资助发放给了欧洲。肥料、燃料和动物饲料当时太过珍贵，无法赠予他国。

起初，该计划重点关注美国最亲密的盟友——英国、法国和西德，它们获得的资助超过了资助总量的一半。该计划作为帮助欧洲战后复苏的关键因素而广为人知，当然，用 20 世纪 40 年代末到 60 年代初人们常挂在嘴边的话说，也是为了"防止共产主义扩散"。事实上，这不到 150 亿美元的援助（具体总量难以确定）所起的作用仅仅是比转瞬即逝的刺激大一点点，但很可能谈不上带来了什么巨大改变。然而，因为它与杜鲁门主义相伴而生，旨在抑制苏联的影响，所以它确实开了一个先例，让美国用货物换取影响、特惠贸易待遇、市场拓展和有关国家经济模式的建议。

令人感到意外的是，受马歇尔计划影响最深远的国家竟然是美国本身。在 20 世纪 40 年代最中间的 4 年里，美国的粮食出口量翻了 10 倍，所以世界对小麦的需求似乎又变得无穷无尽。政府要员和商界巨头们发现全球粮食系统的价值核心在于影响力和农业实力，因此几乎所有小麦（还有许多其他种类的粮食）都被联邦政府收购并出口别国。

此后便是 480 号公法（PL480），又称《农产品贸易发展和协助法案》（Agricultural Trade Development and Assistance Act）的发布，该法案一般被称作"粮食促和平法"。该计划始于 1954 年，通过分期付款的方式，将商品运输到国外，与此同时进口国可以享受美国政府提供的贷款。该项目为种植这些商品粮的农民提供了补贴，促使他们继续过度生产并将这份盈余给予（更确切地说是强卖给）发展中国家，用小麦、玉米、大豆、其他谷物，乃至最后用加工食品将这些国家和美国绑定。谷物商和运货商，包括人们熟知的嘉吉公司（Cargill）和大陆集团（Continental），很快获得了前所未见的销售额和利润。

480 号公法（PL 480）[①]签署两年后，美国援助的粮食占世界小麦贸易的三分之一左右。就谷物的物价而论，可能除加拿大之外，没有任何国家可以和美国媲美。全球的小规模农业生产者逐渐发现，没有政府的支持，种植商品作物是徒劳无功的。美国织起一张网，让前殖民地和其他"欠发达"国家依赖于它，之前的农产品净出口国也变成了净进口国。进口的粮食可以帮助解决短期的粮食短缺问题，但也有损于自给自足的农业。

关税及贸易总协定（General Agreement on Tariffs and Trade，简称 GATT）将这些补助和借贷制度化，为世界强权提供了一个可靠的途径，使之可以将缺粮国家再次变为处理宗主国剩余货物的市场。虽然 GATT 表面上是为了防止"倾销"（以低于生产成本的价

---

① 1954 年，美国国会通过了《农产品贸易发展和援助法案》（Agricultural Trade Development and Assistance Act），又称 480 号公法（PL 480），允许缺粮的"友好国家"用本国货币购买美国的剩余农产品。——译者注

格卖出商品的行为）并发展非工业化国家的工农业，但其效果却正好相反。无论是以援助还是贸易的形式，倾销都变成了常态，而全球农业自给自足的能力也下降了。美国紧紧抓住了全球农业的命脉，而且其控制力越来越强。

第十章　大豆、鸡肉和胆固醇

尽管按照 480 号公法和其他粮食援助计划，美国出口了数千万吨粮食，但仍有等量的粮食留了下来。仿佛这还不够似的，另一种原料粉墨登场，进一步提升了粮食产量，助力了美国饮食的变革。

这个游戏规则的改变者就是大豆。

大豆产量高，在营养方面几乎可以说是无与伦比，还能帮助固氮。轮流种植大豆和其他粮食能够保持土壤活性。大豆的蛋白质、纤维及微量营养物含量是大部分其他豆类或谷物的两倍甚至是三倍，与大部分动物产品的含量持平，甚至更胜一筹。如果以可持续的方式种植，大豆也许能够为世界上四分之一人口的健康做出巨大贡献。

但当生产者们发现，大豆和动物可以完美组合，创造出消耗余粮而且富含蛋白质的利润来源时，大豆获得了新生，与玉米一起成了 20 世纪农业的基石。种植的大豆主要加工成垃圾食品或用来过度喂养那些专供屠宰的动物。

在战后数年里，真正的大规模动物生产拉开了帷幕。到20世纪70年代，美国半数的耕地都用来种植饲养动物的粮食，而绝大多数的玉米、燕麦和大豆都被用来饲养动物。

鸡引领了这场革命。

在大规模生产开始前，鸡肉并非像现在这般是人们的主食。它最初仅在奴隶之中流行，因为那时，鸡是他们唯一被允许养来自己吃的动物。他们的后代沿袭了这种烹饪传统，后来吃鸡肉的移民也加入了他们的队伍，尤其是那些因宗教而不吃猪肉的人。

鸡是转化率最高的常见陆生动物，即每吃一磅饲料，鸡产的肉最多。但直到20世纪中叶，人们大多还是购买活鸡作产蛋用，数十万的美国人饲养鸡，为自己和邻居提供鸡蛋。

商业肉鸡业（"肉鸡"指繁育用来食用的鸡，另有"蛋鸡"作产蛋用）的创始人据说为塞西尔·斯蒂尔（Cecile Steele），一位来自特拉华州的女性。在1923年，她饲养了500只雏鸡，以每磅62美分的价格出售，这个价格在2020年几乎相当于每磅10美元。到了1926年，她创建了威尔默·斯蒂尔夫人肉鸡厂（Mrs. Wilmer Steele's Broiler House），肉鸡数量一直保持在10 000只及以上，而特拉华州每年能产出100万只鸡。

正如路·安·琼斯（Lu Ann Jones）在《妈妈教会了我们工作》（*Mama Learned Us to Work*）中所说，还有其他人可以被视为大规模养鸡的鼻祖，其中至少有一位可以追溯到1919年。她们都是女性，很大程度上是因为饲养家禽在那时被视为"女人的工作"。但随着养鸡逐渐发展为大型产业，公司和主管公司运营的男人取代了她们。

到1930年，普瑞纳（Ralston Purina）、普瑞天（Puritan）和其他饲料生产巨头开始以赊账的方式直接向农场主提供饲料。由于养鸡成本最高的部分便是饲料，这项产业的参与者大多是债务缠身的农民。这与分成制，即商人或地主给棉农贷款或土地以换取部分收成的制度有一定相似之处。

在经济大萧条时期，许多与鸡肉生产相关的话题逐步升温（其中就有那句著名的"人人都要有鸡吃"，大多数人都把它当作胡佛的名言，但实际上这是比他还要早300年的法国国王亨利四世说的）。不久，这一产业便在"二战"期间走向繁荣。

当时的鸡肉并不像其他肉类一样按量供应，因而需求极高，几乎可以说是没有风险、一本万利的生意。实际上，政府推出的"为自由而食"（Food for Freedom）项目就鼓励平民食用鸡肉和鸡蛋，好为海外的部队省下红肉。这使得肉鸡的数量在战时几乎增加了两倍。

与此同时，联邦政府也在以远高于成本的价格为自己大量收购鸡肉。整个德玛瓦半岛（包括特拉华州、马里兰州和弗吉尼亚州）是鸡肉生产最为集中的区域，美国陆军几乎包下了那个地区可以购买到的所有鸡肉。这也大大促进了南方鸡肉生产的发展，杰西·朱维尔（Jesse Jewell）和约翰·泰森（John Tyson）等人都借机大幅发展自己的产业。这些人被称为最初的"整合者"，他们几乎掌控了整个鸡肉生产流程的各个环节，有数百名农场主以独立承包商的身份为他们工作。

朱维尔或许可以被认为是现代养鸡业的鼻祖，他跟随饲料企业的脚步，给农场主们分发雏鸡并向他们贷款，让其购买饲料。他最初在佛罗里达发展，后来将业务推广到了佐治亚。那里多山的乡村地区被称作"鸡肉三角"，朱维尔购入了一整队卡车来运输饲料、雏鸡和给农民的补给——同时将鸡肉带向市场。他还建造了一个配有冰冻设备的处理厂。

鸡肉产业在接下来的半个世纪中呈爆发式增长并逐步巩固。根据2008年皮尤委员会的一项报告，在这段时间，"美国每年的鸡肉产量提升了超过1400%，而养殖的农场数量则降低了98%"。

药物也为鸡肉产业铺平了道路。20世纪40年代末期，一名叫托马斯·朱克斯（Thomas Jukes）的研究者向鸡饲料中加入了一种叫作金霉素的抗体，他发现这种抗体能在大规模、拥挤且封闭的鸡群中抑制疾病发生，还可能促进生长。而这恰好碰上了由美国农业部赞助的明日之鸡（Chicken of Tomorrow）竞赛，这让人们可以用比战前少一半的时间（也就是少一半的饲料）将一只鸡养到两倍重，而其鸡胸肉占比也有所提升。于是，养鸡业纷纷把更多的鸡塞进更小的空间里，即便在零售价格不变甚至下降的情况下，该行业的利润仍在上升。

廉价鸡肉的时代到来了。到 20 世纪 50 年代中期，全美肉鸡养殖的规模已经达到了 10 亿只。不久后，禽类养殖农场的数量就下降到了 50 年之前的 10% 以下。剩下的农场却提供了 10 倍之多的鸡肉，其售价扣除通胀因素后也下降了。

20 世纪 80 年代又被称为交易年代（decade of the deal），是以政府解除管控和企业合并为特色的 10 年。在这段时间，霍利农场、佩度和泰森等巨头对鸡肉产业的控制逐渐加强。这些公司开始给鸡的不同部位打上不同的商标，而最重要的是，它们把鸡肉变成了能赚更多钱的商品。20 世纪 60 年代，83% 的鸡是整只出售的，仅有 2% 被制成具有附加值产品，如肉条、鸡柳、汉堡肉和其他加工食品，其他的则被拆分售卖。而现在，只有 10% 的鸡是整只售卖的；有整整 50% 的鸡肉被制成了附加值产品。（一样的，其他的被切分售卖。）而这些精巧的加工品中最引人注目的，莫过于一种由鸡肉制成的垃圾食品：麦乐鸡块。

麦当劳完美地代表了我们饮食文化中所有的错误，但它的诞生就像"发现"美洲大陆或福特 T 型车的问世一样不可避免。

在 20 世纪 60 年代，数量可观且越来越多的女性回归了职场。大部分男性从未下过厨，也没有学做饭的想法，而随着女性工作量的增加以及食品产业对"方便"食品越来越多的宣传，做饭逐渐变成了人们眼中一件烦人的差事。从薯片、方便快餐和混合蛋糕配料的出现开始，滑坡效应便逐渐显现；但当越来越多的家庭开始外出吃快餐时，事态发展到了无法挽回的地步。

麦当劳本身发展的故事，在埃里克·施洛瑟（Eric Schlosser）大名鼎鼎且名副其实的著作《快餐王国》（*Fast Food Nation*）和约翰·洛夫（John Love）那本没有那么为人所知的《麦当劳的秘密》（*McDonald's: Behind the Arches*）中都有详细清晰的记述。不过这里还是简单介绍一下：在 1940 年，迪克和莫里斯·麦克·麦当劳（Dick and Maurice "Mac" McDonald）兄弟开办了他们的第二家餐厅——麦当劳烧烤（McDonald's Bar-B-Q）（他们的第一家餐厅是一个热狗摊）。他们提供汽车服务，供应手撕猪肉、汉堡和饮料等餐饮，这让他们的餐厅成为圣贝纳迪诺这座洛杉矶东部新兴城市中最受欢迎的餐厅。几年过后，他们大获成功，却也感到无聊起来。在发现了提高效率的流线型设计方式后，他们歇业 3 个月，重新设计了餐厅。

这种新方式就是麦当劳的"快速服务"，即降低价格，取消服务，并将菜单缩减至汉堡、薯条、奶昔、苏打、咖啡和牛奶这几种食物。约翰·洛夫引用了迪克·麦当劳（Dick McDonald）的一句话："我们以降低价格，并让顾客自助服务的方式追求大体量……很明显，汽车餐厅的未来就是自助服务。"

他们创造出的流水作业线甚至会让福特感到骄傲。顾客在柜台点餐，随后就在原地取餐。而在"厨房"中，一个人负责做汉堡肉饼，一个人负责将各种部件组合成汉堡包，包括番茄酱、芥末、洋葱片、两块腌黄瓜（没有别的选项），如果顾客要求，还会加上奶酪。还有一个人负责打包，一个人做奶昔，一个人炸土豆，等等。所有的容器和餐具都是一次性的，借此来省去一切清洗工作。麦当劳的理念便是降低员工的学习难度和薪资，让食物尽可能简单统一并让顾客自己承担大部分的服务。

一份 19 美分的芝士汉堡，配上 10 美分的薯条和 12 美分的奶昔或平价苏打，正是可以在车内完美享用的一餐；而它的舞台也早已搭建完毕。公路已经修好，汽车已经普及，孩子们跃跃欲试，而廉价白面粉和机器生产面包的方法已经准备就绪，诸如奶酪、牛奶、糖、可乐和牛肉等食品亦是如此，很快鸡肉也将整装待发。

在接下来的几年里，麦当劳兄弟开发了餐厅时髦的外观及标志性的金色拱形，并卖出了超过 20 家当地连锁店的特许经销权。1954 年，一名叫雷·克拉克（Ray Kroc）的奶昔机推销员好奇为何麦当劳要买如此多的机器，便上门拜访。然后，克拉克决定买断整个奶昔产业。他在 1961 年完成了这笔交易并很快将奶昔连锁店开到了美国各地。

自此，历史上最强大的快餐连锁产业诞生了。到 1970 年美国已有 3 000 家特许快餐店，其发展势头前所未有。时至今日，快餐特许专营店的数量已经达到了数十万。赛百味的门店最多，但是每年销售额达到 300 亿美元的麦当劳才是价值最高的企业。

最初，快餐主要面向需要通勤且家住城郊的中产阶级白人家庭。但是由于企业需要扩张，人们对饮食越发注重以及汽油价格上涨带来的价格提升等因素，快餐业急需寻找新的市场。由此，快餐开始向城市转移，因为在那里可以招揽路过的行人以及住在城里的有色人种。

在 20 世纪中叶，南方的非裔美国人大量迁入北方城市，他们在这些城市中的人口比重很快超过了全国平均水平，一度达到 12%。但这些非裔美国人并没能享受同工同酬的待遇，且只拥有 2% 的商业份额；尽管民权运动拓展了他们的政治自由，却并没有很大程度地推进经济平等。

那时，"人人拥有权力，而国内外所有机构都有责任保护这些权力"，这种观念对大部分白人和他们建立的机构而言，还是个新鲜事。到了 20 世纪 60 年代，随着民权运动组织将注意力转向经济方面，美国各大城市中的暴动开始动摇白人的权力结构。当时还是总统候选人的理查德·尼克松（Richard Nixon）在 1968 年立下的保证便可视作对这些示威游行愤世嫉俗的回应，他要"让私人企业进入贫民区"，承诺要让非裔美国人"得到他们今日没有享受到的选择自由"。

美国小型企业管理局（SBA）宣称自己的任务是向希望创立或拓展自己公司的美国人提供帮助，但在它创立后的 10 年里，仅向非裔商人提供了 17 笔贷款。尼克松知道这一点，并认为这是同时获得非裔群体和大型企业两方好感的大好机会，于是他创立了"贷款平等机遇"项目，命令 SBA 优先向少数裔群体贷款。共有 2 500 万美元流入了这个项目。

如果这些钱流向了即将开办自己生意的人手中，应该算得上是意义重大，但它们大多流进了全国排名前 25 名的大企业中，其中绝大多数是加油站、汽车店和快餐连锁店。这也不是个例：在 1996 年，汉堡王与美国卫生和公共服务部合作，以促进"全面城市复兴"为口号，在华盛顿、芝加哥、底特律等城市创立了一系列新企业。实际上，钦·祖（Chin Jou）在《美国城市变大史》（*Supersizing Urban America*）中认为，这些项目中诞生的绝大多数企业，都是市中心的快餐连锁企业。

这样一来，这些项目与其说是帮助少数非裔群体的经济发展政策，更像是对快餐企业的补贴，而这又间接促进了"大农业"的发展。此外，对于企业而言，这些黑人经营的特许经营店也打通了进入城市中心市场的入口，而这里的利润往往比市郊店更为丰厚。

快餐产业的规模从 1970 年的 60 亿美元一跃达到 2015 年的 2 000 多亿美元。餐厅与人口数量的比率涨了一倍多，人们从快餐中摄入的卡路里则涨到 4 倍。人们在外出就餐时花在快餐上的钱多出了一倍，在 2018 年该产业的全球收入超过了 5 700 亿美元——

比大多数国家的经济产值都要高。现在，有三分之一的美国人每天都要吃快餐。

这对非裔美国人或城市的发展有益吗？两个答案都是"没有"。即便是那些获得了成功的新门店，为店主带来的收益也是很有限的，因为这些店主在如何经营、菜单设置与定价、获得原料和员工报酬方面没有多少发言权。正如大众所知的那样，快餐行业的工作也很难为个人成就或健康繁荣的社群做出什么贡献。事实上，即便是像麦当劳这样拥有联邦基金资助的企业，也在积极反对将未成年人纳入最低工资保障中，这样可以降低其提供的新工作的薪资。

而从饮食的角度上讲，快餐的扩张更是一场灾难。在1965年，非裔美国人摄入推荐量脂肪、纤维、水果、蔬菜的概率是白人的两倍。快餐的发展对各个群体的饮食都造成了冲击，但其中弱势群体所受的影响尤甚，因为他们并不富裕，也缺少安全的公共聚集场所。含糖高的食品和饮料、高脂肪的红肉和麦乐鸡块这样的超加工假食物（ultra-processed pseudo-foods）都会影响健康。

上述因素的共同作用使得饮食问题引发的死亡大量增加，而其中很多受害人都是过早死亡。这种情况在黑人、原住民和有色人种（BIPOC）群体中更为严重。尽管在今天，快餐是美国现代饮食的象征，但它的扩张只是21世纪全球食品趋势模式中的一部分。

"二战"前，食品加工流程都相对简单，明了易懂，通常包括清洗、分拣、切割、砍剁、炖煮和研磨这些步骤及其组合，之后再制成罐头，进行冷冻，或以其他方式包装起来即可。

将食物解构为各个不同的部分，这个做法最早出现于20世纪30年代，随后在战时迅速发展并在50年代开始普遍化。在温度、化学制品和压力的组合作用之下，食物被分解，又重新组装成崭新的形式。其中一些，比如崔克斯麦片（Trix）或奇多薯片（Cheetos），则是彻彻底底的创新食品；而另一些则是在模仿相似的食物；例如咖啡奶精（Cremora）就是一种想要充当黄油而以假乱真的产品。

将多余的食物进行加工而非直接出售并不是新鲜事，奶酪就是这么走进千家万户的。但是新的政府支持政策和科技新发展把这项技术提高到前所未有的高度。美国农业部的科学家致力于研发一种能在室温下长期存放的奶酪，其成果最终以味维他（Velveeta）等形式在商场上架，而这种"经过巴氏消毒的加工奶酪食品"根据法律最低需含有 51% 的真正奶酪，其余的成分可以是人工色素、增味剂、牛奶制品、水、盐和防霉剂等。这些成分的变化衍生出了奇多（Cheetos）、卡夫奶酪通心粉（Kraft Mac and Cheese）、起芝奶酪饼干（Cheez-Its）、多力多滋玉米片（Doritos）以及其他那些前所未见的"休闲食品"。

诸如酿造、腌制、酿酒和制造奶酪等历史悠久的技术，最初是用来保存丰收果实并丰富其品类的方法，现在却被运用来将已有产品改造得面目全非。这些新产品由于加油加糖，往往热量很高，而这些糖和油脂则大多产自玉米和大豆。这两样也毫无意外是用于炸制食品的化学加工油类的主要原料。

让美国人爱上这些新食物并非难事。我们需要的食物中都含有糖分、盐和油脂，这些都是我们天生喜爱的食品。真正困难的，是如何让美国人越来越多地吃下这些食物，以通过强制广大民众进食的方式解决食物剩余的问题。解决方法就是向美国人民推销那些长期过量进食会使他们生病的食物。营销机器便为这个任务运转起来。

"可摄入卡路里"指的是所有生产的食品热量减去所有出口的食品热量，美国人均可摄入卡路里在 20 世纪下半叶增长了 30%。我们"吃"掉了其中大部分，这导致在 2002 年美国男性的平均体重比 1960 年的记录高出 25 磅，而现在的女性平均体重已经与 50 年前男性的体重相等。垃圾食品的市场营销对我们所有人的健康展开了有组织的进攻。

几乎每一次战后的变化都在支持工业食品系统。我们对一些政策的支持，诸如汽车工业（尤其是州际高速公路系统）、新郊区房屋项目和新商业建设（包括购物中心）的加速贬值等，都成为新兴的快餐系统和沃尔玛等超大型购物中心的摇篮。电视也在此时普及起来，复杂的广告技术随之发展，这使得营销者们有机会同时向数以百万计的食客呈现快乐幸福的景象。

不难想见，恐怕那些食品加工巨头们都会感慨自己真是撞了大运。只要在电视上介绍一番产品，再给它包上五颜六色、写满标语的包装，你就能卖出去几乎所有食品，哪怕它与真正食物大不相同。而品牌吉祥物的出现，更使得电视广告时间所增加的每一分钟，都成为商家针对孩子所做的营销。家乐氏香甜玉米片（Frosted Flakes）的广告就是一个成功的案例：做出更酥脆、更甜的玉米麦片后，再在包装上画上一只托尼老虎，向小朋友们说这早餐谷物真是"太好吃啦"。现在，把托尼和他的产品都放到新媒体上，向史上人口最多的一代大肆宣传，他们就自然会追着妈妈要买这种伪装成早餐的甜食。

等到了 1970 年，各类奇观更是层出不穷：高果糖的玉米糖浆；奶酪奇才（Cheez Whiz），菲多利玉米片（Fritos）和品客薯片（Pringles）；各种向 4 岁孩子们兜售早餐糖果（美其名曰"早餐谷物"）的数不胜数的电视广告；含糖量像冰激凌中那么高的酸奶；电视晚餐 ①；预制火鸡；果珍（Tang）（一种橙色的早餐饮料，主要成分只有糖和"增味剂"）和雀巢朱古力粉（Nestlé

---

① 即冷冻储藏、加热即食的预制食物。其发明人格里·托马斯在推广该产品时，正值电视上市不久、被大众视为身份象征和潮流的时期，于是他便为产品起了"电视晚餐"这个名字。同时，该名字也暗示这种食物非常方便，不会影响顾客看电视。——译者注

Quik）；速冻华夫饼；家乐氏果酱馅饼（Pop-Tarts）；袋装甜甜圈（packaged donuts）（与真正的甜甜圈不同）；好提思夹心蛋糕（Hostess Twinkies）和刨冰球（Sno Balls）；超出黄油用量的人造黄油（其中一种被称为反式脂肪的成分现在实际上已经违法了）；"方便"米饭，"速食"燕麦，"速溶"早餐糊；水果谷物圈（Froot Loops）和幸运魔法燕麦片（Lucky Charms）；蛋糕粉和罐装面团；"奶精"；佳得乐饮料（Gatorade）；还有另外数千种类似的食品。

从价格上讲，在 1954 年每蒲式耳玉米价格仅为 1.44 美元。哪怕一整盒玉米麦片都用玉米而不是更廉价的原料制作，8 盎司[①]的玉米麦片也只会用掉 0.0089 蒲式耳，花费 1.3 美分。再加上糖，成本也只多出两美分。但成品的零售价要高出 10 倍不止。当然，利润中只有不到 1% 会回到最初种植这些玉米的农民手中。

另外还有卡路里密度的问题。玉米每盎司含有 25 卡路里，但玉米麦片的每盎司热量超出了 100 卡路里。相比之下，一种名为粗燕麦的传统早餐谷物每盎司仅有 17 卡路里。

从整体上看，这个新的食品系统以快餐和垃圾食品为中心，还拥有前人难以想象的大量动物制品。但它并不关心它所生产食品的质量或对世界及民众健康的影响，最终制造了一场前所未见的营养不良危机，如瘟疫一般席卷美国甚至整个世界。我们不能将责任全归在美国农业部头上，但它显然参与并推动了这一切，而且还在继续发挥作用，继续造成严重后果。

1916 年，美国农业部将食物分成 5 类：早餐谷物、水果和蔬菜、肉类和奶制品、油脂及相关制品以及糖和相关制品。20 年后，农业部签发了现在被称为"膳食营养素参考摄入量"的参考表，将

---

① 1 盎司 ≈ 28.35 克。——译者注

"维持正常成人体质"的平均食品需求量增加了 50%——这意味着从一开始，过度饮食就是政府特意制订出来的标准。农业部只制订了最低营养摄入标准，只字未提饮食上限，唯恐影响食品销量。随着供给的增加，过度饮食（通常都是超加工谷物）成了一种官方政策。而生产者们可以随心所欲地推销他们的食品。

半个世纪过去了，农业部一直都对糖类视而不见，而对另外"4种主要食物"一视同仁：肉类、奶制品、水果蔬菜以及面包和早餐谷物。此举安抚了牛奶、肉类和谷物 3 方面的游说团体，向他们承诺会告诉美国人民必须要吃掉数量相当可观的 3 种食物，才能保证健康。但政府完全没有建议我们食用豆类（世界上最重要的蛋白质来源），对碳水也完全不加区分。他们把全谷类、饼干和白面包混为一谈，当作完全相同的营养来源。

在当代营养学中，最为重要的作品之一是生物学家、营养学家玛丽恩·内斯特尔（Marion Nestle）在 2002 年出版的作品《食品政治》（*Food Politics*）。在书中，她指出，1923 年美国农业部在出版物中为过度饮食搭建了舞台："能够获取的食物材料数量正随着农业技术的进步不断增加……这些食物都可以加入我们的食谱，促进我们的健康。"

这段话问题百出。除去那些真正面对饥饿威胁的人们以外，过量的糖作为一种营养元素对其他人群并没有多大益处，而 20 世纪研发出的另外数千种只含有虚假或有害卡路里的食品也是如此。政府并没有很好地管理这些产品，完全可以被认为犯了过失罪。由于过度生产和市场营销，过量食用超加工食物已经成为我们日常生活的一部分，这导致饮食相关的慢性病增多，心脏病发病率也翻了一倍。

那个时期，心脏病被视作衰老的正常过程。验尸结果通常会认为死因是冠状动脉粥样硬化。可是，为何这种疾病的发病率会大量攀升？这个问题引起了医学界的注意。

其中一位先驱者名为安塞尔·凯斯（Ancel Keys），他是一位生理学家，参与研发了"二战"中供给军队的 K- 口粮。K- 口粮含有充足的卡路里，保质期长，一般来讲会包成一个能放进军装口袋的盒子，里面有罐头肉、水果或蔬菜罐头、一块巧克力棒和口香糖、香烟和肉汁粉之类的小东西。这种口粮名字里的"K"字或许和凯斯的姓氏有关，但没人知道真相。

在战后，凯斯做了一项关于饥饿的研究，发现每日山珍海味的美国商人与他们在欧洲食物匮乏的同行们相比，患心脏病的概率更高。这与流行病学的研究结果不谋而合：在食物配额足够的情况下，欧洲人在食物较少时期反而比丰收年份更加健康。"一战"时期的丹麦就是个很好的例子。

凯斯研究了饮食与不断升高的心脏病发病率之间的联系并最终得出结论：这些疾病并非自然发作的。他认为"动脉硬化的显著特征就是动脉内壁存在脂质沉淀，其成分主要为胆固醇。而无论人类还是动物，对血脂影响最大的因素就是饮食"。自 19 世纪中叶以来便有研究和实例指向高胆固醇含量这一心脏病发病诱因，但此前，这一点一直被医疗机构忽视。

差不多在同一时间，杜鲁门总统在 1948 年签署了《全国心脏法案》（National Heart Act），开始分配资金以启动后世所知的"弗雷明翰心脏研究"项目，其中心位于波士顿附近的一个同名小城市里。其他相似的研究也已经或即将在全美国范围内开展。

直至今日，科学家们仍然很难完成能够在病因方面得出科学结论的权威研究，主要原因是科学家们基本不可能操纵和记录大规模人群的饮食方式，但这是得到准确数据的关键。

想象一下，从业医生在面对胆固醇高的病人时要了解一系列问题：病人胆固醇摄入量是否偏高？他们是否食用了会提高胆固醇的食物？是哪种食物？还是说实际上是因为他们少吃了会降低胆固醇的食物？或者他们就只是老了？他们的体重有没有同时上升？原因是什么？他们有运动的习惯吗？运动习惯有没有中断？其中会不会有其他无从预料的因素？胆固醇升高现象是否可以预测？会演变为心脏病吗？他们会突发心脏病吗？会死亡吗？……

20世纪40年代晚期，在研究药物时常常使用随机对照试验法，这种方法可以将上述情况分割成单独的问题并进行解答。他们会给其中一组服药，而另一组（对照组）不给，接着观测哪一组生病或恢复健康，而哪一组没有变化。但研究食物就会复杂许多。控制或消除上述因素（而且实际上类似的因素还有更多，几乎可以说是无穷无尽）就已经够困难了，但如果要得出统计学上有意义的结果，就必须在大规模人群中进行相关试验。准确来讲，必须要有数百甚至数千人吃同样的食物，同时还要稳定（即控制）其他变量。这项试验即使不做上100年，也要有50年才能得出严谨的结果。

而且，随机对照试验法只会回答我们提出的问题。我们可以设计一个试验来对比不好的低碳水饮食（例如饱和脂含量高的饮食）和非常好的低脂饮食（主要依靠水果和蔬菜），反之亦然。我们也可以设计一个探究纯素饮食对健康影响的试验。但这样一来就是试验设计者在决定饮食的质量。比如说，以植物为主要食物的食谱可以是非常健康的（以极少加工或未加工植物为主），也可以主要由可口可乐、薯条和素食小蛋糕组成。

事实证明，弗莱明翰所采用（并一直延续至今）的广泛"观测研究"方法更加有效。该方法要求你收集包括饮食在内的许多自然发生事件的资料，然后试着从中梳理出某种规律。有时你能从中发现宝藏：1957年，美国医务总监宣布英国医生已经证明了吸烟与肺癌之间具有因果关联。

但观测研究也会遇到挑战。首先，这种研究方法意味着他们完全无法做出任何干涉。你不能按照自己的想法给试验对象设计饮食，也不能控制任何事物。这让试验的结论往往有些文不对题的感觉。不过反过来说，数量众多的试验对象和无法控制的试验过程也意味着更难通过人为操作来达成想要的结果，进而用以支持某种预期的结论。有时医药公司在进行随机对照试验时便会这样做。

在 20 世纪 50 年代早期，凯斯开始采用七国研究（Seven Countries Study，简称 SCS）观测法，试图弄清饮食、高胆固醇和心脏病之间的联系。这项研究共有将近 1.3 万人参与，从食谱和生活方式两个方面展开。现在普遍认为，该研究最重要的成果便是发现北欧人和美国人患病的概率比南欧人和日本人更高。凯斯的思路确实是正确的，其中一个证据就是他去拜访了意大利南部的医院，而根据他的同事描述，"（那里）根本就不存在冠心病"。

后续研究逐步证明高血压与心脏病及中风之间存在着明显的关联。而同等重要的是，在弗莱明翰项目开始 20 年后，胆固醇与心脏病之间的复杂联系也浮出水面。一些胆固醇（高密度脂蛋白，又称 HDL）实际上对健康是有益的，而另一些胆固醇（低密度脂蛋白，又称 LDL）含量过高则可能会导致心脏病。弗莱明翰项目也发现了肥胖与高血压、糖尿病和心脏病之间存在关联。

但这些信息的面世并未给消费者们带来好处。恰恰相反，几十年来混乱饮食、愚蠢建议和虚假信息不断袭来（人们有意无意地传播着它们），其中许多都是由食品工业制造出来的，并得到政府的背后支持。但弗莱明翰项目和其他研究同样也使人们意识到了饱和脂肪（可以简单认为是能够在室温下保持固态的脂肪）和反式脂肪对健康的不利影响。其中，后者对人体的影响尤为明确，这是一种常被用于人造黄油、柯瑞琪（人造白奶油）和其他烘焙食品的实验室产物，现在已经禁止使用。如果这些研究能够得到更好的支持，如果这些结果没有被食品企业和它们的支持者层层阻挠，又或者相关的科学领域能够得到更多重视，那么科学家们早就能够自由探讨如何才能拥有健康的饮食了。然而，现实中这条路困难重重，至今没有好转。

第十一章　躲不开的垃圾食品

对于摄入过度加工和过量肉类的饮食所带来的影响，一部分美国人也许故意睁一只眼闭一只眼，而另一部分（虽然人数不多）可能还被理所当然地蒙在鼓里。尽管食品巨头的营销机器和政府政策都在欺骗公众，大肆向公众提供不健康的食品，但绝大多数人都明白过量食用脂肪、畜产品和垃圾食品带来的风险。粉碎营销谎言、抨击当前的食品政策，一直以来都是公共卫生倡导者面临的一项严峻挑战。

1957 年，美国心脏协会（American Heart Association）研究得出结论：饮食不当可能是动脉粥样硬化的重要诱因，该病症的主要成因是粥样斑块沉积导致的动脉狭窄。此外，该协会还发现，饮食因素中与致病关系最密切的可能是脂肪含量和总热量；脂肪的类型、饱和脂肪与某些不饱和脂肪之间的平衡可能也至关重要。

虽然出发点是好的，但美国心脏协会犯了几个关键的错误。第一个错误是，这些专家遵循了传统的精细还原论，没有将食物作为一个整体来研究。相反，他们把食物拆分成了单独的营养素，如脂肪、饱和脂肪、多不饱和脂肪、碳水化合物等。但其实，直接用"肉类"这种词一言以蔽之会更简单、更为大众理解；或者直接用"畜产品"指称——几乎所有饱和脂肪都来源于此。

第二个错误是，除了"脂肪"，还有其他因素导致慢性病增加。其中，糖是罪魁祸首。这一点在美国心脏协会的总结报告中被彻底遗漏，也在几十年来一直被淡化或忽视。

我们早就知道，糖对我们有害。亚里士多德曾发现糖会导致蛀牙，此后我们了解到它还会导致胰岛素抵抗、肥胖、糖尿病、心脏病和多动症等多种疾病。

美国食品供应中，年人均糖消费量一直持续攀升，从1821年的10磅左右涨到了1931年的108磅。但在第二次世界大战期间，医学界对糖的营养缺陷达成了共识，这与军方的意愿不谋而合，后者希望通过对平民实行物资配给，以保障军需、提振士气。因此，这一时期官方宣布家里做饭没有必要放糖。美国医学协会（American Medical Association）建议，"即使大量减少糖供应，美国人民的营养也充足无虞"。政府的口号则更为响亮，一本官方的宣传手册上醒目地印着："保持体健身强，根本无须吃糖！"

也许我们曾经一点糖也"不需要"，但到了20世纪70年代，高果糖玉米糖浆（HFCS）[1]诞生了，它在味道、成瘾性和被人体消化吸收等方面，和糖几乎一模一样，因而使糖的消费量急剧增加。

高果糖玉米糖浆诞生自阿彻-丹尼尔斯-米德兰公司（ADM）大力投资研发的一种新型湿法研磨工艺（大多数谷物都是干法研磨的）。生产这种糖浆还带来了一种副产品——乙醇，二者携手上演了一出盛大的工业闹剧。

---

[1] 高果糖玉米糖浆（high-fructose corn syrup，简称 HFCS）又称"果葡糖浆""高果糖浆"，是一种用玉米淀粉制作的甜味剂，价格较蔗糖低廉，因而被广泛用于商业食品生产。——译者注

玉米乙醇是一种酒精，为一些老款汽车，包括 T 型车 ① 提供动力。但当 ADM 公司开始大量生产高果糖玉米糖浆时，玉米乙醇才真正受到重视。当时正逢欧佩克（OPEC，即石油输出国组织）采取石油禁运，美国国内油价上涨，尼克松、福特和卡特三届政府急于实现能源独立。在 ADM 公司的三名高管因操纵饲料添加剂的价格于 20 世纪 90 年代锒铛入狱后，该公司最终聘请了一名雪佛龙（Chevron）能源公司的前高管，围绕乙醇重建业务。

同等体积的乙醇不仅比汽油含有的能量更少，而且根据某些（复杂且有争议的）计算方法，其生产所耗费的能量比产出的还要多，这就有些可笑了。然而，经过一番激烈游说，ADM 公司还是使国会相信了这种燃料的价值。乙醇就此成了加工商的金矿，他们每生产一加仑乙醇就能获得高达 51 美分的直接补贴（现在是 45 美分），并且保证了该行业种植的所有玉米都有销路。目前，每年美国有 40% 的玉米用于生产 160 亿加仑乙醇，这意味着约 3 500 万英亩的农田被专门用于种植玉米，以生产低效燃料，这一面积几乎与工业农业化的肇兴地——艾奥瓦州相当。政府和资本又一次走到了一起，以全新的方式浪费着世界上最优质的农田，产出的商品只对大农场主和与他们相关联的产业有利。

可以说，高果糖玉米糖浆行业的发迹史更加不堪。1981 年，在保护主义的价格支持下，美国国内的糖价上涨到原来的 3 倍。ADM 公司本来竭力游说，想争取同样的价格支持，却突然另辟蹊径，向市场推出了高果糖玉米糖浆，将其作为糖的一种廉价替代品来推广。1970 年，这种糖浆的年人均消费量还微不足道，现在却已经高达 40 磅左右了。与此同时，白糖的消费量也并没下降多少，因此我们吃下的甜味剂总量大大增加了。

---

① 指福特 T 型车（Ford Model T）是美国福特汽车公司于 1908 年推出的一款汽车产品，于 1908—1927 年量产，共计销量达 1 500 万辆以上。T 型车的量产标志着汽车开始以低廉的价格走入寻常百姓家，成为日常的实用工具，在汽车工业乃至工业文明历史上都具有重大意义。——译者注

高果糖玉米糖浆就这样无声无息地进入各种过度加工的食品中，即使是那些不被认为"甜"的食品里也有它的身影。瓶装番茄酱、餐馆里的炸薯条、能想到的每一种烘焙食品、几乎所有的沙拉酱——凡所能举，应有尽有。它还被大量添加到碳酸饮料中。1999年，碳酸饮料的消费量达到峰值，人均年消费 50 加仑以上，平均每天超过 1 品脱[①]。碳酸饮料是稳赚不赔的买卖且成本低廉，制造商几乎可以免费获取水源，甚至连价格保护下的原料糖也非常廉价。但是有了高果糖玉米糖浆，碳酸饮料的成本进一步降低了。

　　商家借此机会，推出了"超大杯"。最初麦当劳售卖的碳酸饮料是每杯 7 盎司的，比今天的营养成分表上所说的"一人份"要少 1 盎司。如今，12 盎司只是"儿童尺寸"了，而 16 盎司（官方标准的两人份）竟也只是小杯体量了。一大杯足有 42 盎司，远远超过 1 夸脱[②]。

　　一方面，政府对这种增售行为不予管制；另一方面，市面上出现了将含糖饮品当作咖啡饮料出售的趋势，例如星巴克的许多款饮品比可乐含糖量还高，足足超过 100 克（大约 20 茶匙，或接近4 盎司，或大约半杯，无论怎么算都很骇人）。在这两方面作用下，人们的甜味剂摄入量总计增加了 25% 以上。

　　有因就有果，人们的健康状况开始每况愈下，以至于减少糖分摄入已经成为公共卫生部门的当务之急，糖也很可能被视为 21世纪的烟草。

　　这一结果不难预见，事实上有些人也确实预见到了。早在"二战"后，内科医生约翰·尤德金（John Yudkin）就对安塞尔·凯斯关于脂肪摄入是心脏病的唯一饮食原因这一论断表示怀疑并开始研究糖的作用。尤德金推断，人类吃肉已有数百万年的历史，而糖进入食谱相对较晚。既然怀疑人们一直正常食用的肉类突然出

① 　1 美制湿量品脱 = 16 美制液盎司 ≈ 473 毫升。——编者注
② 　1 美制湿量夸脱 = 32 美制液盎司 ≈ 946 毫升。——编者注

了问题，为什么不怀疑糖呢？

这一推测并不那么严谨。恶性诱因可能不止糖一个，而且也的确如此。但是尤德金对他的分析深信不疑。他开始建议人们完全戒糖，声称人们能因此"降低患肥胖症、营养不良、心脏病、糖尿病、龋齿或十二指肠溃疡的可能性，或许还能减小患痛风、皮炎和某些癌症的概率，总而言之，能够延年益寿"。此后的研究证明，他的大多数推测都是正确的。

尤德金的《纯净·洁白·致命》（Pure, White and Deadly）一书于1972年首次出版。这本书影响甚广，但他的理论不如凯斯的理论那样引人注目，部分原因是凯斯正与美国心脏协会以及国家卫生研究院（the National Institutes of Health）合作。在他们的支持下，凯斯的理论逐渐成为学界圭臬，而尤德金的工作则被他嘲讽为"一派胡言"。无论过去还是现在，科学始终涉及一系列的势力之争。

与此同时，糖研究基金会（Sugar Research Foundation，简称SRF）也在暗中破坏尤德金的工作。SRF副主席约翰·希克森（John Hickson）担心更多关于糖的危害被发现，决定不遗余力引导科学界远离对糖的研究，将目光重新放到饱和脂肪上。他为心脏病研究提供资助，希望能找到与尤德金相反的证据来"反驳糖的诋毁者"，或至少提出些与他相左的意见。他还委托学者进行了一次文献评述，请哈佛大学的营养学教授，同时也是糖研究基金会的冠心病初步研究项目主任马克·赫格斯特（Mark Hegsted）执笔撰写。赫格斯特照办了，成文发表于《新英格兰医学杂志》（New England Journal of Medicine）。

该评述得出的结论是，胆固醇和饱和脂肪才是心脏病的唯一诱因："事实上，从整体上降低循环脂质水平，就能降低患动脉粥样硬化这一血管疾病的风险。"用复合碳水化合物代替糖没有实际意义。

换句话说：不要担心糖，脂肪才是罪魁祸首。

这项研究背后的金主正是糖研究基金会，但这篇评论并没有坦陈这一点。虽然表面看起来有理有据，但这篇文章骨子里的谬误、偏狭与非科学性是毋庸置疑的。这并不是医学杂志上出现的第一个骗局，也不会是最后一个，但它非常奏效；尽管实际科学表明，高剂量的糖和饱和脂肪都会导致健康问题，但制糖业成功地将饱和脂肪描述成先天性心脏病（CHD）的主要（如果不是唯一）元凶。糖在先天性心脏病中的作用被轻描淡写，甚至被彻底忽视。后果还不限于此：由于饱和脂肪被认定为罪魁祸首，其他经过高度加工、与糖同样或几乎同样有害的碳水化合物也逃脱了追究。

盐也没有逃过我们的视线。像糖一样，盐几乎可以让任何食物变得更可口，我们对盐的渴求是刻在骨子里的。然而，与糖不同，钠元素是一种人体必需的营养物质，它与氯一起合成我们所知的食盐。我们自己既造不出，也离不开。（但我们并不需要饮食中的糖。我们的身体能够也确实在将碳水化合物甚至其他营养物质转化为我们可吸收的糖。）

盐曾经不易获取，价格也极昂贵。[你可能在高中就学过，盐（salt）与薪水（salary）有相同的拉丁词根。]即使是现在，仍有许多人患低钠血症，尽管它通常是由一些其他情况造成的，如耐力运动员饮水过量，或者是药物的副作用。如果饮食得当，一个健康的人几乎不可能患上这种病。

但是，经过工业化开采，盐变得廉价易得，开始与糖一起被大量添加到几乎所有的加工食品中。大多数公共健康专家都认为，这对人体百害而无一利。在盐的作用下，以往健康的人可能罹患高血压，而以往本就有高血压的人，病情则会进一步恶化。（大约

4 500年前，中国人就意识到"多食咸，则脉凝泣而变色"[①]。）一般来讲，要想降血压，就得少吃盐。

20世纪70年代以来，快餐和垃圾食品成了餐桌上的主角，而美国人的钠摄入量已从刚刚超过推荐值的水平稳稳地翻了一番，高血压发病率也相应上升。然而这并非由于我们在餐桌上更频繁地用盐调味。我们摄入的钠中，有四分之三都来自过度加工的食品，其中还包括餐馆提供的食物。正是那些想要多卖食物的老板们在向我们身体里灌盐。

尽管如此，盐并非毒药，糖也不是。

天然糖类无处不在。母乳中有乳糖，所有水果和大多数蔬菜中都有果糖，而各种各样的食物都会被转化成葡萄糖，参与血液循环，流动到全身各处。

糖本身没有问题，问题在于摄取量。在我们的饮食中，糖并不是必需品，偶尔吃一点可能还无伤大雅，要是大量摄入往往就大事不妙了。糖的形式也很重要。当它以果糖的形式出现在水果中时，往往与纤维结合在一起，后者能降低吸收速率，因此并无大碍。但在可乐中，糖分一拥而上，直接进入血液。人体对这两种形式的糖会做出不同的反应。

尤德金首先阐释了这一点，因此他的工作重新得到了认可，于2012年再版了专著《纯净·洁白·致命》。他的基本论点是，糖经过肝脏处理，首先转化为糖原，一种能量存储物。在糖原水平达到上限的时候，进一步摄入的糖会转化成脂肪。这一点现已被广泛接受并引发了普遍关注。

我们在此真正要探讨的是简单碳水化合物与复合碳水化合物之间的区别，这一点常常被忽视、误解或完全略过。简单碳水化合物食物包括牛奶、果汁、蔗糖、糖浆；精制碳水化合物食物包括

[①] 摘自《黄帝内经·素问·五脏生成篇》。——译者注

白面粉和其他高度加工的谷物（如精白米、面包、饼干、蛋糕等）；复合碳水化合物食物包括土豆、芋头、豆类和全谷物。

简单或精制碳水化合物会导致血糖飙升，刺激身体立即释放大量胰岛素。一旦血液中出现适量的葡萄糖（无须太多），胰岛素就会先将这些糖转化为糖原储存并在糖原水平到达一定阈值后，将其转化为脂肪。

但储存脂肪的问题只是一个开端。一方面，我们的身体越是经常使用胰岛素将糖转化成糖原，就需要越多的胰岛素来完成这项工作。这一需求不断增长，就形成了胰岛素抵抗，虽然不一定致人肥胖，但极易诱发糖尿病和肝脏疾病。

另一方面，复合碳水化合物消化起来较慢，对胰腺（人体内的胰岛素监测器）很友好，能提供必要的营养物质并使人在更长时间内保持饱腹感。事情正在水落石出：加工食品中的精制碳水将我们置于心脏病和糖尿病的风险之中，而由全谷物、水果组成的高纤维饮食在绝大多数情况下都可以预防甚至逆转这些疾病。

正因如此，当人们说自己正在限制碳水化合物摄入的时候，他们指的（或至少应该指的）其实是限制精制碳水化合物。正如大卫·卡茨（David Katz）博士在《食物的真相》（*The Truth About Food*）中写道的："要是有人因为胡萝卜或西瓜吃多了而患上肥胖症或糖尿病，我就放弃科研事业去跳草裙舞！"

在改变饮食这件事上，困难对所有人一视同仁。早在乳臭未干的孩提时代，我们的饮食偏好就已成形且根深蒂固，想要戒除，难度堪比戒毒，或许还要更难。部分原因是过度加工食品本身就被设计得尽可能让人上瘾，这一论述最早见于大卫·凯斯勒（David Kessler）的《暴食的终结》（*The End of Overeating*）以及迈克尔·莫斯（Michael Moss）的《盐·糖·脂肪：食品巨头如何诱惑我们》（*Salt Sugar Fat: How the Food Giants Hooked Us*）。凯斯勒曾在老布什和克林顿政府中担任食品及药物管理局（FDA）局长，品行正直，无可挑剔。莫斯是我在《纽约时报》的前同事，凭出色的工作获得了普利策奖。

根据美国农业部估计，在1950年以来的半个世纪里，美国生产的食物严重过剩，所提供的热量让每个美国人每天增摄700卡路里。而另据报道称，美国人饮食所含的热量日均增加了200卡路里，所以真实数据可能为200—700卡路里。不管怎么说，生产过剩为过度消费创造了机会，而市场营销使之成为现实。

过度加工食物主要是精制碳水，比如被萃取掉营养成分、以20世纪以前的人想象不到的方式处理过的谷物。正是这些超精制的碳水，再加上盐和脂肪，几乎让20世纪下半叶的每一个美国人都大饱口福，体会到高热量、高满足感的快乐。这些食物是在实验室中创造的，经过了严密科学的设计（不只是一个抽象的形容，而是真实的写照），让人无法抗拒。

食品工业就此变成了垃圾食品工业。我们摄入的卡路里有6成都来自过度加工的食品。各式各样的加工食品，如汤羹、碳酸饮料、饼干、比萨饼、糕点、面包、薯片、酸奶、炸鸡柳以及成千上万种其他设计得极尽诱人的食物，都添加了糖、盐和脂肪。

在20世纪的最后25年，人们通过吃零食摄取的卡路里翻了一番，通过晚餐的摄取量却减少了三分之一。人们在家做饭的频率也降低了，有一半的食物都是在外面吃的，甚至在家吃的也都是高度加工过的食物。这导致在1970—2000年，人均体重增加了近20磅。

正如凯斯勒所写的，食品公司努力制造"能量密度大、刺激性强、美味适口的食物。他们将这种食物摆满了大街小巷的橱窗，人们随时随地，想吃就能吃到。他们创造了一场食品的狂欢，而我们所有人都置身其中"。

食品工程师让人们沦为算法的对象并试图找到莫斯所说的满

足点（bliss point），即精确校准的甜度、味道、丰富度的最佳交汇点，也即最有可能让人飘飘欲仙的糖、盐、脂肪与"调味品"的组合。这个满足点并不是随机的，而是通过一系列试验与测量确定下来的，其中包括收集核磁共振（MRI）数据，以确定人类对不同食品原料组合的反应。

即使在今天，受试者仍被要求品尝花样繁多的食品样品，而工程师则收集与分析神经系统的反应。然后，研发人员利用这些数据来调配原料，一旦找出最能引起人食欲的组合方式，就会立刻利用另一组数据来测定哪类人会对它最上瘾。这真是市场营销和硬科学的"完美联姻"。

一般来说，垃圾食品（特别是糖）大行其道的方式和烟草几乎如出一辙。食品公司和烟草公司都瞄准年轻人大肆进行广告营销，都力图阻碍关于其产品对人类健康影响的研究，都尽可能谎报或隐瞒此类研究的结果，都在推卸毒害了整个人类的罪责，反而强调每个人自己的健康应由自己负责，也都阻止或干扰政府制定补救性的政策。

爱德华·伯内斯（"金吉达香蕉小姐"这一广告形象的幕后策划）也许因其 1929 年组织的自由之炬（Torches of Freedom）运动而最为人知，该运动旨在为女性吸烟去污名化。他的运作策略与思想遗产以"策划认同"为核心，寻求改变文化以适应产品，而非反之。例如，通用磨坊公司（General Mills）利用贝蒂·克罗克这一形象推广自己品牌的加工食品："想要为家人带来更多营养的父母，都会选择我们的产品。"

当人们在科学上达成了共识，无论是烟草公司还是垃圾食品公司，都面临相同的窘境，而它们的套路也一模一样，假惺惺地对人们加以关心，在广告中宣称："我们相信我们的产品不会损害健康。我们一贯并将继续与相关人士密切合作，以保障公众健康为己任。"

与此同时，他们故意制造争议，用"我们对此并不知情"等混淆视听的说法在公共对话中制造疑虑，就好像有人能在做决定的时候就知晓一切似的。他们为误导性和还原主义的科学研究提供资助，目的是在行业内反驳异己，且这些反驳在外行人眼里是科学且有据的。糖研究基金会曾资助"科学研究"以掩盖糖的致病作用；同样，即使可乐的致龋性铁证如山，可口可乐公司也曾付钱给哈佛大学的营养学系主任，让其帮自己"翻案"。

　　糖的成瘾性与咖啡因或尼古丁的成瘾性可能并不完全相同，但吃糖会刺激多巴胺分泌，这与可卡因、尼古丁和酒精所引发的奖励确认神经递质（reward-confirming neurotransmitter）是一样的。我们喜欢糖，因为它能让其他食物更加味美，但它的功用还不止于此：许多人把糖作为酒精的替代品（禁酒令期间糖果的销售量猛增）。任何曾经试图彻底戒掉吃糖的人都知道，这不仅仅是个坏习惯或"个人喜好"的问题，而且糖的成瘾性是显而易见的。

　　实验室测试表明，动物可以对糖上瘾，所以相信人类也会对糖上瘾并不为过。此外，旧金山的一位医学博士，同时也是《发胖机会》（Fat Chance）一书的作者罗伯特·卢斯蒂格（Robert Lustig）认为，"多巴胺也会降低其自身受体（产生奖励信号）的调节作用。这意味着下一次你需要更多的糖来产生更多的多巴胺，却只能产生更少的奖励，以此类推，直到你消耗了大量的糖却几乎接收不到任何奖励信号。这就是耐受性——成瘾的一个标志"。

　　即使是无热量的甜味剂也会让我们胃口大开，从而吃得更多，最终导致发胖。大卫·卡兹博士（Dr. David Katz）生动地描绘了这一现象：我们从嗜甜如命变得嗜吃如命。糖还连带着助长了营养学上的其他恶习：9成美国人（连我本人在内）每天都在摄入咖啡因，摄入食物既有碳酸饮料、冰茶、各种"运动"和能量饮料等含糖饮料，也有咖啡这一日渐重磅的脂肪与糖类炸弹，甚至连一些瓶装水中都添加了咖啡因和甜味剂。

是否所有垃圾食品都会让人生理性上瘾？这并不重要，重要的是它们无处不在，而且我们不断被催促着去食用它们；重要的是虽然它对我们身体有害，但实际上吃起来的确让人愉悦；重要的是一旦养成习惯，就很难戒除了。这一点毋庸置疑，也至关重要。随着过度加工食品的制造成本越来越低，食品企业剩下最大的开销就是营销、广告与销售；而这些环节不可避免地走向技术化，只追求利润而罔顾道德，就算把自己的产品包装得老少咸宜，主要瞄准的还是儿童市场。

人的食物偏好早在母体子宫内就开始形成了。有些母亲自身饮食较为多样化，习惯母乳喂养并用正常食物给孩子戒奶；有些母亲则习惯标准的西方饮食，用配方奶替代母乳，孩子断奶后只吃婴儿食品。二者喂养出的孩子会有迥然各异的饮食习惯，然而，在 20 世纪，我们开始被食品营销人员牵着鼻子走，购买他们指定的、利润率最高的食品给孩子吃。要是母乳和配方奶粉一样有利可图，他们还会鼓动所有母亲都母乳喂养。

于情于理，人们的确需要母乳的替代品。总有一小部分妇女因为种种原因不能进行母乳喂养。传统的解决方案要么是雇一位乳母（代哺乳者，传统上是一位家庭内部成员，或一位雇工、仆人或奴隶），要么是用浸泡在水或牛奶中的面包或麦片混合物代替母乳。19 世纪，家庭仆人普遍减少，乳母也变得越来越稀缺，因此玻璃奶瓶和橡胶奶嘴应运而生。

我们的老朋友李比希是植物营养学的泰斗，他用牛奶、碳酸氢钾以及小麦和麦芽粉制成了一种混合物，并以此获得了第一个商用配方奶粉的专利。几乎与此同时，瑞士药剂师亨利·内斯莱（Henry Nestlé）发明了一种由脆饼干（经两次烘烤的面包，与意大利脆饼类似）和甜炼乳制成的配方奶粉，它不会像纯牛奶那样引起婴儿的诸多消化问题。因此，人们逐渐开始广泛试验，创造新配方奶粉以代替母乳。

出于许多原因，母乳喂养就像呼吸一样，自然而然，不可或缺。然而，按照李比希的说法，母乳和其他食物一样，只不过是碳水化合物、蛋白质与脂肪的组合，因此很容易在"配方"中复制。哺乳作为一项生理功能，比人类更加古老，如今却沦为了一个营销机会：人们推销牛奶，竟然认为其营养价值要高于人类母乳——殊不知后者才是专门为哺育人类婴儿所生产的！

过去，只要有母亲存在，母乳喂养就会代代相传。但那些日子已一去不返了，配方奶粉及其营销手段都在迅速发展迭代：奶粉中加入了各式各样的脂肪与糖以及钙和维生素等营养物质，所有这些改进都是为了模仿母乳。与此同时，母亲们不再听取助产士的意见，而是越来越多地从广告和（男性）医生那里接受关于婴儿护理方面的"教育"。这些医生既无知又淡漠，迂腐守旧，贬抑女性，再加上奶粉公司的劝诱，他们几乎完全忽视了母乳喂养，一心鼓吹其"现代"的替代品。越来越多的新手妈妈放弃了母乳这一最重要也是最天然的营养品，转而采用配方奶粉这一人造食物。

然而，母乳并不能通过任何"配方"复制，因为孩子的需求是通过唾液和其他渠道向母体"汇报"的，母乳也从而因每一位母亲、每一个婴孩，甚至每一次哺乳而异。目前我们尚不清楚配方奶粉如何或在多大程度上为孩子们日后的食物偏好埋下伏笔，但既然许多配方奶粉含有添加的糖分，可以想象，它的影响中必然有消极的一面。

进入 20 世纪，许多人刚一出生就在营养健康方面输在了起跑线上。母乳中含量第三高的物质是一种低聚糖。婴儿并不直接消化它；相反，它能滋生一种叫作婴儿双歧杆菌（Bifidobacterium infantis）的细菌，其通过阴道分娩传播，并最终被抗生素消灭。现在人们认为美国大多数婴儿都不再携带该细菌了。

婴儿双歧杆菌在安排我们的新陈代谢运作程式中至关重要。如果能保持该菌群健康，那么我们就不易超重、过敏或患 I 型糖尿病。但是大多数人没能做到这一点，因此他们容易患上多种自身免疫性疾病、结肠癌与直肠癌、过敏、哮喘、I 型糖尿病和湿疹。随着母乳喂养的减少，所有这些疾病的发病率都在上升。

此外还有许多其他有据可查的理由支持母乳喂养。一个名为救助儿童会（Save the Children）的国际人道主义组织总结称，母乳喂养"是预防 5 岁以下儿童夭亡的唯一最有效干预措施"。对大多数母亲来说，亲自哺乳实际上更方便，更卫生；当然，成本也更低。

然而，配方奶粉制造商接管了全世界年轻妇女的教育和护理事项，往产房里堆满奶粉的冲配用具、优惠券和样品。配方奶粉的代言人装扮成护士，劝诱妇女抛弃自然的哺乳方式，而医生也被收买，成了配方奶粉的推销商。

营销活动的对象也直接找到了焦虑的妈妈。雀巢公司（Nestlé）提醒新手妈妈，"在雀巢食品的帮助下，数以百万计的婴儿轻松自然地长出了牙齿"。同样，三花公司（Carnation，在雀巢旗下）也向妇女保证，"几代人以来，著名婴儿学家始终推荐三花奶粉，美国一流医院都在使用我们的产品"。

到了 20 世纪 50 年代，半数以上的美国婴儿都在吃配方奶粉，但在许多配方奶粉的配料表中，糖或类似成分赫然在列，而且往往是主要成分。

配方奶粉的营销并不局限于美国国内，而是胁迫并操纵了全世界的可怜母亲，这堪称自殖民时代以来私营公司犯下的最严重罪行之一。配方奶粉走向世界，拉低人们的营养水平，给国民经济带来干扰，尤其是在发展中国家，人们发现喂食奶粉与婴儿夭折之间有直接的联系。因此，对配方奶粉的抵制随之而来。

20 世纪 70 年代，雀巢公司被迫与一群美国活动家发起的国际抵制行动作斗争，这些活动家被称为婴儿配方奶粉行动联盟（INFACT）。《财富》（Fortune）杂志发表了一篇文章，将该联盟的成员贴上了"打着基督旗号的马克思主义者"的标签。该文是一个右翼智库委托撰写并广为刊发的，而雀巢公司是该智库的一个极为大方的背后金主。该公司成功阻止了"雀巢公司杀死婴儿"口号的流传，但在此之前，INFACT 已经得到了全世界的关注。到了 1981 年，世界卫生组织已尝试建立起初步的婴儿奶粉管理规程。

世卫组织拿出的解决方案是《母乳代用品国际销售守则》（the International Code of Marketing of Breast-Milk Substitutes），也被称为《守则》（the Code），由一系列国际公认的销售建议组成，其中之一是所有配方奶粉在销售时都"应该"（注意并不是"必须"）提供有关"母乳喂养的好处及优越性"的信息、有关护理的指导性信息以及使用配方奶粉的不利之处。

值得注意的是，美国是唯一不接受该准则的国家。该准则如被纳入国际法，将能够有效打击不负责任的营销活动，但由于它只是一系列不痛不痒的建议，可以预见到，国际社会将继续对其视而不见，这种局面或在政府机构只提"建议"而不强制执行的情况下已司空见惯，就好比《巴黎协定》（the Paris Agreement）也没有对缓解气候危机起到什么实质性作用。生产商继续在医院分发免费的配方奶粉样品，用非销售国当地的语言来标注自己的产品以蒙骗大众，买通卫生专家为自己的产品背书并在广告中推荐与《守则》内容相悖的产品。救助儿童会估计，全世界每天就有近 4 000 名儿童死于违背《守则》的营销行为，而这本不该发生。

即使婴儿不再吃配方奶粉，这个问题仍未结束。直到 20 世纪，孩子们都是从哺乳期逐渐过渡到和父母同餐共食。但这一时期，商业化的"婴儿食品"问世了，这又是一种新颖的、过度加工的食品形式，父母们开始让孩子食用瓶装出售的食物泥混合物，其中往往添加了甜味剂。正如克莉丝汀·劳利斯（Kristin Lawless）在《食物的本初——工业化食品系统正如何改变我们的思维、身体与文化》（*Formerly Known as Food: How the Industrial Food System Is Changing Our Minds, Bodies and Culture*）中指出的那样，即使"从未有先例或科学依据"支持我们相信儿童偏爱"清淡的白色加工食品"，"我们也从未停下来想想为什么孩子们会挑食"。

当孩子们的饮食从配方奶粉过渡到婴儿食品，从一种过度加工食品过渡到另一种时，他们已经落入了终身保持高糖分饮食的圈套。盒装的早餐麦片率先登场，很快专为儿童设计的全新的含糖食品帝国也接踵而来。但是，这一过程并不一帆风顺。

在尤德金之后，大多数科学机构都在糖的问题上缄口不言，但有几位异见者打破了这份沉默。一位是心脏病专家罗伯特·阿特金斯（Robert Atkins），他在 1972 年开始推广阿特金斯饮食法（Atkins Diet），极低的碳水摄入饮食中的第一款。这种饮食法唯一合理的地方就是它声称的避免食用垃圾食品。[几乎每种食物都含有碳水化合物、蛋白质与脂肪。当人们谈论减少"碳水"时，他们通常指的是过度加工的谷物，而不是天然的食物。将沃登面包（Wonder Bread）等同于小麦、浆果和土豆不是愚蠢无知，就是在故意误导。]

阿特金斯相信糖会诱发慢性疾病。罗伯特·乔特（Robert Choate）亦是如此，他曾对早餐麦片口诛笔伐、大加鞭挞，颇有现代消费者权益之父拉尔夫·纳德（Ralph Nader）的风采。如今流行的大多数旧石器饮食法（Paleo diet）和酮基饮食法（keto diet）都以阿特金斯饮食法为原型，阿特金斯也因此家喻户晓，而极少有人还记得乔特的存在。

可乔特也曾语惊四座。他将自己形容为一个"针对公民的游说家"，认为增加了甜味剂的麦片除了空有热量外，什么营养都没有，只是在敲消费者竹杠。他在国会证词中称，市面上很多流行的谷类产品没有任何营养价值，并引用了威斯康星大学的一项研究，该研究发现，老鼠从混有牛奶、糖和葡萄干的碎纸盒中获得的营养，比从市面上大约一半的畅销麦片中获得的都要多。该研究发现，许多麦片"很少或几乎不能"促进身体生长，"即使可以补充维生素和矿物质，也维持不了生命活动"。

乔特1970年的这份证词中包括一张图表。该图表显示，市面上最畅销的60款早餐谷物产品中，有40款的营养成分都低得可怜。随后乔特被告知，这些谷物是用牛奶冲泡着吃的，他没有考虑牛奶的营养。乔特照做了，继续进行检验，并在1972年重回参议院作证。检验结果并没有什么变化。

由于产品销量开始下滑，通用食品（General Food）被迫采取措施，除了开始往麦片里添加维生素外，就是简单粗暴地展开舆论攻势，声称"孩子们不会吃他们不喜欢的东西"，这句口号一直喊到了现在。多年来，苹果杰克公司（Apple Jacks）的宣传语就没变过——通过一个孩子的嘴说出："不喜欢的东西，我们坚决不吃！"不过，事实并非如此。我们往往会学着喜欢上自己常吃的食物。乔特批评这句广告词是一次针对儿童进行的营销，"与营养学教育的初衷背道而驰"。他将广告商形容为强买强卖的推销者，并把这场营销形容为成年人和尚在发育的孩子间的一场战争。

和爱德华·伯内斯一样，广告学大师李奥·贝纳（Leo Burnett）也意识到成功的市场营销就是要在消费者心里种下欲望的种子。绿巨人（the Green Giant）、老虎托尼（Tony the Tiger）和万宝路牛仔（Marlboro Man）等广告形象都是贝纳一手打造的，几乎和圣诞老人一样家喻户晓。

在广告中创造新的虚拟形象，包装成"新朋友"推销给小孩子，简直易如反掌。当时孩子们每周待在电视机前的时间几乎和坐在教室里一样多，都在25个小时左右。学龄前儿童看电视的时间还要更长，而如果把一切电子屏幕都算在内，现在所有孩子的这一时长恐怕都要高得让人大跌眼镜。

此外，对儿童做广告成本低廉。1972年，在周六早间段做30秒广告只需要4 000美元。乔特报告称，凯洛格、通用磨坊和通用食品这几家食品公司的电视广告预算都高达 4 200 万美元，几乎和通用汽车公司（GM）给汽车打广告的预算一样高。结果就是，很多孩子一年要看高达两万条商业广告。1977—1978 年，公共利益科学中心（CSPI）、消费者联盟（Consumers Union）和儿童电视行动组织向联邦贸易委员会（FTC）请愿，要求控制针对儿童的市场营销。联邦贸易委员会开始关注这一问题，并计划制定针对儿童电视广告的新规范。

该机构的副主任特雷西·韦斯特恩（Tracy Westen）展现了非凡的社会责任感。在他的领导下，联邦贸易委员会最终提议禁止向 8 岁以下的儿童投放广告，并收集了专家的证词，认为针对儿童的广告具有欺诈性且儿童心智尚不成熟，极易上钩。一位心理学家令人警醒地描述了一个小孩子可能看到的广告："嗨，我是老虎托尼，我喜欢你。我是你的朋友，我希望你吃糖霜麦片（Sugar Frosted Flakes，一种早餐麦片），因为我希望你长大后能像我一样高大强壮。"

与此同时，反对派筹集了 3 000 万美元——超过联邦贸易委员会全部预算的一半——来对抗这场运动，并指责该机构越权。大糖公司（Big Sugar）是这场斗争的领导者，它通过众议院拨款小组委员会推动了一项修正案，使联邦贸易委员会陷入瘫痪。众议院减少了限定条件，规定广告必须被证明是"虚假和欺骗性的"，才能被禁止，而不是只要其看起来"不恰当"就会被禁。

在大糖公司一番运作之下，《华盛顿邮报》将联邦贸易委员会称为国家保姆（National Nanny）。致命一击出现在 1981 年：里根任命的联邦贸易委员会主席帮助国会通过了一条限制该委员会权力的法案，该法案曾被他的前任形容为"从立法层面切除了国家贸易的前额叶"。事情就这样尘埃落定了。联邦贸易委员会元气大伤，就此再也没能重新站起来。

当然，对儿童的营销已经远远超出了早餐麦片的范围。最著名的例子可能是麦当劳的儿童餐（Happy Meal）①。雷·克罗克（Ray Kroc）曾说过，如果要开一家麦当劳新店，选址前首先要在社区上空飞一圈，看看学校在哪儿。但是，在每一个针对儿童的宣传媒介中，我们都能感受到食品巨头的存在，它们赞助了全美国几乎所有的学校，无论是运动队、印刷物，还是"教育"项目，几乎无孔不入。即使没有打出完整的广告，这些公司也会把商标贴得到处都是。

孩子们长大后可能会觉得老虎托尼和麦当劳叔叔的形象滑稽可笑，但当时，这些满面春风的吉祥物对他们的确很奏效。营销人员发现，在它们的帮助下，高糖食品逐渐进入了孩子们的早餐。很多时候，一人份麦片所含的糖分比几块曲奇或一个软夹心奶油蛋糕（Twinkie）还要多。食品公司有能力研发出提供最极致味觉满足的食物，播放吸引儿童的广告，引诱儿童（在很大程度上也包括成年人）胡吃海塞，然后目送货架上的垃圾食品迅速飞入千家万户。

现代营养学的最大挑战之一，就是对抗这种商业机制。如果配方奶粉这种劣质且通常有害的产品可以合法地标榜成"医生推荐产品"被大肆售卖，那么食品安全的底线在哪里？如果品牌商坚持认为购买加糖麦片纯粹只是消费者的个人"选择"，同时又通过媒体广告给孩子们洗脑，迫使孩子们不得不选择这些有害食品，那么我们该如何建立一个健康的社会？而且，我们将意识到，既然我们已经连续三四代都生活在一个毒害我们的食品系统里，那么比起"教育"父母们如何正确饮食，我们更应该做的是从根本上拨乱反正，让食品系统重回正轨。

---

① 麦当劳儿童餐（Happy Meal）是麦当劳餐厅于 1979 年 6 月在美国首次推出的套餐，通常随餐附赠一款玩具，主要针对儿童群体。

第十二章　所谓的"绿色革命"

"绿色革命"指的是通过引入一种特定的农业系统，缓解粮食紧缺，增加国民（尤其是农民）收入，常常被吹捧为美国送给发展中国家的一份厚礼。但正如我们所见，对大多数美国人来说，工业化农业弊大于利，它在全球的普遍推广带来的后果更是一言难尽。

按世界各地大多数农民自己的说法，他们只是想掌握自己所耕种土地的所有权，这么说并无贬义。可不论过去还是现在，土地都很少进行重新分配，即使在某些时候，西方国家政府认为这一做法可取，制定实际政策时也会受阻。他们缺乏公认的民主机制来保障土地从富有的地主手中转移给农民，更何况即使有这样一个"公认的民主机制"，很大程度上也是由富裕地主来决定其如何运作。

反常又荒诞的是，在道格拉斯·麦克阿瑟（Douglas MacArthur）将军的领导下，"二战"后驻日美军设计并执行了一个为期7年的土地规划，以确保土地归其耕种者所有。

这背后的原因没那么简单。几个世纪以来，农民一直被盘剥压迫，如今，有人主张耕者有其田，支持他们养家糊口，他们自然喜闻乐见。实际上，这一主张如今成为一项人权，通常被称为粮食主权（food sovereignty），正逐渐被广泛接受。

没有人能否认，美国的农业系统确实堪称人类才智创造的现代奇迹。它不仅带来了巨额的财富，也使粮食盈余达到了空前的水准。

在殖民时代，发展中国家的粮食生产自主权惨遭破坏，现在亟须重建，于是迫切向外界求援。而美国仍在极力向发展中国家兜售机器、化学制品和粮食种子，有时提供优惠，有时则原价出售。

1968年，美国国际发展署署长威廉·高德（William Gaud）为美国主导的这种工业化农业模式的推广创造了一个新名称："农业领域的诸多发展酝酿着一场新的革命。它不是苏联那样的红色革命，也不是伊朗国王发起的白色革命 ①。我称它为绿色革命"。

绿色革命真的是一项技术奇迹吗？沿着这条"革命之路"，世界范围内的饥饿问题真能终结吗？真能在解放贫农的同时提高粮食产量吗？真能确保战后的美国欣欣向荣、人人富足吗？真正的答案恐怕不是绿色革命的支持者想让你相信的那样。

绿色革命开始于20世纪40年代，那时它还未被冠上此名。当时，杂交种子先驱亨利·华莱士、洛克菲勒基金会（Rockefeller Foundation）和墨西哥政府合作制定了墨西哥农业计划（Mexican Agricultural Program）。年轻的美国农学家诺曼·布劳格（Norman Borlaug）也投身其中。他基本上没有选用传统作物，而是开发并引进了高产的杂交种子、化学肥料和杀虫剂，力图大规模生产经

---

① 指伊朗国王末代国王穆罕默德·礼萨·巴列维（Mohammad Reza Pahlavi）在1963年发起的社会经济领域改革。其中最重要的是土地改革项目，该项目使伊朗传统的地主失去了影响力与权力，近90%的伊朗佃农因此拥有了自己的土地。——译者注

济作物，销往全球市场。

看一看实施该战略以来的一组统计数字，就知道绿色革命确实堪称奇迹。总体而言，从 20 世纪 60 年代初到 80 年代末，发展中国家的粮食产量翻了一番，有时甚至更多，增长速度比其人口增速还快。墨西哥从小麦进口国变成了出口国；印度尼西亚的水稻产量猛增，增幅近 300%；拉丁美洲的玉米产量也增加了三分之一。

到 20 世纪 90 年代，亚洲接近 75% 的水稻以及非洲、拉丁美洲和亚洲一半的小麦都是新杂交品种。据报道，绿色革命使亚洲的粮食供应量在短短 25 年内翻了一番，大大超过了人口增长的速度；到 2000 年，世界人均粮食供应量与 1961 年相比增长了 20%。1970—1990 年，饥饿人数减少了 16%。此外，全球水稻、玉米和马铃薯的产量翻了一番，小麦的产量翻了两番，这些数据被绿色革命的支持者反复引据。

绿色革命看起来大获成功，因此其代表人物布劳格获得了 1970 年的诺贝尔和平奖。他说："对数百万不幸长期生活在绝望中的人来说，绿色革命似乎是一个奇迹，为未来带来了新的希望。"

然而，绿色革命并没有终结饥饿。甚至从新闻标题上，我们能发现主流评论界也在转变风向。《华尔街日报》（*Wall Street Journal*）刊文"补贴金适得其反，印度绿色革命'命'悬一线"；美国国家公共电台（NPR）称，"印度的农业'革命'正土崩瓦解"；《美国新闻与世界报道》（*U.S. News and World Report*）也打出了"绿色革命的恶果"这样的标题。

究其原因，是粮食产量增加并不一定会提升生活质量。一方面，向市场上输送更多的食物并不意味着饥饿人口会减少；另一方面，农业逐渐转变成由化工、资本与债务主导，这势必带来不可估量的损害。

真相是，绿色革命的初衷绝不是"养活全世界"。这个口号自始至终都只是一句带导向性的公关口号。它实则是一道幌子，为美国向外销售农业机械、化工产品和种子打掩护，销售对象主要是资本雄厚、有能力购买土地和设备的农民或投资者。

事实上，全球粮食增产是由一系列因素共同导致的。人类学家格伦·戴维斯·斯通（Glenn Davis Stone）2019年在《地理学报》（*The Geographical Journal*）上发表的一篇文章总结得恰到好处："麦田的胜利（指小麦增产）享负盛名，这源于财政激励、科学灌溉和雨季回归，但它们是以牺牲更重要的粮食作物为代价的。从长期看，粮食总产量和人均粮食产量的增长趋势没变，若排除推行绿色革命的年份，粮食增速其实是在放缓。"

例如，人们习惯于将印度粮食增产归功于绿色革命，但印度在开始种植美国"奇迹般的"小麦和水稻品种之前，已经遭受了数年干旱，所以增产前的基数被压低了。而且，不仅这些新作物的产量有所上升，大麦和鹰嘴豆等传统作物的产量也同样在增加。一些不属于绿色革命的作物，如烟草、黄麻、棉花和茶叶，在1967—1970年间也增产了。事实上，从长期看，没有新种子或新技术的印度粮食产量也一直在稳步增长；即使新种子和新技术真的奏效，效果也不甚明显。小麦虽然增产，但它经常抢占豆科作物的种植面积，对土壤和饮食都有害无益；水稻虽然增产，多养活了许多人，但它的增长率实际上在走下坡路。

无论对大多数墨西哥农民还是对传统饮食者来说，小麦增产都算不得一件好事，因为用于种植小麦的土地是从自耕农手中夺来的，许多人就此无法再吃到玉米、南瓜和豆类，而这些才是他们的传统食物。

另外，粮食增产与其说靠的是科学奇迹，不如说是靠大规模的价格补贴。帕特尔指出，"在菲律宾，针对大米的价格支持提升了50%。在墨西哥，政府以高于国际市场33%的价格购买国内种植的小麦。印度和巴基斯坦政府更是以国际市场两倍的价格收购本国小麦"。

英国科学家、洛克菲勒基金会前主席戈登·康威（Gordon Conway）阐述称："到20世纪80年代中期，国际市场上的农药价格补贴占了68%，化肥补贴达到40%，农业用水的补贴占了近90%。"历史学家卡皮尔·萨勃拉曼尼亚（Kapil Subramanian）给出了一个颇具说服力的理由，即印度水稻增产的重要原因是政府对农村私人水井建设进行了大幅投资，与新种子没什么关系。

自20世纪60年代以来，全世界范围内饥饿人口的比例无疑都有所下降，但中国的成绩格外亮眼。中国根本没有受到绿色革命的影响，而是进行了更合理的土地改革、向农民分发自主研制的杂交种子、投资灌溉设施、提供更高的价格补贴并直接交到农民手里。这些举措在中国掀起了一场内部的农业革命，几乎或完全没有西方的功劳。

中国允许以家庭为单位自主生产粮食并在受政府监督的市场上出售，同时其社会政策保障了粮食安全和本地生产。其目的不仅在于增加粮食产量，而且在于减少贫困、增进人民福祉。事实证明，这些措施行之有效。自毛泽东时代之后，中国粮食产量增加了两倍，但更重要的是，中国实现了有史以来全球最大幅度的脱贫。世界银行2016年的统计数据显示，中国农村的贫困人口（即每天生活费不足1美元的人）从1979年的约4.9亿下降到2014年的约8 200万，占总人口的比重从50%下降到略高于6%。

如果中国不算在内，在绿色革命如火如荼的鼎盛阶段，虽然全球粮食产量增加，饥饿人口的数量实际上仍在上升。例如，在南美洲，人均粮食供应量增加了近8%，饥饿人口数量却增加了19%。同样，在南亚，到1990年，人均粮食量增加了9%，同时饥饿人口也增加了9%。绿色革命的成果并没有体现在当地人的餐桌上，而是流入了全球市场。

问题不止于此。即使在中国，农业体制也远非完美无缺，这一问题同样存在：只有在农民买得起农药的情况下，杂交种子才能免受病虫害侵扰、发挥真正的价值。例如，20世纪下半叶，印度使用的农药足足增加了20倍。通俗地说，每年估计有100万人因农药中毒死亡或减寿。

此外，绿色革命式的农业要求更新设备，扩大耕地面积，这都需要贷款。然而大多数农民都不具备借贷资格，这意味着，正如20世纪初的美国，新技术几乎只能惠及较富裕的农民。大多数小农缺乏足够的土地，影响他们参与生产革新，而且资金匮乏，即使主观想要更新设备，客观上也拿不出钱。许多农民借钱引进"现代"技术，最后都破产了。这使得印度和其他地方的农民自杀事件激增。此外，新式农业还最大限度削减了所需的劳动力，把农民赶到了城市，他们中很多人因此失业。

绿色革命的倡导者认为，以农民为导向的地方经济模式已经过时，甚至难以为继。他们傲慢而天真地相信，大自然是为服务人类而存在的，只要善加开发，合理利用，一切关于资源分配不均的问题都可以通过科学手段来解决。

这种观念导致了诸般恶果，但它仍然根深蒂固。农业使用的有毒化学物质污染了土壤、空气、水和其他资源，阻断了数百万人的生路，以无法预料并具有破坏性的方式把人们的饮食引上歧途，而且在解决饥饿的问题上几乎毫无建树。一部分人成为"绿色革命者"或许是理想主义使然，不小心走入了误区。而大多数人则是为了逐利才选择了这条道路。

说白了，种地是穷苦农民的老本行，他们熟稔耕作的要义。世界上绝大多数的食物都是小农生产贡献的，但这些贫农可支配的资源比不种地的富人要少得多。与其耗费精力进行科研、提供政府补贴来刺激农业工业化，不如把工夫花在改善传统农业模式上，帮助农民脱贫，促进公平用地，这将给农业带来更重大的进步，远比绿色革命"我们可以养活世界"的炒作更具实际意义。

如果美国支持的是可持续农业战略，效果会是怎样？答案我们已无从知晓。可持续的战略意味着要开展合理的土地改革，研究支持和改善传统农业的方法。只是相比于工业化农业，这些措施的利润空间太小了，因而从未被重点对待。

绿色革命自称大幅提高了粮食产量，也确实带来了利润。只不过，钱都进了粮商的腰包，当地农民依然是竹篮打水一场空——前者自然会给绿色革命下的农业系统唱赞歌。

到了20世纪70年代，欧洲早已从"二战"中恢复过来，巴西、阿根廷、中国、南非和其他国家的农业工业化进程也已经起步。再加上欧佩克成立、全球汇率波动、跨国大企业实力上升，全球贸易领域越发波谲云诡。最了解贸易局势的是那些通常由私人控股、经历过水平与垂直整合①的公司，如今它们被合称为"ABCD"，包括如下4家：阿彻-丹尼斯-米德兰（Archer Daniel Midland）、邦吉（Bunge）、嘉吉（Cargill）和路易·达孚（Louis Dreyfus）。这四大粮商控制着市场，秘密运作，比世界各国政府更了解商品的货源和价格。这导致了戏剧性的一刻，玛莎·麦克尼尔·汉密尔顿（Martha McNeil Hamilton）将其称为谷物大劫案（the Great Grain Robbery）。

在美国，每年有数亿吨的谷物被磨成粉状，通过加工，销往市场。美国的出口计划确保当贸易商购买美国粮食时，美国农业部会对全球低价和国内高价之间的差额进行补贴。贸易商通过操纵这些补贴，保证了盈利。

因此，美国通过保持其他国家对其粮食的依赖来维持地缘政

---

① 水平整合（horizontal integration）指企业主体并购在产品或服务供应链上与其处于同一层级的其他主体，目的是形成规模效益，提升市场占有率；垂直整合（vertical integration）也称"一条龙"，指企业主体并购或控制在产品或服务供应链上处于其上下游的供应方，旨在创造一个闭环的生产供应链。——译者注

治的稳定。这在很大程度上是通过倾销（dumping）实现的——在世界市场上销售受补贴的低价商品，抑制原产地商品的销售。关税和贸易总协定（GATT）明令禁止倾销行为，但农业领域其实有大把空子可钻，反倾销禁令很少真正落到实处。

1972年夏天，苏联预计其粮食收成将出现短缺，于是瞒着其他国家与美国贸易商签订许多大宗采购合同，采购量达到美国小麦年产量的三分之一，是历史上目前资料可查的最大的一笔粮食交易。这笔交易使美国农业部承担了约3亿美元的出口补贴费用，同时导致国内粮食供应量骤降。美国农业部事先接到了有关这笔交易的通知，本可以调整价格或储备，让农民从交易中分得一杯羹，以减少随后发生的粮食危机的影响，但农业部并未向外界发出预警，随后还撒谎搪塞国会。

到1974年，美国国内小麦储备量已经下降了约三分之二，价格几乎翻了3倍。当然，农民们并没有从中获利，嘉吉公司的利润却在一年内增加了7倍多。

谷物供应减少意味着牛的饲养量减少，牛肉变得相对稀缺和昂贵。这给了时任农业部部长厄尔·巴茨（Earl Butz）一个砍掉保护储备计划①的借口。他下达了一道著名的指示，指导农民"从篱笆到篱笆"种满作物，最大化利用每一寸土地。巴茨认为，这么做能使国家以低价购粮并总能以破纪录的"新高"价格售出，他的大农场主朋友们将借此大赚一笔。巴茨进而对农民喊出"要么做大，要么出局"的口号。短短几年之后，苏联入侵阿富汗，卡特总统切断了对苏联的粮食供应，国内市场再次被过剩的粮

---

① 保护储备计划（Conversation Reverse Program）规定美国农业部按亩向农民支付部分土地的租金，令农民对部分土地进行休耕，以控制粮食产量，维持粮价稳定，保障普通农民的收益。该计划是基于亨利·华莱士的常态粮仓（even-normal granary）构想提出的，通过国家干预性购买并储存粮食来稳定市场价格：生产过剩则储备起来，在短缺时进行出售。厄尔·巴茨在担任农业部长期间，该政策未能阻止国内玉米产量过剩、价格走低。他废除了该计划，提倡提升粮食产量，大规模种植玉米等经济作物并支持粮食出口倾销。下文从"篱笆到篱笆"这一著名口号也诞生自同一背景。——译者注

食淹没，粮价随之暴跌，利率升至 20% 的峰值。个体农民和其他负有新债务的人损失惨重。这进而又导致银行在 20 世纪 80 年代取消了农场抵押品赎回权 ①。这也许是压死家庭农场的最后一根稻草。政府对此也表现得很冷血。在一群来自美国农村的参议员面前，里根总统打趣道："照我看，我们该留下粮食，把农民卖出去。"

幽默的里根差不多是通过削减价格支持、取消反托拉斯政策等方式来确保兑现他的诺言。这些举措极其慷慨，即使是最贪婪的商人也会大吃一惊。随之而来的是一大波兼并和收购；尽管政府还在使用"自由市场"那一套说辞，但企业的力量在显著增长，市场竞争也在减弱。

当代对美国农业和农村社区衰落的描述大多始于此。但是，虽然 20 世纪 80 年代的农场危机确实带来了一段凋敝晦暗的岁月，这一危机本身并不算是偶然。那些个体小农场曾克服过地理和天气因素的不利，也熬过了以拖拉机为代表的生产技术革新，最终却不得不屈服于兼并整合的力量。农场被取消抵押品赎回权，导致大批屠宰场关闭，紧接着是杂货店和五金店关门，而后种子、饲料和设备经销商也相继倒闭。沃尔玛把整个市中心的个体商户都搞垮了，快餐连锁店也占尽了本地的餐馆市场。商业兼并使 100 万农村人口流离失所，曾经繁荣的社区变成了无人区。

伟大的美国小农场试验实际上已宣告失败，而大农场仍有发展空间。但老问题仍然存在：种出来的所有这些农作物（现在主要是玉米）将用在何处？我们已经有了一部分答案：用来生产乙醇和高果糖玉米糖浆，其余大部分则出口他国。

墨西哥是美国剩余农产品的主要出口地之一，部分原因是这

---

① 取消农场抵押品赎回权（farm foreclosure）指农民向银行借贷（用以购买土地、更新设备）时常以农场资产进行抵押，若农民破产、资不抵债，则银行将直接永久性收回农场资产所有权。——译者注

个邻国已经对美国产生了半依赖性，另一部分原因是它可以作为一个试验场，验证一下比较优势（comparative advantage）这个时髦的经济理论。该理论认为，如果两国之间一方可以比另一方更有效地生产某种商品，那么弱势生产者最好放弃生产这种商品，转而通过贸易购入。简而言之，每个国家都应该种植他们最擅长种植的作物，需要其他的物品，进口就是了。

这听起来倒也合乎逻辑，但对农民、普通大众、土壤、碳排放和其他诸多因素来说，这是个可怕的想法，而且已经遭遇了滑铁卢。美墨之间的玉米贸易就是一个鲜明的例子。

墨西哥实施的是惠农政策，例如政府从勉强糊口的个体小农手里收购主要农作物，再低价出售这些粮食。但和巴西、印度等国家类似，墨西哥似乎也面临着一个选择：究竟是该用工业化手段改造农业、尽可能发展生产、消灭农民，把自己打造成一台粮食出口机器，还是该强化小块土地所有者的耕种能力，让他们继续担当国民经济健康发展的顶梁柱？

鉴于国际压力与日俱增、墨西哥政府摇摆不定、贪腐频发，上述选择很可能只是一种幻觉。美国与众多跨国公司、墨西哥精英、世界银行（WB）和国际货币基金组织（IMF）等借贷机构组成了一个松散的联盟，开创了一种新的统治形式，比发动鸦片战争、公然在非洲殖民和推翻中美洲政府等侵略行为要隐晦精妙得多。

在这一背景下，北美自由贸易协定（NAFTA，以下简称《协定》）应运而生。该《协定》旨在通过尽可能多地取消关税和管制措施来创造公平的竞争环境，促进财富的国际流通。

然而，如果一个国家比另一个国家强大 15 倍，就不可能存在公平竞争——1994 年，美国与墨西哥的 GDP 比率正是 15∶1。财富流动确实更自由了，但不是在两国之间来回流动，而是只朝美国单向流动。（加拿大是北美自由贸易区的一部分，但在这种情况下，我们可以把它看作美国的一个经济分区。）

尽管如此,《协定》开始逐步废除墨西哥的贸易保护法律和其他规定。一旦取消这些规定,美国公司在墨投资就会增加,墨西哥的自耕农民就会背井离乡,进入工厂工作。

在此之前,墨西哥的小规模农业几乎不需要使用化学制品,也用不上化石燃料基础设施,生产以玉米、南瓜、豆类和绿色蔬菜为主的营养饮食。在这种生产方式中,农民种植作物、饲养牲畜,磨坊和其他工厂负责加工,形成区域性的小型食品市场,用以供给人们日常所需,不仅运输成本低,而且碳排放少。这些农村社区的非农劳动力则制作小工艺品或者经商。这种生产模式并非万无一失,但至少不会演变成现在这样的灾难。

然而,如果基于绿色革命的模式,用比较优势和自由贸易的视角来看,墨西哥农民确实没有必要再为本国人种植玉米。正如阿莉西娅·加尔维斯(Alyshia Gálvez)2004 年在《吃人的北美自由贸易协定:贸易、食品政策与对墨西哥的破坏》(*Eating NAFTA: Trade, Food Policies and the Destruction of Mexico*)一书中写的那样:"在墨西哥生产一吨玉米需要 17.8 个工作日,而在美国则只需1.2 个工时。"一方面,"高效"的经济体生产最适合其生产的商品,然后需要通过国际贸易满足它们的其他需求;另一方面,美国最适合生产玉米。这样一来,墨西哥就不得不既接受美国的部分剩余产品(如玉米),又要找一种新的商品输入全球市场。由于墨西哥农民现在已经被赶出了本地市场,很快又会失去土地,这种"商品"只能是他们自身的廉价劳动力。

一位墨西哥农民说:"美国把补贴过的玉米运到墨西哥,就该用带长椅的火车把失业的墨西哥农民运回美国。"除去长椅那部分,剩下的都是事实。墨西哥 200 万农民没了工作,失业率上升,移民激增,收入停滞。同时,墨西哥对美国玉米的进口量在《协定》实施后的 20 年里翻了 6 倍,随后又翻了一番。

《协定》实施 25 年后,墨西哥 42% 的食品都需要从美国进口。例如，美国出口到墨西哥的猪肉已经增加了9倍。同时，墨西哥的工业化农场取代了自给自足的小农生产，为北美消费者生产浆果和番茄，他们中大多数人对生产这些产品的人力成本一无所知——工人和儿童遭受虐待；工资被扣留甚至被偷；生活和工作条件普遍恶劣等。此外，人力成本较高的制造业岗位从美国转移到了工资较低的墨西哥，损害了美国工会的利益。

《协定》也把垃圾食品带到了墨西哥，其高果糖玉米糖浆的进口量增加了近900倍，碳酸饮料的消费量几乎翻了一番。墨西哥现在成为世界上第四大人均碳酸饮料消费国。《协定》在墨西哥造成了一系列破坏，摧毁了农民的生计，带来环境问题，造成权力转移（美国称之为"发展"），但健康问题可能受破坏最严重。墨西哥现在是世界上肥胖人口最多的国家，糖尿病是该国致死率最高的疾病之一，而这种病几乎总是由现代西方饮食导致的。

墨西哥的遭遇随后又在全球其他地区多次上演，而且由于经济全球化允许企业横行妄为，不受国界约束，我们很难找到一条变革之路。然而，以美国为首的部分国家即使从全球化经济中占尽了便宜，现在也面临着重重困境：国民健康状况每况愈下（主要由过度饮食导致），社会不平等加剧，环境污染日益严重。

早在绿色革命把化学农药推广到全球之前，环境破坏就已经初露端倪。

农药的历史由来已久，形式多样，用来杀灭昆虫、杂草、真菌和霉菌等任何妨碍目标作物①生长的生物。大约4 500年前，苏美尔人用硫黄杀虫。古代中国人发明了第一种专用杀虫剂——除虫菊。这是一种菊花的衍生物，现在仍作为一种有机杀虫剂使用。

在同一时期，或其后不久，整个亚洲的农民都在用捕食性的益

----

① 指为收获而专门种植的作物。——译者注

虫替代农药。(在西方,人们病急乱投医,采取了一种怪异、可能不太有效的做法,即通过把地蚕和毛虫驱逐出教堂①来防治它们。)最终,像砷和汞这样剧毒的药剂开始流行,而且在20世纪仍例行使用。现在,汞已经不再用作杀虫剂;虽然美国和欧洲基本禁止在农业生产中使用含砷农药,但它们仍在世界其他地区广泛使用。

农民大量使用农药来防治病虫害和疫病原本无可非议、合情合理,但现在已经发展出了一种生物多样性农场(biodiverse farm),该农场可以在不使用有毒农药的前提下实现这一目标。当然,这种无害化的农业管控需要生产者投入更多劳动力、熟悉如何因地制宜种植作物,而且能通过维持物种多样性这一关键举措保证土壤的健康。

相比之下,单一作物种植的运作机制是用农药杀死除目标作物以外的一切,因为如果没有农药,农民根本无法保证玉米大规模健康生长,尤其是考虑到这些玉米已经完全适应了有农药伴生的环境。种植规模越大,需要播撒的农药量就越大。

正如化学肥料与第一次世界大战的化学武器同步发展一样,在第二次世界大战期间,一批旨在除灭昆虫和杂草的新品种农药也开始出现。其中最主要的是二氯二苯三氯乙烷,也就是DDT。

DDT首次合成是在1874年,但随即被搁置一边无人问津,直到1939年人们发现了它绝佳的杀虫效果。不久后恰逢美国参战,于是DDT被装配给美军,运往太平洋战区。在那里,美国士兵和敌军作战的同时,还要与传播疟疾的蚊子作战。

DDT强力、有效、便宜,而且一度被认为对身体近乎无害——它被用在直接与身体接触的除虱粉中,为大片热带地区消灭蚊子和疟疾立下过汗马功劳。到了20世纪50年代,从农业(为农田喷

---

① 此举带有迷信性质,多发生于中世纪欧洲,由天主教会正式开除害虫的教籍,即"绝罚"(excommunication)。1476年,瑞士伯尔尼的宗教法庭曾审判地蚕(cutworm),判处其有罪,由总主教宣判惩罚并从教区"驱逐"。——译者注

洒 DDT 的飞行员按喷洒的加仑数收费）到生活领域（为郊区除蚊，给人们带来舒爽的夜晚），人们毫无节制地喷洒 DDT。如果你足够年长并曾经历过美国东南部的夏日，你一定会记得：黄昏时分，喷洒杀虫剂的卡车从街道中央驶过，留下一阵水雾和 DDT 甜丝丝的气味。从"二战"结束到 20 世纪 70 年代中期，美国在空中喷洒或在田里施用了超过 10 亿磅杀虫剂，人均消耗量近 7 磅。

后果显而易见。昆虫对 DDT 产生了抗药性。和其他化学毒剂一样，DDT 的攻击是无差别的，它会毒害有益的昆虫和植物，甚至是营养级更高的动物，如鱼类和哺乳动物。当动物吃掉喷洒过 DDT 的植物时，DDT 会在该动物体内富集；当捕食者吃掉该动物时，捕食者体内 DDT 浓度又会进一步提高，这个过程被称为生物放大作用（biomagnification）。化学毒剂就这样在食物链中循环，导致鸟类蛋壳变薄，造成哺乳动物（包括人类）的先天缺陷。

农药的滥用并没有在 DDT 这里终止，它们甚至被用在了农业生产与灭蚊之外的领域。美国入侵东南亚期间使用了臭名昭著的橙剂，使越南和老挝近 400 万英亩的植被脱叶。即便抛开对环境的破坏不谈，这些农药也使当地居民和暴露在其中的美国士兵患上了各种癌症。

这类化学品的功能就是杀灭，因此必然产生附带损害，最严重的受害者就是与其直接接触的那部分人群（如今主要是农业工人）。同时，肆意滥用农药也会污染河流、溪水、湖泊、地下水，甚至海湾和海洋，损害或摧毁土壤中的微生物群，使土壤更加依赖化肥。它甚至会造成空气污染，也不免影响与其接触而不属于其杀灭对象的动植物；值得注意的是，人类也在其中。农药被喷洒到空中，或通过食物链富集，进入我们的日常饮食，被人体摄入、吸收。

最重要的是，农药的杀伤是无差别的。这些毒药就像没有准星的霰弹枪，更适于群体而非精准攻击。在大多数情况下，接触农药的任何生物都会受到毒害。

20世纪末，农业领域的美好愿景之一就是不再让农药粗暴地无差别杀灭，而是让其有的放矢、做到精准杀灭。然而结果是研发出了转基因种子——堪称这一时期最令人失望的科研成果之一。

基因工程最早兴起于20世纪70年代，主要围绕基因改写或创造新基因展开，然后将这些人工基因植入生物体内以改变其特性。这一过程有望提升作物抗病虫害、抗旱或抗涝的能力，并让作物在营养更充足的情况下长得更快更好。这种从根源入手的基因修补工作听起来行之有效，而且至今仍有很大的潜力。但迄今为止，在农业领域，它的弊远远大于利。当然，转基因种子的研制却并未像人们希望的那样进展迅速，成功后也未如预想般轰动。

但不可否认，转基因种子带来的利润是可观的。经过基因改造得到的新种子在诸多特性上都胜过了已经获得专利的杂交品种，而且可以附带要求农民购买更多周边产品（如某种特定农药）配合新种子使用，以获得最佳效果。精明的孟山都公司很早就进军该领域，取得了一些关键的转基因种子专利。除了种子专利以外，对这些种子的生长至关重要的配套化学品也是创收的关键所在。

整套盈利机制非常简单。企业在销售转基因种子时，会和农民签订许可协议，其中规定，农民若获准种植具有优良性状的转基因作物，每次只得种植一季，下一季如果继续种，则农民必须再次付款。孟山都公司坚定维护这一方案，起诉私自保存转基因种子的农民，甚至有时种子被风带到某块田里生根发芽，公司也会穷追不舍，要求田主销毁这些幼苗。

第一种从转基因种子培育而来的商业食品是1994年推出的弗雷沃·沙沃（Flavr Savr）番茄。按惯例，番茄一般在绿色未熟透的时候采摘，但转基因番茄的成熟期被延缓了，因此可以等果实变红后再摘收。尽管如此，弗雷沃·沙沃番茄还是和传统番茄一样，很快就会黏软变质，而且引发了一系列公关问题。人们担心混合来自不同品种（甚至不同属或种）的基因，会创造出具有不良和不可控特性的种子，本质上是在制造可怕的"科学怪食"①。

到目前为止，还没有证据证实转基因生物（GMOs）本身是有害的。但即使转基因种子和作物对人体无害，转基因生物本身并不那么可怕，种植转基因作物也需要使用农药，而这些化学药品和大部分农药一样是有毒的，一样具有破坏性。

关于安全问题，美国食品及药物管理局宣布：传统方式培育的农作物和转基因作物之间具有"实质等同性"（可能认为转基因种子的专利会因此作废，但其实没有）并裁定没有必要在转基因生物上市前进行安全测试，除非已知被编辑的基因会引起过敏或其他反应。（但如果产品在上市前没有进行测试，谁又能预知这些不良反应呢？）可美国政府从未优先考虑过"预防原则"，即在发售新产品或批准新工艺之前，先要测试一段时间，确保其安全无害。欧洲就是这样做的，那里的转基因农产品只有事先经过评估才能出售。

转基因生物广泛存在于数万或数十万种食品中，而且更重要的是，尽管在一次又一次的民意调查中，多达 90% 的受访美国人明确表示，他们希望知道所吃的食物是否由转基因农产品制成，转基因食品仍然没有被明确标注。（在美国，如果某种食品的原料中有玉米或大豆，且没有标注有机认证，那么它基本上一定含有转基因成分。）

转基因产品失败的著名例子不止弗雷沃·沙沃番茄一个，重

---

① 原文为 Frankenfoods，源于英国作家玛丽·雪莱（Marry Shelley）1818 年创作的哥特小说《弗兰肯斯坦》（又名《科学怪人》，*Frankenstein*），小说主角是一位热衷生命用不同人的尸块拼凑制造了一个怪物并因此产生了一系列悬疑血案，起源研究的生物学家，此处也泛指毁灭或危害其创造者的事物。——译者注

组牛生长激素（rBGH）也是基因工程的败笔之一。这种激素注入奶牛体内可以增加其产奶量，但消费者并不买转基因牛奶的账，因为这种激素会使奶牛患病——这一点证据确凿，孟山都公司曾试图向公众隐瞒，但失败了。

不过一旦孟山都摆出全垒打的架势，全面跟进转基因市场，上述失利就都不那么重要了。加拿大经济学家珍妮弗·克拉普（Jennifer Clapp）报告称，到 2013 年，"仅孟山都就占了全球转基因种子市场份额的 90%"。这在很大程度上要归功于该公司的"抗农达"（Roundup Ready）系列种子，其对该公司的"广谱"除草剂"农达"（Roundup）具有抗药性。"农达"的主要成分是草甘膦，这种化学物质可以通过阻止光合作用杀死它所接触的几乎每一种植物。

起初，"农达"只有在精准喷洒的情况下才能达到预期效果，如果没有把它喷到毒藤上，而是误伤了杜鹃花，那就只能和杜鹃花说拜拜了。同样，如果你想除掉三裂叶豚草①，却把药喷到了玉米上，后果可想而知。

但是，随着"抗农达"种子的问世和改良，你可以直接在农田里随意喷洒"农达"，除了要种植的目标作物（主要是玉米和大豆）外，田里的其他生物统统可以被除灭——至少理论上是这样的。

对种植大户来说，"抗农达"种子和"农达"除草剂这对搭配简直是"天作之合"。草甘膦在美国的使用量从 1992 年的 1 400 万磅增加到了如今的约 3 亿磅；而全球每年使用量现已接近 20 亿磅。

这套种植方案看起来过于天衣无缝，而且事实上，它的确大有问题。自"农达"启用初期，多种植物逐渐对草甘膦产生了抗性，产生出一代用农药杀不死的"超级杂草"。为应对这种情况，孟山

---

① 三裂叶豚草（giant ragweed）是一种一年生草本植物，吸肥和再生能力强，易造成土壤贫瘠；且植株高达 50—120 厘米，最高可达 170 厘米，遮挡阳光，造成农作物减产。其绿色小花中含大量致敏花粉，是人类"枯草热"的主要病源。——译者注

都公司在"农达"中加入了其他除草剂以辅助草甘膦，增强除草效果。此外，孟山都还资助了一些研究，旨在证明草甘膦安全可靠，在农业生产中不可或缺。

科研机构在研发转基因种子时曾许诺成果将用于减少农药施用，提高作物产量。但孟山都公司的产品没能实现上述任何一点。农药的使用量依然增加了，而且就"使用转基因种子——包括但不限于'农达'——比使用传统种子更易增收"这一点，科学界并未达成共识。

事实上，使用"农达"除草剂的唯一受益者就是孟山都公司，其他任何人都得不到什么实际好处。"农达"提高了农民的生产成本，却没有增加其收入，还催生了数代抗农药杂草，并很可能使园丁、农场主、农场工人甚至接触它的过路行人患上癌症。

拜耳在 2016 年以 660 亿美元现金收购了孟山都，现在想必后悔不迭。截至目前，已有三起诉讼案认定孟山都公司对致癌事件负有责任；陪审团裁定孟山都需缴纳共计 20 亿美元的赔偿金。2020 年 6 月，孟山都与近 10 万名集体诉讼原告以 100 亿美元达成和解，这一金额使其成为"有史以来最大规模的民事诉讼和解之一"。

单凭玉米和大豆还不足以给农业基因工程打上失败的烙印，因为其他转基因作物的表现还是不错的，而且乍一看还改造得很有道理。例如，某些品种的棉花利用一种名为苏云金芽孢杆菌（Bt）① 的细菌进行基因改良。这些新品种棉花大行其道，堪比玉米界的"抗农达"。

如果剂量得当，直接使用 Bt 杀虫效果可以持续一周（甚至符

---

① 苏云金芽孢杆菌（Bacillus thuringiensis，简称 Bt）是一种革兰氏阳性的芽孢杆菌，属陆生细菌，能够分泌由 cry 基因编码、有杀虫活性的 δ- 毒素［或被称为杀虫晶体蛋白（ICP）］。由于其窄谱的杀虫活性，其对环境和人体影响小，近乎无害，可以通过发酵制成高效生物杀虫剂，其 cry 基因也可用来制成防虫害的转基因产品。——译者注

合有机产品的农药标准）。但嵌入 Bt 基因的转基因作物又是另一回事了，它们实际上并不能取代杀虫剂。它们可以不断向空气中释放含有 Bt 的水雾，从而自产杀虫剂；但可以预见，随着时间推移，害虫长期暴露在含 Bt 的环境中，势必逐渐对其产生抗性，使农民不得不在轮作中增用另一种杀虫剂。多数情况下，农民会使用一种新烟碱①，这类杀虫剂很可能造成蜜蜂大规模死亡。讽刺的是，这就是基因工程的"成功"标准。

我还能举出其他例子，比如黄金大米（Golden Rice），它掀起了另一场让人失望的农业"革命"。其支持者会指责我对这种转基因大米的评价有失公允，但我敢断言，到目前为止，基因工程制造出的农业产品只办到了两件事：一是推动了工业生产方法的发展；二是通过扩大化学品销售和支持单一种植等方式，不仅加剧了现有问题，同时又制造了一堆新麻烦。除此之外，农业基因工程几乎一事无成。

---

① 新烟碱（neonicotinoid）是一类和尼古丁相关的神经活性杀虫剂的总称。2013 年 4 月，欧盟因新烟碱对蜜蜂的巨大潜在危害（其可能是导致蜂群崩坏症候群的原因之一），同意暂时禁止该类杀虫剂两年。2018 年欧盟禁止其用于户外。——译者注

第三部分

转 变

第十三章 抵 抗

将工业化农业比作采矿非常准确——人们提炼土壤、水、各类元素和化石燃料，快速消耗亿万年积累下来的矿藏。不难看出，这种模式很难一直运行下去，用当代的语言来说，这种模式是不可持续的，不能长久。

19 世纪的李比希也表达了同样的观点。他指出，认为大自然的馈赠取之不尽、用之不竭是"愚蠢"的。而人类对于自然资源之有限的认知其实可以追溯到更早以前。牛顿提出的定律就探讨了物质在本质上的有限性。古希腊哲学家伊壁鸠鲁也曾说："古往今来，万物之总和为一定值，不曾有变，未来亦然。"

尽管有自然法则在前，主流经济学思想仍让我们相信，各个领域（包括农业在内）无限制的经济增长等同于健康社会，哪怕这种增长以彻底的环境破坏为代价。主流经济学思想还让我们相信，农业粮食体系（如同化石燃料产业一样）始终有充分的理由不为其"外部性"买单。外部性是一个经济学术语，指商业活动的意外后果，如环境破坏或身体疾病。

上述后果真实存在，也颇为严峻。正如自然资源是有限的一样，大自然对物理与化学破坏的承载能力同样有限。当然，人体承受这些破坏的能力也是有限的。

20世纪50年代之前，发展、萧条与战争极大地吸引了人们的注意，以至于工业化农作虽然变为主流，却并未引来太多关注。即便人们偶有提起，也会将工业化农作视作一台高效而便捷的神奇机器。而且，大多数人并不知晓工业化农作的原理：在我父母这一辈美国人中，大多数人不曾结识哪怕一个农民。这种现象以前从未出现过。

然而到了20世纪50年代，越发明显的迹象表明，工业化农作与食物生产是具有破坏性的。

诚然，农业带来的环境破坏一直以来都是可见的——毕竟农业始于焚毁森林。在人口规模还小的时候，这种破坏还可以容忍。随着发展，这种新型的农耕方式使土地快速退化（例如欧洲人侵入后，艾奥瓦州损失了7英寸的表土层），甚至将有毒物质填入土地。

一些开明的思想家开始意识到冷血的还原论观点（也即对一座农场、一个本土环境系统、一个食物系统或是一座星球的最好阐释就是将其各部分简单相加）并没有揭示自然世界的奥秘。此外，诸如生态学等学科的诞生使人们更仔细地观察地球各个复杂的系统。系统中的作用力不难阐释，它们却能互动产生错综复杂的结果，难以捉摸，使人无法理解。

科学家将上述现象称为涌现：整体大于各部分之和，各元素会产生协同效应而产生更大的力量。生命本身就是各个系统间一系列相互作用的涌现结果。单个独立系统很好解释，但各系统之间的相互作用则要神秘得多。

人类的原始祖先明白，我们是自然的一分子，而非其主宰。"二战"后，这一根本性真理便成为对主流工业发展宣传的驳斥。生物学家巴里·康芒纳（Barry Commoner）就提出了生态学四法则（Four Laws of Ecology）。尽管以现在的眼光看，这些法则不证自明，但在当时它们是极端观点。该生态学四法则对于工业与政府的影响应当远比现在要大。康芒纳的法则简单而直接：

- 万物相连。这是牛顿第三定律的翻版，牛顿第三定律指出每个作用力都有一个大小相同、方向相反的反作用力。康芒纳，正如许多 19、20 世纪学者一样，认为所有有关社会公正的议题——从种族主义到收入不平等——都相互联结且与自然相关。

- 物有所归。第二条法则重申了拉瓦锡提出的质量守恒定律，定律指出质量与能量可能会改变形态，但人们无法创造或毁灭它们。因此，废物，从排泄物到核废料，不会凭空消失，也因此将一直影响环境。

- 自然至知。这是康芒纳提出的最简单的一条法则，认为与自然协作是最明智的生活方式。

- 最后一条法则也最有预见性：世上没有免费的午餐。康芒纳认为任何获得都有代价。希腊哲学家巴门尼德（Parmenides）对此早有论述：万物皆有源，无中不生有（*Ex nihilo nihil fit*）。

受康芒纳激发，社会学家约翰·贝拉米·福斯特（John Bellamy Foster）提出了资本主义四法则。该四法则虽然知名度没有生态学四法则高，但与之同等重要。资本主义四法则阐释了当前人与自然的关系与理想状态何等相悖：

- 万物间唯一永恒的关系是金钱关系。所有关系，包括人与自然的关系都与钱相关。

- 事物止于何处并不重要，只要它没有返回资本流。生产者常常会忽视生产带来的破坏。比如，工业化农民会忽视自身生产行为及其产品的外部性，如污染和糖尿病。废料也被忽视。
- 自我调节的市场最聪明。商家卖什么并不重要——垃圾食品、杀虫剂还是突击步枪——重要的是有利可图。
- 大自然的宝藏是送给产权所有者的礼物。福斯特对此的描述最妙："建制派经济模型从未恰当论述过大自然的贡献。"

生态学家认为资源有限，而且自然统摄一切，这是基础的科学原理。资本家则相信自然之所以存在是为了让人剥削，这种观念与西方宗教思想完美吻合。

资本主义发展与人类生存威胁间的相关性显而易见，这并非偶然。资本家或许明白资源是有限的，但他们选择忽略这一事实（正如他们忽略气候危机一样），还假装说可以实现永无止境的发展。你可以争辩，这种无止境发展在过去曾经使部分人获益，但要说它曾经使全人类获益则是无稽之谈，现如今它已经危及人类生存。

不出意外，随着工业革命的发生，人们也开始意识到增长的种种局限性。本书意义"生态"一词创造于 1873 年，当时有先见之明的人正开始探讨工业化农作的替代方案。乔治·华盛顿·卡佛（George Washington Carver）就是其中一人，他是奴隶的后代。

卡佛生于 19 世纪 60 年代，家住密苏里州西南部，他显然是天生奇才。卡佛的传记作者克里斯蒂娜·维拉（Christina Vella）就写道："他还不到 10 岁的时候，周边的人……就会把病变的植株带来让他'医治'。他会调整植株的土壤、水分或是光照量，抑或诊断出植株受霉菌或昆虫所害。"

卡佛勤奋求学，也遇到了诸多典型的种族歧视问题，最终来到坐落于埃姆斯市的艾奥瓦州农业和机械艺术学院（Iowa State College of Agriculture and Mechanic Arts）。他在那里找到了自己的使命：为南方黑人提供他们所需的知识，从而帮助他们改善农作方式与饮食。

卡佛极力支持传统的混种方式，辅以极小部分的机械化生产，基本上不使用化学品。他的方法与指导展现了美国农业部本可以成为的样子，如美国农业部的创立者林肯所言——"人民的部门"。卡佛并没有让农民乖乖购买农耕所需的商业产品。他帮助他们变得更独立，维护他们的土壤，让他们能更好地养家糊口。

1894 年，卡佛成为艾奥瓦州立大学首位黑人毕业生，多家机构向他抛来橄榄枝。久负盛名、充满魅力的布克·华盛顿（Booker T. Washington）当时在为塔斯基吉学院（Tuskegee Institute）寻觅一名植物学家，该学院位于亚拉巴马州，处于初步发展阶段。卡佛决定前去工作。在那里，卡佛主管了塔斯基吉的所有农业项目和农业部的一个试验站。他也在试验站进行研究，以帮助贫困农民。［（他传奇性的著作《如何种植花生以及 105 种食用花生的方式》（*How to Grow the Peanut, and 105 Ways of Preparing It for Human Consumption*）至今仍在销售。］

尽管有大量的工作与任务，卡佛仍坚定不移地为农民答疑解惑，许多农民甚至长途跋涉来向他请教。卡佛带他们参观自己的田地，据维拉所述，"他耕种时绝不使用商业肥料"。卡佛还介绍："每英亩土地有 75 美元的利润空间，对于囊中羞涩、指望着 15—20 英亩土地来维持生计的佃户而言，75 美元并非小数目。"

与此同时（时间上相差无几），一些欧洲学者认为，回归更古老的传统农作方式其实是明智的发展方向。奥地利思想家鲁道夫·斯坦纳（Rudolf Steiner）就鼓励人们善用农业废料，将其作为肥料，为土壤增肥。他还警告说，反复使用化学肥料会毁坏土壤。

他的整套方法被称为生物动力学，认为庄稼的所有养分必须来自家庭农场的土壤。他将这样的农场称作一个有生命的有机体——从任何方面而言都不夸张。他整体性的农耕理论含有一系列源于传统思想的农耕技法。正如大多数传统技法一样，这些技法也被认为是无根无据的，而为传统科学所抵制。

从 1905 年开始，斯坦纳的同代人艾伯特·霍华德爵士（Sir Albert Howard）在印度度过了 20 年，他历经万难，后成为大英帝国的经济植物学家，向当地农民传授"现代"农业知识。

霍华德很快意识到，他所要学的知识其实多于他所要传授的。（据同事回忆，霍华德常说他向田野里的农民学到的东西要多于向书本和课堂上专家所学的。）霍华德于 1940 年出版的《农业圣典》（*An Agricultural Testament*）介绍了"回归法则"，认为所有的有机物质，包括人类的排泄物，都应当回归农场。该法则还指出，物质以一种形式离开土壤后应当以另一种形式回归土壤。生命始于土壤，生命终止后便将其养分归于土壤。"其实并无废料一说。"霍华德写道，"万物生长与腐败的过程相互平衡。"

霍华德认为若以堆肥的方式回收有机物质，"任何形式的矿物质缺乏都不会出现"。他还指出，应该将植株生病与虫害归咎于错误的农作方法。"农作的规则"应是"让多种植物与动物共同生长"的"混合农作"。几十年后，霍华德的所有观点均被证实。

伊芙·鲍尔弗夫人（Lady Eve Balfour）是有机农业实践案例研究的先驱，她于 1946 年在英国与他人共创了土壤协会。她在 1943 年出版的影响深远的《活土》（*The Living Soil*）一书中整合了已有的知识；她曾耗时 30 余年，首次通过试验对有机与传统农业进行比较研究；她还聚焦于土壤健康与人类健康的直接联系。同样，鲍尔弗夫人曾经显得极端的观点如今已为人广泛接受。

据威斯康星州人富兰克林·海勒姆·金（Franklin Hiram King）在其 1911 年出版的《四千年农夫：中国、朝鲜和日本的永续农业》

（*Farmers of Forty Centuries; or, Permanent Agriculture in China, Korea and Japan*）记载，上述的大多数观点对于发展中国家数十亿的农民而言并非新事，他们仍在践行可持续（或者说有机的、可再生的、传统的）耕种。但是全球南方的小农民并没有劝说或强制他人做出改变，也没有推广自己的模式。

因此，有关这种"新型"可持续农耕方式的消息（这种方式实则很古老）需要通过更贴近民间的渠道传播：由远涉海外的试验者或农民们口口相传，由前辈亲身传授，抑或是借助罗代尔（J. I. Rodale）的杂志《有机农业与园艺》[（*Organic Farming and Gardening*），后更名为《有机园艺》（*Organic Gardening*）] 传播。20 世纪 40 年代早期，罗代尔在宾夕法尼亚州的埃梅厄斯（Emmaus）经营一家出版社，阅读了霍华德的著作后倍受启发，即刻购置了一座农场，开始有机农业试验，还发行了杂志。尽管"有机农业"为美国农业部以及农业机构所忽视，但是这一概念的确到来了，或者更准确地说，回归了。

各种各样抵制工业化农业的活动随之而来。1957 年，在两个支持生物动力学的农民带领下，一群长岛农民状告政府，声称不加区分地在空中喷洒 DDT 对作物有害。此案后来被称作"长岛喷雾审判"，一名出庭作证的专家表示，此案"关乎人类的未来"。原告最终败诉。

但是在 1958 年 1 月，海洋科学家与记者蕾切尔·卡逊（Rachel Carson）收到老朋友奥尔加·欧文斯·赫金斯（Olga Owens Huckins）来信。后者是诉讼团队的一员，她提醒卡逊，当地一处野生动物栖息地已经被喷洒的 DDT 摧毁了。她写道："飞鸟的惨死触目惊心，爪子紧抱在自己胸前，喙痛苦地张开着。"

诉讼案几年之前，卡逊曾出版《海洋传》（*The Sea Around Us*），向海洋与海洋生物致以敬意。一直以来，她都在关注杀虫剂对于动物会有怎样的影响。尽管当时已有许多关于化学农药危害的讨论，但是媒体大多畏首畏尾，对此鲜有报道。

卡逊于是开始撰写《寂静的春天》（*Silent Spring*），揭露滥用杀虫剂的严峻后果。1962 年，此书的单行本在出版前，就已经在《纽约客》（*The New Yorker*）上分期连载了。

卡逊将《寂静的春天》交由同行审议，仿佛这是一篇学术论文，而她的科学论证无懈可击。她却被冠以反对科学、杞人忧天，甚至支持害虫的名号，遭到猛烈抨击。人们还指责她危害了人类的食品供应链，这种指控直到今日也常被用在批判工业化农业的人身上。

卡逊虽然没有主张禁用杀虫剂，但确实批评了联邦政府法规的缺位。"如果《权利法案》中没有保障公民不受致命毒药的侵害……这肯定只是因为我们的先辈……无法设想到这样的问题。"而且，正如她所预料的，科学家们很快就发现昆虫产生了 DDT 抗药性。鉴于发现农药失效以及越来越多的舆论关注，制造商们开始战略性撤退。他们逐渐将 DDT 撤出美国市场，并明确表示，他们不希望美国政府干预 DDT 的国际销售。1973 年，美国彻底禁用 DDT。它在海外仍有广泛应用，主要作为控制疟疾的一个重要手段。

《寂静的春天》是 20 世纪影响力最大的著作之一，卡逊则是同时代作家中最有先见之明的。卡逊是现代最早将人类视为自然的一部分，而非凌驾于其他动物之上的独立物种，并对此进行讨论的美国人。根据传记作者琳达·李尔（Linda Lear）的说法，卡逊曾将以下内容视为其著作的开篇语："这是一本讲述人类对自然宣战的书，但由于人是自然的一部分，本书也就不可避免地讲述人类向自己宣战的故事。"卡逊向公众传递了这样一种智慧：人类对环境的影响往往是无意的、没能预见的，但我们必须认识到这种影响并采取相应行动。

1968 年，阿波罗 8 号从太空为地球拍摄了一张标志性照片——地球日出，美国大众的观念随后发生了转变。人们对自然的理解和同情有所增加，也认识到地球是我们集体的家园。在食品领域，弗朗西斯·摩尔·拉佩（Frances Moore Lappé）也探讨了这种新观点。她 27 岁，住在伯克利，是《一座小行星的新饮食方式》（*Diet for a Small Planet*）的作者。

拉佩认为，将谷物喂给肉用家畜的行为剥夺了世界上穷人所需的宝贵营养物质。她还表示，将谷物制成垃圾食品给美国人吃会使其患病，其他人却在忍饥挨饿——迄今为止，这仍然是对当前食品体系缺陷最合理的分析。

这种"少食肉少挨饿"的论点与自给自足、回归农地的浪潮相吻合。虽然现在谈论起来，人们会嘲笑此观点，认为它实在天真，但它实际上对两个截然不同的群体具有特殊的重要性：以范尼·卢·哈默（Fannie Lou Hamer）为最佳代表的非裔美国人以及一些生活富裕或受过良好教育的中产阶级白人，他们代表了早期的"反主流文化"，代表人物有海伦·尼尔林和斯科特·尼尔林（Helen and Scott Nearing）。

与除原住民以外的任何其他族群一样，黑人在美国合法居住已有很长的历史。但是制度化的种族主义使黑人成为全美拥有土地最少的群体。民权运动聚焦于投票权与废除种族隔离，但并未过多关注黑人的经济及土地正义问题。

农民无法独立维生：他们需要购买设备和种子的贷款，需要关于最佳耕种方法的研究和建议，需要在政策制定中占有一席之地，需要紧急援助，等等。在所有上述重要体系中，黑人农民都处在极劣势的地位，在与美国农业部的官僚系统打交道时更是如此。

美国的黑人农民从未迎来鼎盛之日，其前景似乎只是变得越来越糟。黑人拥有的耕地面积在 1910 年达到顶峰，1920 年后稳步下降。黑人农民人数最多时占农民总数 14% 以上，如今已然不足

2%。（非裔美国人至少占美国人口的 12%）。黑人耕种的土地不到
0.5%，销售的农产品仅占市场总规模的 0.25%，赚取的净现金仅达
到美国农场平均收入的 8%。

但是，非裔美国人和农业之间的关系远比这些数字所显示的
要复杂得多。诚然，美国的第一批黑人农民受人奴役，但他们也
是勤劳能干、富有创造力的实践者，没有他们的专业知识，美国
南方不会繁荣起来。而且，正如莫妮卡·怀特（Monica White）在
《自由的种子：反思食物、种族与社群发展》（*Freedom's Seeds: Reflections of Food, Race, and Community Development*）中所写，"奴隶
制、分成制和佃农制并非故事的全貌"。

美国南北战争后，黑人农民从未得到公平的机会。然而怀特
在研究非裔美国人合作土地所有权与农耕历史，采访黑人农民的
过程中听到他们说："农业所赋予的自主权和自由使黑人农民能够
表达自己的立场……黑人农业合作社有可能成功。"

怀特还记录了许多非裔美国人一直以来的努力，他们试图扭
转 20 世纪中叶的北向移民潮并返回南方。截至 1970 年，美国南
下的黑人比北上的多，他们回来重申自己应得的权利。

这些人后被称为自由农民，其中最有名的是范妮·卢·哈默
（Fannie Lou Hamer），她是早期的投票权活动家。20 世纪 60 年代，
哈默将自由定义为拥有"一头猪和一个花园"的能力。有了这些，
哈默"可能会受到骚扰和身体上的伤害，但至少她不会饿死"。几
乎整整一百年前，与谢尔曼将军会面的奴隶们对于土地和自给自
足已有过同样的追求。

今天，我们把哈默的理念称为粮食主权。黑人早就知道，土
地所有权和可以获得食物象征着自由。哈默说："土地是关键，它
与选民登记密切相关。"

1967 年，哈默在密西西比州向日葵县成立了自由农场合作社
（Freedom Farm Cooperative），把南方农场工人组织起来。自由农

场合作社与其他几个由南方黑人组成的合作社一起，以当地经济体与政治实体为依托建立了社群，改变了成千上万户家庭的生活。为此，他们合作耕种并分享食物，修造了学校和银行，还设立了价格亲民的医疗保健系统。

斯科特·尼尔林（Scott Nearing）代表了回归土地主张的另一面，他是一名社会主义者、和平主义者和反战活动家。他生于1883 年，与第二任妻子海伦一起离开纽约前往佛蒙特州，并于 20世纪 50 年代定居缅因州。尼尔林夫妇在那里写了许多书，如《美好生活》（*Living the Good Life*）。他们用木勺吃生燕麦并"尽我们所能"表示对"财阀军事寡头制"的抵抗。他们试图从"腐败的社会秩序的残骸中挽救仍有价值的东西"，同时"勾画出可以替代现行社会体制的原则与做法"并展示如何"在一个混乱的世界中理智生存"。

当然，这很激进。但如果你认为这很天真或古怪，就请想想全球变暖、持续的不平等和饥饿以及民众被迫迁移的问题。尼尔林夫妇试图找到打破体制的方法并创造出对人类同胞和地球家园都公平的生活方式。虽然他们自己也享受着特权（他们主要靠遗产生活），但这并不影响他们所做分析的真实性。像哈默和其他许多人一样，尼尔林夫妇认识到，饥饿和社会正义背后的问题不应该被轻视，也不可能被轻易解决。

虽然尼尔林夫妇是白人，也很富有，但他们仍然受到司法部以及后来的联邦调查局的骚扰。然而可以预见的是，试图在南方建立黑人社群农业文化的民众和组织受到了包括联邦调查局在内的地方和国家机构更强烈的打压，这些机构努力将自由农民的活动范围和影响力降到最低。

几十年来，黑人活动家已敲响了警钟，提醒人们注意土地正义问题与美国农业部的种族主义倾向。即使其他政府机构支持活动家对种族歧视的控诉，农业部也只是做出了象征性或无实质意义的让步。里根总统关停了美国农业部的民权办公室，以此对美国民权委员会揭露农业部种族主义问题的多次报告做出回应。13年后，克林顿总统重启该办公室时，黑人农场人口已经更少了。那时，甚至农业部的内部调查也揭露了其自身的种族主义倾向，这颇具历史意义。

1997年，北卡罗来纳州一位名叫蒂莫西·皮格福德（Timothy Pigford）的玉米和大豆农场主对美国农业部提起诉讼。他的经历十分糟糕：皮格福德从美国农业部处获得了经营性贷款，但是农业部一再拒绝向他提供购买农场所需的资金，这使他难以谋生。在提出歧视诉讼后（美国农业部对此感到慌乱），皮格福德无法偿还最初的贷款，最终失去了自己的房子。

皮格福特知道他不是一个人。他代表数以千计的黑人农民针对歧视提起集体诉讼，声称他们在16年里无法取得贷款，农业部办公室完全无视了农民的合法要求，也没有处理他们的索赔要求。1999年，该部门被裁决支付超过10亿美元的和解金。这是历史上最大的民权赔款。每位农民获得了高达5万美元的赔偿，而且他们也无须偿还农业部已经发放的少数贷款。"美国农业部还蓄意妨碍司法公正"，该机构花了一大笔钱来对抗索赔要求，在奥巴马政府期间的第二次和解中（索赔者扩大到了妇女与拉丁裔农民）也是如此。

即便如此，美国农业部一直以来都是一个旨在帮助人们填饱肚子的联邦机构。1936年，美国320号公法决定，为该机构提供自由支配资金，从而"把某些农产品（通常是供应过剩的农产品）从常规的商贸渠道中转移出来，促进国内对其的消费"。

也就是说，美国农业部可以从生产者那里购买食物并将其赠送出去。因此，大萧条7年后，贫困家庭和学校午餐计划开始收到剩余食物的捐赠，这也使得食品加工者在政府的支持下能够以另一种方式销售他们的商品。该政策回避了一个更大的问题，即如何改善而非简单地支持国家食品体系。

还没有食品券（food stamp）的时候，像"政府奶酪"这样的商品（以前人们如是称呼，现在偶尔也会）会从卡车的后备厢分发，后来则从食品银行分发。1961年，约翰·肯尼迪（John Kennedy）上任，他决心扩大"为贫困家庭分发食物的计划"。

康涅狄格州的食品经济学家伊莎贝尔·凯莉（Isabelle Kelley）是具有革新意义的全国学校午餐计划（National School Lunch Program）的核心人物。她领导了一个特别小组，负责设计并试行一个覆盖范围更广泛的援助计划。根据该计划，美国农业部会向符合条件的申请者提供信贷，用来在食品杂货店购物。这一模式沿用至今。该计划于1964年成为《食品券法案》（Food Stamp Act），也成为林登·约翰逊（Lyndon Johnson）更大的反贫困战争中的一部分。

战后时期的繁荣很大程度上使白人受益，种族主义使"贫困"和"饥饿"等词在媒体和许多（甚至是大多数）白人口中成为"黑人"的同义词。但事实上，20世纪60年代"贫困"的公民中只有不到三分之一是非裔美国人。

1968年，哥伦比亚广播公司的纪录片《美国的饥饿》（*Hunger in America*）宣称，造成饥饿的不是种族，而是阶级（或许有些人才明白过来，穷人吃得并不好）。这部片子报道了圣安东尼奥的墨西哥裔美国人、弗吉尼亚州劳登县的白人佃农、亚拉巴马州被机械收割机抢走了采摘棉花工作的黑人家庭以及纳瓦霍人，他们试图从亚利桑那州荒凉的高原沙漠中"变"出富含营养的食物。

不可否认的是，这部纪录片很煽情，但它同样很有说服力。镜头记录了医生一边指着婴儿和儿童，一边描述营养不良对认知能力和身体健康的危害。许多美国观众头一次看到毫无生气的幼儿以及父母描述自己无法养家糊口的情形，他们对此感到震惊。

一位亚拉巴马州的妇女直截了当地指出，虽然食品券可以省钱，但她并没有钱去买食品券。这一项目向买不起食物的人收费，从而产生预算盈余，使美国农业部能够声称援助项目资金很充裕，当时人们并没有发现其中的问题。（今天，食品券会作为凭证直接分发给公民，使用食品券也无须支付任何费用。）

《美国的饥饿》揭露了美国农业部的行径，表示"农民卖不出去、别人也不想要的食物"正成为穷人主要的营养来源且国家政策"倾销过剩的食品而非提供必需品"，导致了"不充分的救济"。该纪录片还指出，"农业部保护了农民，而不是消费者，更不是贫困的消费者"。这部纪录片认为，"在这个国家，人的最根本的需求必须成为一项人权"。（如今读到这段话，我惊讶地发现，这段话几乎仍然适用，而且论点仍然很合理。）

在接下来的4年里，食品券的注册人数几乎增加了4倍。但是，即使从1968年开始学校午餐计划涵盖早餐和暑期，即使1972年美国政府增加了妇女、婴儿和儿童营养补助特别计划（简称WIC）并为孕妇和学龄前儿童提供了更多福利，仍有美国人食不果腹。

在某种程度上，最有效的反饥饿组织并非美国农业部，而是一个从西海岸政治运动中崛起的团体，该运动以抗争种族不公正而闻名。这一团体自称"黑豹"。

黑豹自卫党成立于1966年，尽管受到了联邦调查局和其他毫无原则的执法机构的迫害，它仍在许多方面取得了成功。1969年1月，黑豹党的免费早餐计划始于一个奥克兰的教堂，在第一天就帮助了11名儿童。截至同年4月，它已在9个地点为1 200名儿童提供了帮助，最东边的服务站点在芝加哥。6个月后，黑豹组织领导的免费早餐计划覆盖了23座城市。美国农业部的行动从未如此迅速。

通过向尽可能多的人提供免费早餐和袋装食物，黑豹党人正在做哥伦比亚广播公司认为至关重要的事情：将拥有足够的食物视为一项人权。尽管想尽办法削弱黑豹党人的影响力，联邦政府始终无法否认黑豹早餐项目所取得的成效。作为回应，政府修订了《儿童营养法》，让人们有更多机会获得免费早餐和午餐，并于1975年开始对学校早餐计划进行永久资助。

一个自诩具有革命性的集团倒逼美国农业部履行其职责，这不仅表明农业部对人民的需求反应迟钝，也表明农业部在食品业的发展、营销手段甚至定义食品的过程中几乎没有发言权。20世纪70年代，农业部不作为的状况越发明显。

尽管食品行业往往含糊其词，但美国人仍普遍感到了不安。这种不安体现在民权和反战运动、蓬勃发展的妇女运动以及所谓的反主流文化（其中包括一个规模小但意义重大的偏好素食与有机食品的趋势）中。此外，民众越来越关注食物的质量以及饮食与疾病之间的关系。鉴于《美国的饥饿》引起的骚动，美国参议院最终在1968年成立参议院营养和人类需求特别委员会（Senate Select Committee on Nutrition and Human Needs）。

该委员会由后来的总统候选人乔治·麦戈文（George McGovern）担任主席，支持扩大食品券和学校午餐计划的覆盖范围，并支持成立妇女、婴儿和儿童营养补助特别计划。食品业对此并无异议，因为这些项目其实意味着销售食品的新方法。如果政府想要补贴穷人购买食品，那么这仅意味着食品行业可以挣到更多钱。

但是，食品的相关问题显然不只有饥饿。食品业在1976年开始感到担忧，因为那时委员会开始就"与致命疾病有关的饮食"举办听证会。

本质上，这些听证会假定饮食可以加速或延缓慢性疾病的发生。听证会还认为，对疾病负有最大责任的饮食成分是"高糖、高脂肪、使人成瘾的"食物（用一位参议员的话说）。

委员会顾问马克·黑格斯特德（Mark Hegsted）与糖研究基金会（Sugar Research Foundation）共事，提出了"黑格斯特德公式"，在胆固醇与心脏病之间建立了联系。他告诉媒体，典型的美国饮食是"与我们的富裕生活、农民的生产力和食品业的活动都有关联的一种巧合"。麦戈文希望这份报告能够"像公共卫生局的医务总监发布的《吸烟报告》（Report on Smoking）一样发挥作用"。食品业则期望并努力争取一个截然不同的结果。

不知不觉地，委员会秉持着错误的观念开始工作。就像当时几乎所有参与营养运动的人一样，无论是出于无知、天真、惯性思维，对还原论的依赖，对来自食品业压力的敏感性，还是所有这些，委员会始终在寻找单一的罪魁祸首：营养物质、食物会导致心脏病？我们已经找到了维生素 C 缺乏病的诱因，我们也找到了小儿麻痹症的诱因。这次会有什么不同吗？

答案是：食物并非单一的物质，饮食与生活密不可分。

你要么吸烟，要么不吸烟。但是每个人都会吃各种各样的食物。虽然最能减缓（或最能引起）慢性疾病的饮食类型是明确的，但是人们并不清楚相应食物的具体属性。在联结"饮食"和"疾病"的过程中，最接近于烟枪的东西是超加工食品。但是从道德层面看，你不能让人们在 20 年或 50 年内只吃垃圾食品并观察会发生什么，更何况假设是垃圾食品有害身体。

人们自然可以问：即便我们不知道确切的致病过程或原因，那又如何？大多数人不理解手机的工作原理，但这并不影响我们使用手机。同样，胡萝卜对我们有好处，虽然很难说出确切原因，但这不应该影响我们吃胡萝卜的意愿。超加工食品对我们没有好处；同样，我们不知道这在多大程度上是真的，也不知道确切原因，最好的办法是避免吃超加工食品。

当时委员会对问题的理解不及现在的人：我们现在知道，传统饮食结构中真正的食物比 20 世纪"发明"出来的食物更健康。委员会只知道饱和脂肪有害健康，而建议美国人减少摄入饱和脂肪和糖也几乎没有风险。

然而，由于缺乏绝对证据，食品行业抓住机会来掩盖这一结论并提出了质疑。食品行业召集了"中立"科学家为食品业辩护；这些科学家认为没有充分证据证明糖和脂肪有害。这使得行业代表对真正的科学进步提出质疑，说"他们没有获得大多数专家的支持"之类的话。

因此，1977 年 1 月，在数百小时的听证会与专家合议后，委员会发布了《美国膳食目标》（Dietary Goals for the United States），建议人们减少脂肪、胆固醇、糖和盐的摄入，建议人们应该"减少食用肉类"。愤怒的行业代表马上做出反应，开始政治施压以修订这些目标。

"减少肉类"的措辞被改成"选择饱和脂肪含量少的肉类、禽类和鱼类"，这可能使家禽从业者欢呼雀跃，使牛肉生产商也松一口气。随着肉类和家禽业的游说集团变得越发强大，他们对政府公开措辞的影响力也在稳步扩大。最后一份明确建议人们"少吃红肉"的联邦出版物出版于 1979 年。

政府的干预还是取得了部分成效，正如玛丽安·内斯特（Marion Nestle）在《汽水政治》（Soda Politics）中指出："1977 年 12 月经修订后的目标要求将糖的摄入量占总摄入热量的比例减少 45%，降至 10% 或更低，这令人震惊。那该如何实现呢？"正如报告本身所指出的，"在考察减少摄入精制和加工糖类的手段时，最显而易见的常规干预方式是少喝软饮料。对许多人来说，如果完全不喝软饮料，起码将实现一半以上官方建议减少的糖摄入量"。在当时美国人的饮食结构中，软饮料是最大的添加糖来源。

但问题在于：在很大程度上，食品生产者对人们的饮食起决定性作用。虽然委员会和各种社会运动推动了食品、农业和环境保护的发展，但跨国公司的反击更加有力。从那时起，在食品公司的施压下，联邦机构对糖和脂肪的建议变得越来越复杂与隐晦。

措辞直接的"避免"一词变成了"选择与准备"或"减少摄入"。其实联邦机构建议"适量地吃真正的食物"即可，但其秉持的还原论理念无法接受这样的全局思维。指南不断更迭（每5年修订一次），但是没有一个版本对添加糖的危害作出明确声明。2010 年，将糖作为一个单独门类讨论的指南完全消失，糖开始与"固体脂肪"（黄油、其他动物脂肪以及反式脂肪）编排在一起。这些物质共同由一个混淆视听的名称指代：固体脂肪和添加糖（SoFAS①）。

食品行业不仅仅在营养学界的打击中存活下来，它还击溃了对手，赢得了这场战争。人们没有得到多吃水果、蔬菜和全谷食物的建议。相反，他们收到建议多吃"面包、早餐谷物、大米和面食"。神奇面包？谷物圈早餐麦片？莱斯罗尼②？大厨博雅迪③？这些有何不可？只要你减少了"脂肪"的摄入，那你吃什么都行，吃多少都行。

随着美国农业部主张高碳水、低脂肪的食品对健康至关重要，"有益于心脏健康"的低脂高糖的超加工食物在全国范围内迅速扩散，这称为"低脂饼干现象"，不可避免地导致了国民体重增加。

在此后的几十年里，食品行业持续追随美国农业部、美国食品和药物管理局以及营养研究的步伐。但凡这些机构说"对健康有好处"的物质，食品业都会在加工食品中大量添加；但凡这些机构说"对健康有害"的，食品业的反应则相反。抗氧化剂、燕麦麸、纤维素、各种维生素和矿物质（用来补钙！）、蛋白质——所有这些物质轮番登场，而脂肪、碳水化合物、胆固醇和其他物质则从食品中移除。每一种"更新迭代"的产品都是食品生产商的梦想，却离真正意义上的食物越来越远。

一般而言，超加工食品的热量远超其同营养水平的真正食物所含的热量，这些热量主要来自玉米（以高果糖玉米糖浆的形式出

---

① 全称为 solid fats and added sugars。——译者注
② 美国流行的一个预制餐食品牌。——译者注
③ 美国流行的一个罐装意大利面品牌。——译者注

现）、大豆（以提取蛋白质或油脂的形式出现）及小麦（以白面的形式出现）。根据常识，这些东西不可能是健康的，但食品行业照做不误。

即便如此，每过 10 年，人们就更加意识到，20 世纪发明的大多数食品起码没有营养，或营养不全，于是公众开始要求食品业更加透明。整个 20 世纪 60 年代，食品标签的规范仍然是老旧的于 1938 年颁布的《食品、药品和化妆品法》（Food, Drug, and Cosmetic Act）。其中最严格的条文是：营销人员不能声称产品的成分可以预防或治疗某种疾病或症状。这是相当低的标准。

1973 年，食品和药物管理局踏出谨慎的一步（到底是向前进还是向后退仍有待商榷），允许贴标宣称食品是健康的，只要食品有准确、透明的营养数据作为支撑。

这使得大量食品都贴上了预防心脏病和癌症的标签。由于其中许多标签并无证据支撑，1990 年，美国食品和药物管理局被迫作出回应，强制要求大多数食品按新规贴标。水果和蔬菜不在其列：显然，苹果的"成分"就是苹果，除非标签上列出它是如何种植的、使用了什么杀虫剂、工人的待遇如何等。而这会造成过度说明。经食品行业施压，食品和药物管理局将肉类也排除在外，尽管肉类中除了肉之外的其他成分也十分常见。

新标签提供了更多真实的信息，如蛋白质、碳水化合物、糖类和维生素的含量。但是，如果将食品的营养价值视为其各个部分之和，美国食品和药物管理局起码间接地支持了一种荒谬的逻辑，即含有化学添加剂的加工食品在营养维度上可能等同甚至优于真正的食品。

例如，如果只看营养成分表，你可能会推论得出，一根香蕉和"一份"奥利奥饼干之间没有什么区别，至少从含糖量看是这样。如果奥利奥饼干中加了纤维素或维生素 C，那它看起来甚至比香蕉"更好"。

标签中重要的不是食物的质量，不是生产过程，也不是对身体的实际影响，唯一重要的是成分。这显然有悖常识，也违背了科学。然而，美国食品和药物管理局似乎无法反驳食品界"一卡路里就是一卡路里"的说辞，也无法反驳"只要人们充分运动，就可以尽情喝汽水"的说法。

值得称道的是，标签规范于 2009 年得到修订，增加了：添加糖的含量及其占每日建议摄入糖总量的比例，反式脂肪含量（后来反式脂肪被禁止使用），饱和脂肪和不饱和脂肪含量，以及更醒目的卡路里含量。现在，标签上推荐每日摄入糖提供的热量"低于"总热量的 10%，在 2 000 卡的餐食中，也就是低于 50 克糖，这约等于大多数 12 盎司加糖饮料的糖含量。美国人的平均糖摄入量至少是这个数字的两倍，也有人认为是 3 倍。

然而，如 1906 年和 20 世纪 70 年代一样，新的标签规范带来了新的营销机会。满足政府的营养标准后，广告商们再无任何约束。在接下来的几十年里，有关食品营养的广告大行其道：预防前列腺癌的石榴汁、治疗多动症的早餐谷物、提高免疫力的酸奶。除此之外，还有各种各样的"灵丹妙药"：减脂的、减肥的，阻滞胆固醇的或是预防心脏病和癌症的。

只有极少数的营养营销内容受到了美国食品和药物管理局的调查。例如，达能公司因鼓吹其激活牌（Activia）酸奶"经临床证明可在两周内有效调节消化系统"而被罚 3 500 万美元（这种功效确实令人称奇）。大多数产品都因其标签上的营养成分而具备合法性。时至今日，食品行业还在充分利用标签来吸引永远一头雾水的消费者的注意，而真正的食物仍在货架上不见影踪。

问题关键在于，从来没有一个理智的、权威的、可信赖的声音，能够大声而清晰地劝服公众，告诉他们食用天然食品是唯一的理智选择。"天然"一词本身甚至也早已被滥用，变得几乎毫无意义。

随着有关杀虫剂的舆论四起，越来越多的消费者对可核实的无化学成分的包装食品产生了需求，许多消费者自发转向有机食品，这也合乎逻辑。厄尔·布茨（Earl Butz）表示有机农业"会使数亿人因营养不良和饥饿而死于非命"（这种愚昧的论调至今依然存在）的几年后，美国农业部态度发生改变，被迫承认有机农业背后的科学原理，甚至半推半就地认可它。

美国农业部认为大规模的有机耕作没有什么问题。而且，正如 20 世纪初的消费者需要知道"牛奶"是牛奶一样，20 世纪90 年代的消费者也需要知道"有机"是有机的；如果该产品要想产生溢价，那么它就必须具备溢价的正当性。因此，1990 年的农业法案推出了《有机食品生产法》（Organic Foods Production Act），创设了国家有机标准委员会（the National Organic Standards Board），也推出了全新的农业部有机认证（USDA Organic）标签。国际社会也在制定有机法规，包括始于 1991 年欧盟范围内的计划和此后一系列由联合国主导的协议。

美国农业部的有机食物是指在种植过程中不使用合成肥料或杀虫剂（也有一些例外），没有转基因处理，也没有受到辐射（辐射是一项很少使用的食品安全技术）的食物。有机动物必须吃有机食品长大，不能使用抗生素或生长激素饲养它们。它们还需要在"符合其自然行为的生活条件下"进行饲养，这实际意味着更多的活动空间，也许还要不时打开围栏放它们出来。想要贴上有机标签，加工食品必须不含"人工"成分，尽管这一规定已被放宽。而且，有机也有等级之分。"有机制造"意味着产品至少含有 70% 的有机成分；剩下的 30% 也不能含有违禁成分，如转基因微生物或合成肥料种出来的食物。

这些标签几乎无视了有机农业的历史、精神和其无限潜力。霍华德、鲍尔弗等人曾对有机农业进行界定，在美国乃至全世界，也有成千上万勤劳的、坚守原则的小农户曾践行有机农业理念。美国农业部以最狭隘的方式定义了"有机"，尽管它"从来不只是一种耕作方法",正如布莱恩·奥巴赫（Brian Obach）在《有机斗争》（*Organic Struggle*）中所写的那样:"它是一种哲学观,关乎对世界运作方式以及人类在世界中的合理位置更广阔的理解。"

成分杂糅的产品是为大型食品公司量身打造的,供他们利用"有机"进行营销。"有机蔗糖"就是糖,"有机草饲牛肉"很可能是在近乎封闭的环境中饲养出来的,牛吃的干草可能来自千里之外。一旦营销人员意识到垃圾食品、健康食品、来自智利的反季节葡萄、备受折磨的奶牛产出的牛奶以及更多的东西(例如洗发水和衣服)都有可能包装成"有机"产品,商界对于有机产品的视界顿时打开了。

践行传统有机耕作的农民深受其害。有机标签的审批涉及大量的存档,需要昂贵的申请费用。许多小农户并不能负担认证所需的时间或费用。而且,由于那些真正爱护土壤的农民可能会进行 40 种作物的轮作,他们需要准备的文书工作远远多于那些种植单一作物的人。这样的农民几乎不可能在大众市场上参与竞争。

"农业部有机认证"标签并没有禁止人们种植单一作物。我描述的几乎所有工业化农业的问题都存在于经认证的有机农业中。然而有些颇有意义的例外,有机田里的农民不会接触到那么多危险的化学品,食品中的化学残留物较少,而且有机农业对基因工程产品持否定态度。这些都是好事。

但是,官方并没有要求有机食品具有好质量,甚至也没有要求它是真正的食物。正如玛丽安·内斯特所说:"有机的垃圾食品仍然是垃圾食品。"一种食品可能有巨大的碳足迹,由近乎奴隶的人种植和收获,或由受折磨的动物的制品制成,但它仍然是"有机"的。

情况可能更糟。美国政府要求贴有有机标签的进口食品达到与美国国内生产的食品相同的标准。但一直以来,进口食品的质检过程都是不充分的(在新冠病毒大流行期间可能变得更糟),所以有机认证标签未必是真的。而这些值得注意的细节完全没有影响食品的营销。

无论如何，许多负担得起高价的人已经"走向有机"，他们相信商店里的食物可以被分为"好的"（有机食品）和"坏的"（常规食品）。这种简化的态度促使厂商开始大规模生产商品型的有机超加工食品，其市场已从1990年的10亿美元膨胀到2005年的150亿美元。现在每年的市场规模约为500亿美元。

在开始讨论食品标准后的10年内，大型食品公司购入了现有81家有机食品加工企业中的66家，从石田农场（Stonyfield Farms）［法国公司兰特黎斯（Lactalis）所有］到喀斯喀特农场（Cascadian Farms）、缪尔格伦（Muir Glen）和安妮（Annie's）（均为通用磨坊公司所有），再到诚实茶（Honest Tea）（可口可乐所有）等。如果说在此之前进行大规模生产的有机食品领域还有一点点商业道德，那么如今这一点点商业道德也不复存在了。大多数有机食品企业如今从属于一个更大的系统，但该系统仍未回答以下关键问题：人类为什么要种植食物？我们如果能真心实意地发问并理性回答，便可以开始做出亟须的改变了。

第十四章　我们身在何处

食品世界充满了可怕的问题，其中一些问题的出现，是由于人类重要的营养来源已经变成了全球的主要利润中心。

你会听到人们说："食品系统已经崩溃。"但事实是，这个系统对大食品公司来说仍在近乎完美地运作。对于世界上大约三分之一的人来说，食品系统也运转良好，因为这些人有钱索要世上几乎任何食物并能瞬间获得。

但是，这个系统还不够好，无法为大多数人提供健康食物，也不能节约资源及维护可持续发展。事实上，这个系统已经造成了一场公共卫生危机（如最新的全球新冠疫情）。此外，或许更关键的是，它是导致人类首要威胁（即气候危机）的主要因素。我们生产食物的方式正在威胁每个人，包括最富有和最聪明的人。

虽然食物系统毫无道义可言，而且它的监管者也有时没有道德，它却在很大程度上是渐进式决定导致的，有些决定远在一万年前就做出了，有些是最近做出的。我们无法判断人类是否可以做得更好，但有一件事是肯定的：未来还存在不确定性。我们仍有时间来改变种植和饮食方式。

这关乎人类存亡。

你可能已经听厌了气候变化的种种言说，但是如果地球不再适合农耕，到那时我们再开始少吃奶酪和汉堡包就太晚了——我们的日子要到头了，汉堡包也就不重要了。而且，就像和新冠疫情一样，人类无法和气候停战。你要么解决它，要么不解决。我们还没有解决。

截至 2020 年初，为了达成《巴黎协定》提出的温和目标，世界需要每年减少近 10% 的碳排放——在接下来的 10 年里每年都是如此。我们启动得越慢，减排力度就必须越大。想要上述变化发生，另一项更大的变化需要先行到来，即世界上的工业化国家必须达成协议并强制执行。比尔·麦克基本（Bill McKibben）是一个杰出的气候记者，代表了理智的声音，他说："未来 75 年内，世界将很有可能依靠太阳能和风能运行，因为它们便宜，但如果我们指望经济学来推动变革，世界将会分崩离析。"

大农业公司排放了大量的温室气体，甚至与石油和天然气公司相当。排名前 5 的肉类和乳制品公司加起来产生的排放比埃克森美孚（ExxonMobil）还要多，排名前 20 的公司的碳足迹总和与德国相当。世界第二大肉类公司泰森食品公司（Tyson Foods）排放的温室气体是爱尔兰全国的两倍。

我们不可能精确计算究竟有多少温室气体排放来自农业，又有多少来自化石燃料。汽油驱动的农业机械的排放是算作农业来源还是化石燃料来源？事实上，两者都算——没有化石燃料来为机械供能、运输食物、生产肥料和杀虫剂，就无法进行工业化农耕。

减少化石燃料的使用将极大地改变农业。而农业的变革正意味着减少化石燃料的使用。

拒绝承认气候变化（截至本文写作时，即 2020 年 7 月）的美国环境保护局声称，农业只导致了温室气体排放总量的 10%。另一方面，世界观察研究所（Worldwatch）估计，这一比例应当超过50%。具体的数字并不重要（这几乎不是一场比赛），重要的是，食品生产导致了大量的温室气体排放，温室气体排放存在于行业的方方面面。

动物的工业化饲养带来的温室气体排放最多。甲烷的温室效应远远强于二氧化碳，而奶牛、绵羊和山羊打嗝时就会排出甲烷。生产者在全球范围内饲养了近700亿头牲畜，占用了所有不冻土地的四分之一，它们很可能导致大部分的农业温室气体排放，占全球温室气体排放总量的15%。

如果饲养得当，反刍的食草动物可以将碳、表土和水留在地下，同时增加养分，从而增益土地。但是，如果把这些动物关在圈里，给它们喂食谷物，我们不仅危害了它们的健康，而且会使更多的土地被用来单一种植玉米或大豆，从而带来水土流失、径流污染和土壤氧化问题并产生碳排放。如果把这些问题算上，工业化动物饲养带来的温室气体排量可能会翻一倍。

19世纪中叶以来，我们开始大肆破坏平原，土壤中多达70%的碳被送入空气中。目前，为种植动物饲料和放牧而进行的森林砍伐产生了约8%的温室气体排放，因为来自土壤的碳被重新释放，能够固碳的自然栖息地也被摧毁。亚马孙雨林面积急剧缩小，产生的雨水很快将不能满足自身需求。它将退化为更干燥的热带草原，使人类失去最大的碳汇之一。

我们通常认为，"浪费"是指故意扔掉食物或让其变质；实际上，有些食物在田间腐烂或损失在运输过程中，根本没能进入市场。由于不同文化导致的各种原因，我们生产的食物至少有30%没有被吃掉。

此外，还存在更多的浪费。在美国，大片的土地（仅艾奥瓦州就有2 300万英亩）被用来种植对食物供应有负面影响的作物：玉米用于生产乙醇，玉米和大豆用于饲养牲畜和制作垃圾食品。正因如此，浪费带来的温室气体排放比例被大大低估。正如我们在新冠疫情早期所看到的，全球供应链瓶颈①很容易导致浪费，由于市场秩序受到扰乱，人们必须倒掉牛奶，填埋数英亩的农作物，杀死并掩埋牲口。

保障香蕉、西红柿及其他"新鲜"食物在世界各地的及时供应，也有环境成本。运输食物的恒温车辆大约排放了 10% 的农业温室气体。

我有义务说明，水稻种植会产生甲烷，其温室气体排量可能达到全球总量的 3%。但是，水稻作为世界上种植最为广泛的谷物，也养活了数十亿人，他们几乎没有加剧气候危机。因此，尽管我们能以更可持续的方式种植水稻（在一些地方已经这样做了），但如果盯着水稻不放，则是把主要由肉食消费者造成的问题归咎于素食消费者了。小农户虽然对气候变化影响很小，却承担了气候变化带来的最严重的后果。在气候危机的方方面面，搞清楚是谁负主要责任以及让谁来清理乱局，十分重要。

这是农业对气候的影响；那么气候危机对农业造成了什么影响呢？

以前的高温天气现在看来再平常不过。近年来的温度飙升（有记录以来最热的 10 年中有 8 年都发生在过去 10 年左右）已经使得干旱、洪水、山火和害虫入侵更为频繁。

云层的温度越高，能容纳的水就越多，所以下雨时的雨量也就越大。2018 年 7 月—2019 年 6 月，美国一年的降雨量是有记录以来最高的。

即便如此，人类的水资源正走向枯竭。联合国预测，到 2025 年，大约有 20 亿人可能面临缺水问题，到 2050 年这一数字可能

---

① 供应链瓶颈指货品挤压，无法进入下一个流通环节或供应链受损、无法正常运作的情况。——译者注

达到 50 亿。而这并不是因为人们喝水或洗澡。大约 80% 的淡水被用于农业。奥加拉拉蓄水层（黑色沙尘暴来袭时水资源短缺的"解药"）就是一个典型的案例。从这里抽取的水中有 94% 用于作物灌溉；即使在降雨量创纪录的年份，蓄水层也无法重新装满。在得克萨斯州和其他地方，大量的水从蓄水层抽出，使得土地下沉。有关水源的争端还会带来战争，如在叙利亚；或是带来不太引人注目但仍然严重的结果，如在加利福尼亚，或许只能通过减少加州一半的集约农业用地才能解决其长期以来的缺水问题。

不只是水资源出现了问题：重要农作物的产量已经开始下降，而且这种趋势会加剧。哥伦比亚大学梅尔曼公共卫生学院的教授刘易斯·齐斯卡（Lewis Ziska）表示："丰富的碳元素促进了光合作用，但改变了碳和其他营养物质之间的平衡，使植物富含碳，但可能缺乏营养。"侵蚀、生物多样性丧失、喜欢温暖环境的害虫，以及作用于土地和动物（包括水生动物）的高温，都有可能危及作物的产量。工业化农业的对策是试图通过焚毁更多的森林和使用更多的化学品来保持产量，而这会使问题更为严重。联合国粮食及农业组织（简称联合国粮农组织）表示，到 21 世纪中叶，饥饿人口的数量可能会是现在的 3 倍。

我可以继续说下去。结果是，尽管我们或许能够在不改变现有农业模式的情况下大幅减少碳排放，或许能找到更好的方法来固化碳，但这些措施均无法保证粮食系统的完整性。在未来的某个时间节点，天气会变得特别热，农民无法出门，动物无法生存，农作物无法生长，自然系统无法存续。沙尘暴将激增，粮食将大幅减产。这意味着数十亿人可能面临饥荒，这也许发生在 2050 年之前，最晚在 21 世纪末必将发生。正如大卫·华莱士-韦尔斯（David Wallace-Wells）所说，"情况比你想象的要糟糕，糟糕得多"。

有钱的人不会挨饿。我们的食物系统最显眼的失败不是饥饿

（那还只是经济系统的失败），而是致病的饮食。大食品公司创造了这样一个世界，用帕特尔开创性著作的标题来说，人们"填饱了肚子，却依然饿着"。垃圾食品很诱人，让人无法拒绝。它令人们长期过量食用没有营养的食物。

该系统提供几乎不间断的食物供应，不分季节。它平均为世界上每个人提供大约 2 800 卡路里，对于 2050 年预计达到的 100 亿人口来说甚至也是足够的。

垃圾食品诞生于美国，但已传播到世界各地，所到之处，疾病随之而来。从传统饮食和支撑传统饮食的传统农业到 20 世纪的加工食品和工业化农业，让人们患上更多的慢性病。一般来说，我试图避免统计数字，但这里有一大堆统计数字，而且它们都指向同一个问题。世界上三分之二的人所在的国家中，死于与超重相关疾病的人已经多过死于与体重不相关疾病的人。自 1980 年以来，全球糖尿病患者数量增加了 3 倍，自 1990 年以来，死于糖尿病引起的慢性肾病的人数增加了一倍。在过去的半个世纪里，全球的糖摄入量和肥胖症患者数都增加了近两倍。地中海地区一半的成年人口已经放弃了对身体有益的传统地中海饮食，几乎没有儿童保持这种饮食习惯。从 2011 年到 2016 年，美国快餐连锁店的国际销售额增加了 30%；国际销售额现在占这些连锁店利润的 50%，而且许多其他国家的年轻人吃的快餐比美国人还要多。预计到 2022 年，国际快餐市场将接近 7 000 亿美元——按国家算，其经济价值将跻身全球前 20。据估计，这些数字将在未来 10 年再次翻倍。

食物的本质应该是提供营养，而营养促进健康。然而，在我们不正常的现实中，我们吃的很多东西都与健康相悖。超加工食品，更像是毒药而不是真正的食物，就和缺乏维生素一样，超加工食物无疑会使人们生病。

世界上有 42 个国家的国民预期寿命比美国高。即使算上新型冠状病毒，慢性病仍是人类的头号杀手，取代了我们已克服的麻疹、天花和脊髓灰质炎等感染性疾病。在美国，大多数人至少有一种慢性病（近一半人有两种），这些疾病大约造成 70% 的死亡——每年 180 万人；它们也显著增加了新冠病毒严重并发症的风险。因此可以说，与饮食有关的疾病是美国首要的致死因素。

在几年内，死于新冠病毒的人数可能会减少到类似流感的死亡人数。糖尿病的情况就不一样了。

2013 年，一项对 175 个国家的研究发现，不考虑肥胖率的情况下，人们摄入的糖类每增加 150 卡路里，二型糖尿病的发病率就会增加 1%。也许你很苗条，但仍患有代谢综合征（本身是一系列不健康症状的集合）、高血压、二型糖尿病、心脏病和十几种与饮食有关的癌症中的任何一种；你可能超重，但没有患上述任何疾病。我们痴迷于将肥胖作为要解决的问题，这是由于我们的文化厌恶肥胖。同时，我们倾向于将肥胖归咎于个人，而不去找那些没那么明显却影响着每个人健康的其他因素。

我们并不确切地知道超重如何增加或为何增加患糖尿病和感染其他早逝因素的风险。我们也不完全了解热量摄入、运动、脂肪堆积、胰岛素抵抗和其他影响饮食相关疾病的因素之间的机制和关系。但我们知道的是，更好的饮食可以解决很多问题，而且我们有足够的知识储备，可以为解决食物营养问题提供合理建议。

但是，光有好的建议还不够；西式饮食之所以占据统治地位且具有破坏性，不是因为我们不理解哪些食物有害、哪些有益，或缺乏相关的教育，甚至不是因为世界上缺乏改正错误的努力——大多数人知道什么是"好的"饮食。

为了提供参考，下面（见表 1）是世界上最简短的关于最佳饮食的严肃讨论——其实是多种饮食，因为饮食可以有很多形式。你可以选择地中海饮食或冲绳饮食或旧石器时代饮食，或任何你喜欢的饮食。你甚至可以根据自己的口味和喜好，搭配出自己的专属食谱。关键是要记住，所有好的饮食无一例外地含有一系列有益元素；还有一些元素是可选的，另一些元素则应尽可能避免。

表 1　食谱搭配建议

推荐 （尽可能选择）	可选 （少量进食）	不可取 （尽可能远离）
蔬菜，包括根茎和块茎	从蔬菜、坚果、种子、水果中提取的脂肪	超加工食品，包括通过化学手段提取的油、糖、面粉等
水果	肉类	工业化生产的动物产品
全谷食品，包括（真正的）全麦面粉	乳制品	垃圾食品、甜食等
豆类	海鲜	含糖饮料
坚果	鸡蛋	
种子	咖啡、茶、酒（有待商榷）	
水		

这些都是根据有据可查的营养学研究总结出来的，几乎无可争议，也不会有过多改变。可能在细节上会有一些小调整，但都是些无伤大雅的小问题——就像说运动很重要，然后争论游泳是否比跑步更好。

食物不是独立存在的。没有所谓的超级食物，而垃圾食品的"毒性"其实也由剂量决定。如果你饮食的其他部分是均衡的，那么吃一个汉堡王皇堡，或者吃一把 M&M 巧克力豆并不会立马死去。

简而言之，让我们茁壮成长的饮食已经被"破解"了。我们不了解其中的每一个细节，但我们知道如何为健康和幸福而吃，而且很简单。但是，我们的饮食也正伤害我们，把这归咎于个人选择是错误的。责任在于种植（养殖）者和经营者生产、售卖的食品。

美国的食品广告预算约为每年 140 亿美元，而用于"慢性病预防和促进健康"的总预算仅为每年 10 亿美元。这些广告预算还被用于引诱人们过度饮食，过度地吃错误的食物。美国人如今摄入的卡路里比 20 世纪 50 年代多三分之一，而且总卡路里中约有 60% 来自超加工食品。大体而言，有色人种和经济弱势群体受到的影响最为严重。

人类文明发展至今，每当食物充足，人们就会快速把自己的肚子填饱。现在这样做很危险。有一项研究表明在贫困和暴饮暴食之间存在强相关性。鉴于此，在贫穷程度较高的地方，糖尿病和相关的疾病也更为常见。例如，美国黑人的糖尿病发病率比白人高 77%。

一般来说，健康的食品会被卖给较富裕的人，而非健康食品则会卖给不那么富裕的白人及有色人种。在美国，快餐店的数量是超市的 9 倍，尤其在贫困地区，这一比率更大。

"食物沙漠"① 本质上源于贫困，而非不好的地理位置。其实是金钱把超市和好的食物带进了各个社区。超市是逐利者，它们一嗅到某个社区的金钱气息，就会蜂拥而至。同样，如果人们的收入很低，那么即便给低收入社区引入一家杂货店，也不会有什么改善。

公共卫生提倡者通常说我们必须"让好的选择变为容易的选择"，这种说法有其道理。但目前的情况是，容易的选择往往是不健康的选择，对于美国 20% 或更多的人来说，更好的选择可能由于时间、地理或收入等因素而无法实现。

起初，这一点并不明显。但是随着农业工业化与高产的单一作物种植结合，所有这些问题都产生了。从各个方面看，高产单

---

① 指贫困地区的消费者往往无法买到健康食品的现象。——译者注

作都与自然孕育万物的法则背道而驰。

看看一片森林或草地，你会看到成千上万相互依存的物种。这个不受约束的栖息地平衡而稳定，能够在数千年间生生不息。大自然喜欢多样性，甚至混乱。

现在想象一片现代的玉米田。田里只有一个物种，其他一切，甚至是共生生物，都会被赶尽杀绝。其他物种即便没被注意到，最多也只可以存活一个月。这体现了人们在 19 世纪的信念，即我们终于可以彻彻底底地征服自然了。

我们已经发现这种观念的愚蠢之处。美国 5% 的农场销售了 75% 的农产品，60% 的美国农田由经营面积在 2 000 英亩以上的农场所控制。（那是 3 平方英里的农作物。你要花一整天的时间才能走完整片农田，更不用说在上面耕种了。）

"传统"农场每年在化学品上花费约 110 亿美元，在肥料上花费 130 亿美元；自第二次世界大战结束以来，化学品和肥料的使用量已增长至此前的 60 倍。全世界每年使用 60 亿磅的杀虫剂，平均每个人约有一磅。喷洒杀虫剂的过程中，真正触达目标物种的不到 1%，而这些化学品污染了整个地球上的土地、水和生物，人们还在大约 85% 的食物中发现了化学品。

而且，由于杂草和虫子会产生抗药性，化学品的效力会随着时间推移而降低，这就导致了一个可怕的循环，即后续化学品越发强大，越发危险。正是这种情况促使拜耳公司（它兼并了孟山都公司）推出了能同时抵抗多种杀虫剂的种子——笔者写此书时，拜耳已经推出了能抵抗 5 种化学品的品种。

新烟碱是当今世界上最流行的杀虫剂，已经杀死了大量益虫，包括瓢虫和蜜蜂。德国花了 30 年时间统计昆虫数量，发现该国 63 个自然保护区内昆虫数量下降了 75% 以上。（新烟碱在欧盟基本已经被禁止使用了。）

虽然消费者可以通过少吃超加工食物和多吃有机食品在一定

程度上回避杀虫剂，但当化学污染无处不在时，你即便不吃饭也会中毒。除了杀虫剂，我们的环境中还有数千种人造毒物，它们在持续毒害人类。（在世界范围内，死于这些毒药的人数大约是死于慢性疾病人数的四分之一——每年总共超过 1 200 万人。）这些化学品存于食品、包装、清洁剂、家具、衣服以及其他物品中。其中许多化学品会干扰人体内分泌且被证实与许多疾病有关联：与激素有关的癌症（特别是乳腺癌、子宫癌、卵巢癌、前列腺癌和甲状腺癌）、儿童神经发育问题（如多动症）、青春期提前、隐睾症、精子数量少以及会使人增重、引发糖尿病的代谢干扰。其他化学品则会扰乱保证我们消化系统健康的菌群。

对毒素和公共健康的研究被人们忽视、抑制，或是掩盖，研究资金也不足；测试大多是自愿的不被官方承认的，由业界自主进行。食品和药物管理局可以进行安全测试，但它基本没有这样做。

20 世纪 70 年代的低价谷物为一个聪明而可怕的想法提供了基础，现在已成为畜牧业生产的主流：集中饲养动物，它是单一作物种植最恶劣的衍生模式。

养鸡业在建立规则方面走在了前列。养鸡业的生产集中在几个监管不力的州，如艾奥瓦州——现在是集中型动物饲养的起点。大型经营者们雇用分包商，给他们微薄的工资，让他们管理拥挤的大型鸡舍。

在成功提升了鸡和蛋的生产效率之后——按重量计算，地球上四分之三的鸟类是农场饲养的鸡。按此模式发展，生猪和牛将是下一步。像鸡一样，这些动物挤在大型畜棚里，用配方食品（主要是大豆）来养肥。此前，这种残忍的"增效手段"会受到疾病干扰，但集中型动物饲养模式通过日常注射预防性抗生素解决了这些问题。

人们在牧场上放养年轻肉牛经济效益不错，但在它们生命的最后 6 个月，肉牛会被转移到饲养场并被喂食谷物。大豆将成为它们主要的蛋白质来源，这对牛来说尤其困难，因为牛的复杂消化系统适应了吃草。[吃草（grazing）和草（grass）词根相同。]这种新的饮食使它们生病，进一步增加了药物的需求。

对于美国约 900 万头奶牛中的大部分来说，情况甚至更糟。它们每天挤奶两次，生命的大部分时光都在牛棚和泥泞的饲养场中度过。它们被人工授精，以永久保持泌乳状态，产后会被迅速与小牛分开。乳制品行业曾经由全国各地小型乳品厂拼凑而成，现在则由集中型动物饲养模式主导，其生产成本低于那些小型乳品厂的生产成本，正稳步将它们赶尽杀绝。

蛋鸡和肉鸡、生猪（它们很少见到日光，行动受到限制）、牛肉和乳牛是迄今为止我们最重要的肉类和其他动物产品来源。我们每年加工约 100 亿只动物——平均下来每个美国人约 26 只。而且，正如你所想的那样，这个行业集中度很高：96% 的猪肉来自17% 的生猪生产者，他们采取集中型动物饲养模式，每个饲养场中有 2 000 头或更多的生猪。全行业只有不到 5% 的养牛场拥有1 000 头及以上的牛，但它们占领了近 90% 的市场；而这 5% 中几乎一半的养牛场拥有 30 000 头及以上的牛。

平均而言，每个集中型生猪饲养场产生的废物与一座约有一万人的城镇产生的废物相当。（艾奥瓦州所有集中饲养的牲畜产生的废物与 1.68 亿人产生得相当；废物总量超过 4 个加利福尼亚州，或 53 个艾奥瓦州。）牲畜产生的粪便储存在巨大的"潟湖"中，潟湖偶尔会泛滥，毒害周围的土地和水源；潟湖中的淤渣会定期抽到空中，在周围数英里内产生致病的化学雾。

巨型畜棚还使用巨大的风扇将室内积累的氨气、甲烷和硫化氢排到室外，以免动物中毒。这在当地形成毒雾，刺激人们的眼睛和呼吸系统，增加了患癌症和哮喘的风险。但是，在农场权利法①的保护下，集中型动物饲养场的经营者们得以无视其人类邻居的健康与幸福。

可以预见的是，贫困的社群和以少数族裔为主的社群受到的影响最为严重。例如，北卡罗来纳州的有色人种接触到饲养场毒气的可能性比平均水平高 50%，也更有可能患上各种疾病而早逝。

要不是集中型动物饲养场安保措施严格、行事隐秘（很少有人会看到饲养场的内部情况），公众一定会谴责这个工业化农业分支是残忍且非比寻常的，而它确实如此。［哲学家彼得·辛格（Peter Singer）就将集中饲养场比作集中营。］事实上，在 20 世纪 80 年代，当工业化动物生产刚刚开始时，公众对关押肉用小牛反应强烈，全美国范围的抵制使小牛肉的销量减少了 80% 以上。

联邦政府在保护动物方面没有任何进展——或者说他们从未开始。每个州都制定了自己的法律和标准，人们将其称为常规农业豁免（Common Farming Exemptions），主要含义为，几乎任何做法都是合法的，只要它是常见的。"换句话说"，正如乔纳森·萨弗兰·福尔（Jonathan Safran Foer）曾经写给我的那样，"这个行业有权力定义什么是残酷"。碾死数以亿计的雄性小鸡，这是鸡蛋产业一个不幸的副产物——是合法的。每年阉割 6 500 万头小牛和小猪，通常不使用任何麻醉剂——是合法的。让生病的动物在没有单独兽医护理的情况下死亡，将动物囚禁在小到不能转身的笼子里以及将活体动物剥皮——都是合法的。（什么是非法的？踢你的宠物狗非法。）偶尔在热门的网络视频里，展示了人们如何破坏社会准则，并以特殊的方式虐待动物，而这分散了人们对现实世界的注意——我们认为动物养殖的日常做法并无不妥，但它们实际和那些视频一样令人恐惧。

集中型动物饲养也催生了更多"高效"的屠宰场。较小的屠

---

① 美国农场权利法案指出，只要经营活动合法，农场主就可以在一定程度上忽视周围居民对于噪声、气味等细微问题的投诉。——译者注

宰场需要一年才能完成的工作在新型模式下一小时内就能做完，于是小屠宰场几乎消失了。工人们（主要是有色人种，通常是移民）被迫加快工作速度，往往会把自己置于危险境地。一些业务转移到海外，这进一步降低了美国国内工人的工资。到2017年，大多数牛和猪是由十几家最大的屠宰场加工的，这些屠宰场是美国最危险的工作场所之一。当屠宰场成为新冠疫情的集中爆发区时，上述工作条件的不安全性与残酷引发了关注，但实质性的改革并未发生。

饲养场经营者们成功挫败了任何限制或监管动物圈养的尝试，集中型动物饲养场于是壮大。一家生产乳制品的大型饲养场可能有数万头奶牛，而一家养鸡场可能有数十万只鸡。实际上，没有人知道它们的规模，因为没有政府机构准确地追踪记录它们。现有法规即使很宽松，也并未得到执行。全美国只有三分之一的集中型动物饲养场拥有许可证，美国环保局也不知道有多少家集中型动物饲养场；最近的一份报告发现，仅艾奥瓦州就有超过5 000家饲养场没有在案记录。（几年前，我曾乘坐直升机飞过艾奥瓦州中部，看到无数造型独特的金属集中型动物养殖仓，多得数不过来。）

事实上，美国环保局已做出了极大努力来避免监管畜牧行业。2004年，畜牧业经营者与环保局达成协议，将资助环保局的一项研究，该研究将成为新法规的基础，而作为交换，在研究过程中，畜牧业经营者们将不会收到环保局的诉讼。美国大多数的大型畜牧业经营者明智地购买了这种豁免权。15年后，这项研究仍在进行。（毫不奇怪，特朗普总统使情况变得更糟了。）

整个畜牧产业需要数百万英亩土地，来专门种植动物饲料。由于其中99%来自工业化生产，仅化肥径流中过量的硝酸盐就构成了一个巨大的问题。例如，得梅因市被迫建造了世界上最大的市级水处理厂，使其公民能够饮用安全的自来水。除了动物排泄物，生长激素也可能逃逸出来，以惊人的数量出现在我们的肉和饮用水中。

抗生素也是如此。80%的抗生素是喂给农场动物的，这使得一代又一代的病菌变异并对抗生素产生免疫力。这带来了耐抗生素的细菌菌株，全球每年有70万人死于以前可以用标准药物治愈的感染。具有抗药性的细菌，特别是沙门氏菌，存在于大规模生产的肉类。生产肉类时抗生素用量最高，耐抗生素的细菌也最多。在欧盟等限制抗生素使用的地方，细菌的抗性则低得多。专家们一致认为，如果我们这一代不对抗生素的使用加以控制，那么细菌的抗药性将使常规的医疗程序面临极严重的风险。

最后，工业化的动物生产至少在一定程度上使人类在面对新型冠状病毒等新型疾病时具有脆弱性。乱砍滥伐和栖息地破坏为危险疾病在野生动物和人类之间传播创造了大好机会，因为森林消失了，而农民被迫深入野外。而一旦任何一种病毒流入集中关押的动物群中，它就会轻而易举地传播开来。近几十年来的许多新型传染病（不仅是冠状病毒，还有禽流感、SARS和其他疾病）都按照这个路径传播。

简而言之，工业化的动物生产在生态维度和道德维度上都带来了混乱，它践踏了人类的灵魂，也侮辱了动物的生命。集中型动物饲养场把肉类变成了危险的超加工食品，它标志着畜牧行业一个可怕的终点，而该行业可以无限包容残酷行为。

鱼类是10多亿人的重要蛋白质来源，占人类动物消费总量的三分之一。人类对陆地和空中动物犯下的所有过错都已经或正在发生在海洋生物身上。就像水牛从中西部大平原上消失，鸽子从天空中消失一样，各类物种正从海洋中被捕获，所用的方法比诱饵钩还要残忍数倍。如今鱼是从水里吸出来的，或是被捕入绵延数英里的网里。迄今为止，这些方法中的大多数"方案"与破坏环境的养鱼场有关，这些养鱼场以野生鱼作为饲料。

三分之一的鱼类以不可持续的方式捕捞上来，像金枪鱼和剑鱼这样的大型鱼种的数量仅为工业化前的 10%。这使得一些可信的专家说，到 2050 年，大型渔业将崩溃。另一些人则认为，如果采取更多可持续管理措施，到 21 世纪中叶，世界上"只有"一半的可食用海鲜物种将受到威胁。

许多因素导致了这一状况，但归根结底罪魁祸首是贪婪与权力。美国的监管是世界上最强有力的，但其影响主要局限于本土水域。

工业化捕鱼十分粗放，效率低下，会造成大量浪费，数量令人震惊。多达四分之一的野生渔获被作为"副渔获物"丢弃，它们注定会死亡。除此之外，还有污染与干扰小型渔场的海岸建设和开发，用野生鱼喂养养殖鱼的行为，以及有据可查的在全球海产品供应链中强迫劳动、使用童工以及赤裸裸的奴役行为，这个行业问题严重，急待改进。

当然，气候变化也在严重破坏海洋环境。气候变暖正永久性地改变生物迁移模式和栖息地，使生态系统变得混乱。此外，气候变化导致的海洋酸化阻碍了鱼类生长，甚至杀死了它们。许多人担心，热带地区很快将完全没有鱼。

曾经，几乎所有捕获的鱼都会被人类吃掉。现在的情况并非如此。除了因误捕而损失的四分之一的鱼之外，三分之一捕获的鱼会制成肥料以及养殖鱼和其他动物的饲料，并用于其他各种工业用途。尤其令人痛心的是，这些鱼多是体型较小的鱼，如凤尾鱼、鲭鱼和鲱鱼——它们在许多传统饮食中至关重要，但贫穷的渔民及其家人和邻居越来越难捕捞到它们了。在富裕国家，这些鱼上经常贴着"可持续"的标签，越发被推崇为比养殖鲑鱼更好的选择。它们确是更好的选择。问题在于，如果说，曾经当地渔民是以可持续的数量为当地居民捕鱼，那么如今工厂的船只却大肆捕鱼并运往世界各地供富人食用，这样一来，当地的食品安全将遭到破坏是不言而喻的了。当地居民曾生活在有利于小规模自给自足的农业或渔业系统中，如今被迫卷入全球现金经济。

水产养殖或养鱼业有时被称为"蓝色革命"，如今产出世界上约一半的鱼。这可以说是一种进步，但水产养殖使用了世界上约一半的鱼粉和近90%的鱼油。

鱼粉和鱼油的使用并不高效。养殖一磅的鲑鱼需要一磅半的野生凤尾鱼。更糟糕的是，养殖一磅的金枪鱼需要28磅的野生鱼，这个转换率比牛肉还低。虽然鱼类的转换率通常比陆地动物的转换率高，但可以说所有形式的畜牧业消耗的能量，包括食物所含的卡路里，都远远超过它们产出的。世界上重度依赖动物为食物的地区如今越来越多地采用基于植物的饮食，以上便是主要原因。

当前的水产养殖技术同样使土地和水源退化。例如，养虾业破坏了红树林，而红树林对抵御台风至关重要；一个鲑鱼养殖场的20万条鱼排出的粪便相当于6万人的粪便，它们对水源的污染足以想象。水产养殖还危及那些与养殖鲑鱼接触的野生种群。

最后，水产养殖业使用了大量但似乎无法测算的抗生素，使用方法与其他农业模式基本相同。这些抗生素约有80%最终通过尿液、粪便和未食用的食物进入环境，可预见的是，它们会加剧前文所述的抗性危机。

人们一般认为，水产养殖减少了野生种群的压力。事实上，它反而加大了压力。因为小鱼曾经不值得捕捉，只是供当地居民食用，现在却被捕来喂养养殖场里的大鱼。而这些大鱼则端到了相对富裕的人的餐桌上。

以现实角度看，我们已经开发了所有可用的农田。在这有限的耕地上，我们必须种出足以养活全世界的食物。席卷而来的单一耕作模式还使得当今小农的生存空间受到全面挤压。在工业化程度极高的西方世界，几乎没有土地供更多农民耕种。

过去，土地的价值来源于实际用途，而当银行开始出售农业衍生品时，它就变得像黄金一样——土地价值仅仅来源于其有限性，因此可以交易。至于它被用来种郁金香还是烟草，金融市场并不关心。

粮食本身也是如此。作为一种金融产品，它的价格与全球货币市场的动态相关联，而不与过时的供需理论相关联。对全球收成规模和气象模式变化的押注和反押注以及石油价格等地缘政治指标，都会影响粮食定价。

在过去数十年间，优良农田的价值已经超过了几乎所有其他投资品。因此，美国至少有30%的农田被非经营者买下，然后租给大规模耕作的农民。随着仅存的个体农户老去，土地又以前所未有的高价转给投资者。如果出售土地是你唯一的目标，那这是个好消息。但是，投机行为已经把农田管理变成了一个可笑的概念，穷人和新入行的农民根本买不起土地。

除此之外还有土地抢夺，这在南美和非洲最常见，但在美国也时有发生。在美国，外国人拥有的土地面积与俄亥俄州相当。2008—2016年，超过7 400万英亩的土地被卖给外国投资者用以生产粮食，而随着气候恶化与粮食产量下降，这一过程正在加速。

土地抢夺很少是光明正大的，多具有剥削性质，它摧毁了自给自足的农业，推动了盈利导向的农业发展。同时，农田合并持续吞噬着小型农场。世界上几乎不再存在竞争的机会，对于小农户而言尤其如此。

所以，作物越来越少，农场越来越少，公司越来越少。大食品公司的梦想则是雇用更少的工人。

自从第一批奴隶在马德拉岛上种植和加工糖以来，西方食品系统一直建立在残酷的劳作之上，现在仍然如此。从工业化农业的角度来看，人力劳作是一种必要的恶行——一桩麻烦事。

小型农场与物种多样性农场仍然是劳动密集型的，但大型农场则依赖化学品、种子和机器并以各种可能的方式最大限度地减少人力。

然而，食物的根源终究是人力劳动。没有工人，我们都不会有饭吃。那些把食物送到我们餐桌上的劳动者，很可能要为自己的口粮发愁。在美国，10个薪资最低下的工作中，有8个与食品相关。美国2 000万份与食品相关的工作构成国家最庞大的私人劳力体系，而其中几乎所有工作的工资都在贫困线附近徘徊。至少三分之一的农场工人的收入低于官方贫困线，即每个家庭每年20 000美元。这意味着一个四口之家仅能支付最低限度的营养饮食和不切实际的超低租金，而其他的开支约等于零。

这些工作中有许多是重复、有损尊严和危险的。工人们丧失了基本权利，如定时如厕和休息，稳定的工作日程，免受虐待、骚扰和工资盘剥，以及集体组织和谈判。

这个系统就是这样设计的。诸如《公平劳动标准法》（The Fair Labor Standards Act）和《国家劳工关系法》（The National Labor Relations Act）的新政有意将农业和家政工人排除在外，其中许多人此前是奴隶或奴隶的后代。相似地，为收取小费的劳工设定的薪资标准要低于最低工资。该标准以前的目标人群主要是铁路搬运工，现在主要是餐厅服务员。劳工部应该确保工资与小费之和达到或超过最低工资标准，但大约有85%的餐馆违反了这些法律。

餐饮业雇用的挣最低工资的工人比其他任何行业的都多。大约600万人生活在小费体系的不确定性中。为了赚取小费，数百万年轻女性选择忍受工作中遇到的言语和肢体骚扰以及更糟糕的事情。在快餐业，至少有40%的妇女曾遭遇骚扰。

自动排班是信息化管理的结果，它决定了每个时刻所需的最低劳动量。这也就意味着工人要服从任意的、往往在最后一刻才决定的时间表。两班倒、分班以及长时间没有工作则给工人带来额外的负担。

农场工作极有可能是所有工作中最糟糕的。大部分工作由来自发展中国家的移民或公民完成。农场工作是季节性的、兼职的、没有员工福利，工资也被雇主最大程度地压榨。农场工作本身也可能很残酷。想象一下，用绑在你背上的 50 磅重的罐子喷洒致癌的杀虫剂，或者在 40℃ 的高温下摘西红柿，然后扛着成筐的西红柿跑向收集卡车，因为你是按磅计酬的。你也可能每天在封闭的卡车里站立 8 小时，将莴苣叶分拣到形似蛤壳的包装中。形同虚设的童工法并未禁止 12 岁的孩子在农田里工作，尽管在美国农业对儿童来说是最危险的行业。

几百年来，辩护者一直认为，虽然人们被赶出自己的土地，但是新的工作机会会出现在城市里。可实际上真正的机会极其有限。在过去的 10 年中，只有不到 10% 的新工作是传统的全职工作。在食品行业，这可能意味着在一天内开车穿越美国 6 个州，在孤独的高速公路上运送食品，或在拥挤的杂货店过道上摆放冷冻食品，或在交通高峰期根据耳机中高声大喊的指令执行任务，或是一天制作数百杯咖啡。还可能是骑自行车穿过拥挤的街道递送餐食和杂货，或在学校午餐生产线或监狱食堂往盘子里放置食品，或在屠宰场 7℃ 的低温中疯狂工作，冒着重复运动综合征和意外截肢等风险，同时需要穿上尿不湿，因为上厕所的机会太少了。

这就是食品劳工们面对的现实。

每次法律推动农场和食品工人的待遇向公平发展时，雇主就会到其他地方寻找可以更高效剥削的劳力。人们对于美国开放边界的所有恐惧，正是跨国公司所享受的——它们可以把业务地点转移到任何地方，以寻找廉价劳动力。但是一个工人即便能在新的国家找到工作，他们也很难穿越国界，很难规划自己的未来。

移民"危机"在很大程度上是一场粮食和劳力危机。由于气候变化、土地掠夺以及自给自足的农业得不到足够支持，农民离开家园，寻找工作。这为目的地国家提供了廉价劳动力，这些国家只在自己需要时才接纳"外来"工人。在美国，没有工作许可的墨西哥工人占总农场工人的80%，他们几乎是不可替代的。在2010年历史性的失业潮中，农场工人联合会（United Farm Workers）向四百万美国公民发出了农场工作的招工邀请。有12 000人申请，12人来到了岗位上，而没有一个人能坚持一天。

由于缺乏收入和保障，食品工人所使用食品券的总量是美国其他劳动者的1.5倍以上。因此，我们实际上是在补贴食品行业糟糕的劳工待遇，用我们的集体税收来弥补维持生计的工资和数百万美国人实际收入之间的差距。沃尔玛是美国营收最高的杂货品牌（也因其最"高效"地削减劳力成本而闻名，主要手段是压低工资和雇用兼职工人），其总销售额的4%来自补充营养援助项目的补贴金。

解决我们食品系统中的问题意味着对它的每一个方面进行长期和认真的审视：充斥着化学品和利润至上的农业活动，对不断恶化的气候的重要影响，在美国和世界范围内加大收入和财富差距的用工活动，这一切都相互关联。

但我们的食品系统并非注定如此。用纳妲娜·希瓦（Vandana Shiva）的话说，就像单一耕作制破坏了农业多样性所需的条件一样，一种"单一的思维模式"抑制了人们做出改变的意愿。主流思想想要告诉我们，一个更健康、更公正，且依然能养活整个世界的食品系统只是空想。事实上，认为现行系统有任何成功的可能才是真正的空想和幻觉。为了活下去，我们必须改造它。

第十五章　前　路

　　我清楚，这本书到现在为止，大部分内容读起来都有些令人泄气。更何况美国作为农业创新的堡垒，很可能会在错误的道路上越走越远，直到撞了南墙才肯改弦易辙，重新建立更加公正合理的农业体系。

　　但希望仍在。尽管本书的读者在日常生活中可能很少能接触到更好的农业系统，但它们确实存在。目前仍有很多地方的农产品保持着分散运销的模式；自给型和小规模农业在世界大部分地区蓬勃发展，甚至还占据着主导地位；许多人相信，农业并不能被简化成一条冰冷的生产线，这些践行者仍然凭借经验、智慧与判断力，可持续地种植作物。

　　沿袭优秀的农业传统意义重大。同时，西方国家为创造更优质的食物也在付出努力、做出重大改变，这一点同样重要。因此，本章将展望我们的食品系统即将发生的积极变化。这些变化是全球性的，正引领我们回归对人类与自然都友好的食品生产的传统方式并为这些传统注入新的生命力。

大约 100 年前，人们首次使用了生态农业（agroecology）这个词。如今，要恰如其分地描述我们为重建与食物之间的联系而做出的改进，仍然非这个词莫属。几十年来，全球农民组织农民之路（La Via Campesina）一直在推广这一概念并付诸实践；再加上生态农业的确是最为科学合理的农业发展道路，因此，法国、古巴等国政府以及联合国粮农组织都对其至少给予了部分认可并引导其落地实施。联合国粮农组织更是将其纳为 2030 年可持续发展目标的一个关键组成部分。

　　出于上述原因，再加上"在与地球和其栖息者和谐共处的前提下生产食物"这句话实在太拗口，我将继续用"生态农业"一词展开论述。这个术语冗长而毫无魅力，但这或许是它的一大优势：它不可能像"自然"和"有机"这种词那样迅速被人接受。尽管现实已经千奇百怪，可还是很难想象标着"生态农业能量棒"或"生态农业土豆片"的食品出现在货架上。

　　顾名思义，生态农业是将符合生态运作的方式运用到农业生产的一套实践体系。作为一种科学的耕作方法，它与工业化农业相对立，顺应自然力，依托自然资源禀赋，而不以征服自然为目的。生态农业的概念比"有机"更严整、更全面，而且不受美国农业部定义的限制。

　　但生态农业不仅仅是一系列技术手段的集合，它更是一种哲学、一份广泛的承诺，以改善社会为己任。生态农业的支持者将其定义为"一个自主、多元、跨文化的运动，以社会公正为政治诉求"。这正是关键所在。

　　目前，世界各地的农民都在努力维持或重新夺得粮食供应的控制权，拒绝被界定为"发达"或"欠发达"，以及被相应的国际标准左右——这些标准强制推进城市化、工业化，追求所谓的"效率"和大规模生产。上文提到的"农民之路"是一个由两亿农民和活动人士组成的松散联盟，建立初衷是为农民争取粮食主权。它的目标是为无地者提供土地，让农民在养活自己和全球人口的同时，能够拥有控制生产的自主权。

在西方，生态农业最有力的倡导者之一是前加州大学圣克鲁兹分校教授史蒂夫·格里斯曼（Steve Gliessman）。他遵循了阿尔伯特·霍华德[①]、富兰克林·海勒姆·金[②]和鲁道夫·斯坦纳[③]等农学家奠定的传统，亲身走遍世界，看到了传统农业的坚韧与理性，也看到了工业化农业的脆弱和轻率，两者形成了鲜明的对比。

格里斯曼认为，发展生态农业系统最终将改变全球粮食系统。工业化农业对化学毒剂的依赖根深蒂固，而生态农业的当务之急就是首先从化肥农药下手，减少这些化学物质的使用。

下一步则要寻找化肥农药及其相关技术的替代品，如使用堆肥、种植覆盖作物[④]、实行轮作和多茬复种、鼓励动植物之间的良性互动、彻底弃用化学品等。到这一步为止，生态农业遵循的还是有机农业（organic farming）的道路，但从这一步开始，农民将开重建耕作系统，使用农场内部自行生产的肥料，实行间作（即在同一农田相间种植多种作物）以减少病虫害和杂草，促进昆虫授粉等。用格里斯曼的话说，这套耕作系统将从整体上"在一套新的生态学过程的基础上"运作。接下来则要缩短食品供应链及农民和消

---

① 阿尔伯特·霍华德爵士（Sir Albert Howard CIE, 1873—1947）是英国植物学家。他是第一位记录和发表有关印度可持续农业技术的西方人，也是有机运动早期的核心人物之一，提倡应用古印度的有机农业技术。——译者注

② 富兰克林·海勒姆·金（Franklin Hiram, 1848—1911）是美国农业科学家。他收集的关于亚洲传统农业生产方式的第一手资料被视为有机农业的经典范本。——译者注

③ 鲁道夫·斯坦纳（Rudolf Steiner, 1861—1925）是奥地利哲学家、改革家、建筑师和教育家。他曾发表系列演讲，提倡生物动力农业（biodynamic agriculture），在不使用农药和杀虫剂的前提下提高土壤肥力，将农场视为一个自给自足的有机整体。斯坦纳的农业思想在世界范围内广为传播并在多地被付诸实践。——译者注

④ 覆盖作物（cover crop）指能保护土壤免遭风蚀和水侵蚀的作物，如牧草、截留作物、夏季绿肥等。在保护性耕作系统中，覆盖作物能在正常目标作物没能形成覆盖层时遮盖土壤，防止水土流失。——译者注

费者之间的距离，并建立起更健全的食物分配制度，让人们都能享受农业发展的成果。

最后，必须建立起一个可持续、对所有人都公平的全球食品系统，而这一点实现的前提是在包括经济在内的所有领域广泛实行社会变革。

毫无疑问，实现这一目标任重道远。但若非如此，后果将不堪设想。

温德尔·贝里曾说，"吃是一种农业行为"，也就是说，食物不是凭空产生的，而是农民从土地里实打实种出来的。相应地，农业也是一种政治行为：一个社会集体商定的政策和投入决定了它所实行的农业模式。

我们对待土地和食物的态度关系到我们如何在这个星球上生活，也决定着哪些人受益、哪些人受苦。因此，推行生态农业不仅要采取科学合理的农业手段，还要赋予妇女和长期受剥削的群体（如 BIPOC①）以权利，实行土地改革，公平分配资源，提高劳工待遇，提高食品购买力，注重营养和饮食，以及关注动物福利问题等。

生态农业的目的是革除时弊。全球正义②运动浪潮和发展真正可持续的种植技术是紧密交织的，生态农业变革也不能简单地停留在上述的第一或第二步，它还有其他准则，包括优化食物的营养效果、保护环境、帮助农民过上好日子。此外，生态农业还力图重建土壤生态，而非使土壤枯竭；减少碳排放，保护本土的食品文化、市场、农场、工作、种子和人民，而非破坏甚至摧毁这一切。

---

① BIPOC 是 Black, Indigenous, (and) People of Color 的首字母缩写，指黑人、原住民和其他有色人种等长期受歧视和剥削的群体。——译者注
② 全球正义（global justice）是一种区别于国家正义的高阶伦理，其价值取向本质上是世界主义的，关注的焦点不是某一特定集体、国家或文化，而是普遍意义上的人类。——译者注

迄今为止，政府对生态农业研究的支持甚微，也许只有工业化农业的5%。然而，生态农业已经反复证明，坚持与自然和谐相处的耕作模式，也可以高产、持久、带来利润。即使在工业化农业的背景下，减少化学品和转基因种子的使用也能大大降低成本，而且使产量保持稳定，甚至能够改善土壤、进而增产。

生态农业让务农成为一种有尊严的生活方式，创造了脚踏实地、面向家庭、供养无数生命的生计之源，我们可以称之为"农村就业""农村复兴"或"绿色工作"。此外，生态农业正在将工业化农业的先进理念与方法整合到一个更加公平合理的系统中，将无数渴望逃离苦力活的农民解放出来。

值得庆幸的是，从费城到太平洋岛国瓦努阿图，世界各地的大大小小数十个进步政府已经认识到了工业化生产食品的破坏性并开始采取应对措施。对许多人来说，这种进步还不甚明显，但它确实存在。进步幅度是否足够大还有待观察，但毋庸置疑，如果我们想扭转农业在人类社会中的角色，让它从人类最大困扰的肇因变成解决这一困扰的方案，那么生态农业就是最佳的选择。

乍看之下，上述政府采取的一些进步措施可能显得不痛不痒，而且极其渐进。渐进这一点并不假，但它们绝非微不足道，因为它们是生态农业的规定步骤。这些措施包括取消单种栽培，建构更周全而公平的食品系统，以及采取更合理的生产方式。工业化农业不可能很快消失，我们承认这一点，就意味着要取其精华，接受其措施的可取之处，用其积极价值冲抵恶劣影响，同时去其糟粕，寻找真正的改进和替代措施。这些任务将紧随其后。

一切始于土地和人民，也将终于土地和人民。过去的错误无法挽回，但可以补救，补救的方式是权力的转移。我们的食物系统由一系列交错、关联的因素决定，而将这些因素联结起来的核心正是权力。如果要依据道德原则来重组食物系统，我们就必须纠正土地与财富分配上的历史性错误，将权力赋予全世界在经济上最弱势的群体。这些变化可称为"进化"或"革命"，但它们将意味着世界上大多数人真正的独立自决，这必然是正当有益的。

大多数问题归根到底是食物问题，权力问题也不例外，而食物是由人生产的。改善食物系统并不意味着减少人的参与，而意味着增加。合理利用土地需要减少单种栽培、克服其弊端，而这可是一项耗时费力的工作。

劳动力成本上升，确实会威胁到畸高的行业利润，使人为维持在低水平的商品价格走高。这些经济上的失败部分归咎于农业此前忽略的一些"外部因素"，如破坏环境的成本、公共卫生条件的下降，甚至是发给酬不抵劳的工人的食品券——农业一直以来为提高利润率而规避的成本。

随着企业将对这些成本承担更多的责任，一个根本性的问题将更加得到凸显，那就是食品体系究竟为谁服务？谁也无法预料接下来将发生什么，但无疑底薪的存在将是工业食品系统（实际上也是经济系统本身）最后的堡垒。

要解决我们食品系统中工人受到不公正对待的问题，需要对现状进行一系列改变，因此工人问题是一个合适的切入点。此外，近年来人们正迅速意识到食品连锁企业劳工的生存问题，掀起了一场名为"为15美元而战"的运动，其诉求是将最低时薪从现行联邦标准的7.25美元上调至15美元。这场运动始于肯德基、麦当劳和汉堡王这3家连锁快餐企业，而这并不是巧合。2012年，约200名纽约市快餐店工人冒着丢掉工作的风险（对其中许多人来说，还有他们的移民身份），为争取15美元的微薄时薪奔走呼吁。

据估计，截至目前，"为15美元而战"已经为2 000多万名工人带来了超过700亿美元的报酬。许多州已经提高了最低工资标准，其中几个州已经将这一标准定为15美元；其他州也已经取消了剥削性的小费工资①。(这两项措施在加利福尼亚州均得到了落实。)下一次民主党入主白宫、成为国会多数党时，全美国最低时薪标准很可能将提高到 15 美元，小费工资也将在全美国范围内逐步取消。

农民工权益方面也取得了进展，佛罗里达州最能体现这一点。长期以来，该州提供了全美国食用的大部分冬季番茄。几十年来，南佛罗里达州的农场老板克扣工资、欺压工人，有时甚至囚禁工人，其中大部分是移民。1993 年，伊莫卡利工人联盟（以其所在的伊莫卡利镇命名，该地是一个番茄种植中心）开始着手改变这一现状。

显然，想让工人不再遭受虐待、酬不抵劳，最直接的方法就是控诉种植商的行径。但伊莫卡利工人联盟的组织者意识到，这些农场主相对来说生产规模较小，本身盈利空间就很小，应付起来很棘手，向他们问罪是没办法解决问题的。真正的力量在于他们的买家——超市和连锁快餐企业的客户，这些消费者不断要求降低商品价格。因此，从 2001 年开始，伊莫卡利工人联盟把目标对准了大公司。

于是，这个由学生、劳工活动家和其他人士组成的联盟与快餐企业塔克贝尔（Taco Bell）进行了整整 4 年的斗争，最终迫使后者同意为每磅番茄多付工人一美分的报酬，并且只从承诺遵守该联盟制定的《公平食品行为准则》的农场进货。此后，又有 13 家食品巨头签署了这一协议。资方为每磅番茄多付的一美分已为工人增加了近 3 500 万美元的工资收入。雇主签署《公平食品行为准则》后，将保证工人"不会被强迫劳动、不含童工、不会被暴力

---

① 剥削性的小费工资（exploitative tipped wage）指雇主在制定工资标准时，将雇员收到的小费额计入其实际所得工资中，以满足当地的最低工资标准，使雇主实际支付给雇员的工资额低于最低工资标准，造成对雇员的剥削。美国部分州和领地（如阿拉斯加、加利福尼亚、明尼苏达等）的法律要求不论雇员收到多少小费，雇主支付的工资都不能低于该州或领地所规定的最低薪资标准（同时也不低于联邦最低工资标准）。——译者注

虐待……在工作场合不会受到性骚扰或辱骂……在田间工作时可以乘凉、享用清洁的饮用水和浴室……在田间遇到雷电天气、农药喷洒或其他危险状况时可以离开工作岗位"，并有权享受其他一系列保护措施。

如今，许多超市和快餐连锁企业都参与到了公平食品计划（the Fair Food Program）中，沃尔玛尤其积极。佛罗里达州和东部其他6个州90%的番茄生产商已经签署了《公平食品行为准则》，不符合该准则条款的农场将被从该计划中除名，从而无法向承诺遵守该计划的大买家出售原材料。工作条件的改善稳定了劳动力群体，其中约35 000名劳动者都享受到了体面的待遇。

这种模式正在被广泛借鉴，例如乳制品行业成立了一个有尊严的牛奶标准委员会（Milk with Dignity Standards Council）。它建立了一套自己的行为准则，致力于改善乳品链上的工人权利。

尽管如此，大多数农场工人仍然无权组织工人运动，每周工作时长没有限制，住宿的卫生条件无人监管，残疾保险、产假与育婴假、失业补贴和加班工资更是无从保障。这些工人中还包括许多无证移民，他们时刻担心被驱逐出境。其他大多数工种的工人都能享受到上述这些保护措施，可农民从事着最不受欢迎的工作，生产着我们赖以为生的粮食，却偏偏享受不到。

2019年，纽约市在这方面取得了进展，签署了《农场工人公平劳动实践法》（Farm Laborers Fair Labor Practices Act），将其正式纳入法律范畴。该法纠正了1938年颁布的《公平劳动标准法》（Fair Labor Standards ACT），将农业工人重新纳入劳动法保护范围。因此，对纽约近10万名农场工人来说，这个城市变得更加安全、对工会更加友好、让他们的劳动更有尊严。该法律还补充了此前长期缺漏的条款，规定工人享有集体谈判权，每周超出60个工时以外的工资上调至平时的1.5倍，每周可自选一整天休息等。

加利福尼亚州也对保护农场工人的法律进行了改进，其中包括关于加班费的规定。笔者撰写本章时，华盛顿州最高法院正在审理一起案件，该案的判决将裁定把农场工人排除在加班保障之外是否违宪。该判决可能对未来的联邦裁决产生影响并很可能为今后持久的变革奠定基础。

变革虽然起于细微之处，但其重要性丝毫不减，城市花园与农场就属于此类变革发生的地方。它们在规模、外观或产量上都远远不及大型的乡村农场，但可以为民众提供货真价实的食物，让城市食客更透彻地了解食物系统、掌握自主生产食物的权力，因而成为变革的重要一环。它们指的并不是那些为昂贵的餐厅提供微型菜苗 ① 的高科技垂直农场，而是城市居民（通常是有色人种）在户外耕种的地块，产出的食物供给他们生活的社区。

成长的力量（Growing Power）是密尔沃基的一家都市农业组织，曾经是全美最成功的城市农场。其创始人威尔·艾伦（Will Allen）对城市农场这一概念解释得最为透彻："我们不只是在种植食物，我们还在培育社区。"许多城市食品活动家现在谈论的是与食物上的种族隔离作斗争，因为如果所有人都能吃上优质食物，或者至少表明人们能吃上有营养、买得起的本地食品，系统性的不平等就会得到缓和，这将切实带来更全面而长足的进步。食物是（或者说"应该是"）一项普遍的权利；食物短缺不是一出"悲剧"，而是一桩罪行。尽管种族主义仍然盛行、农业系统从全局上仍不够公平，但城市农业鼓励人们自给自足，这无疑是一种进步。

这方面最佳的例子出现在底特律，那里成立的底特律黑人社区食品安全网络组织（DBCFSN）参与到了 D 城农场（D-Town Farm）和人民杂货店（the People's Grocery）等项目的建设中，在

---

① 微型菜苗（microgreen）是蔬菜的一个子叶和真叶共存的阶段，介于发芽至成为菜苗之间，视乎品种来决定食用时间，由播种到收成，只需 1—3 个星期。微型菜苗外形精致、口感细嫩、营养价值十分丰富，是近 10 年来在西餐中非常流行的食材。——译者注

底特律食品政策委员会和全国瞩目的食品峰会上也占有一席之地。该组织成立于 2006 年，由数十人发起，其中包括马利克·亚基尼（Malik Yakini），他创办了一所学校并担任校长。莫妮卡·怀特（Monica White）在《自由农民》（*Freedom Farmers*）一书中写道："他们一起建立了底特律黑人社区食品安全网络，将教育、食品获取和集体采购定为该组织的三大目标。他们认为这三点不仅是保障底特律黑人生存所需，更是保障其健康繁荣所需的关键战略。"

亚基尼在参观 D 城农场时告诉我："我们的想法是帮助黑人站起来，证明并不是只有白人才能创造现实、改变世界……农场可以赋予我们自主权，为经济发展尽一份力，减少我们的碳排放，而且能为我们提供更优质的食物。同时，我们也在影响年轻一代的白人，因为他们也认识到了这些价值。"

底特律现在有 1 000 多个社区花园和农场，这离不开底特律食品政策委员会的支持。该委员会是一个由学校和医院的食品服务主管、食品赈济项目①的首席执行官、农民、分销商、食品杂货商、宣传团体和普通消费者组成的联盟。很多城市都有类似的组织。

总体来看，地方和区域食品网络正在发展壮大。1997—2015 年，"农场—消费者"这一直销模式的销售额从 5 亿美元猛增到约 30 亿美元；农贸市场的数量增加了两倍；"从农场到学校"的食品供应项目增加了 400% 以上；社区支持型农业（Community-Supported Agriculture，简称 CSA）机构的数量增加了一倍多，达到 1.2 万个，而且还在增加。（所谓社区支持型农业，是指消费者向当地农场付费预定，农场会按预定时间送一箱自产的农产品上门，旺季时通常每周一次。）

对数百万美国人来说，最切实也最重要的食品工程是美国农

---

① 食品赈济项目的英文是 Food Bank，直译应为食物银行，但实际上与银行并无关系。它指的是为未能解决三餐基本需要的人士或家庭提供紧急短暂的膳食救助，本质上是慈善项目。——译者注

业部推行的补充营养援助计划（SNAP），通常被称为食品券（food stamps）计划。该计划能帮助大约 10% 的美国家庭生存下去，这些家庭的收入太低，没钱购买足够的食物。尽管该计划没能（或没有假装能）确保美国所有人都能够享受到富含各类营养的饮食，但它是迄今为止美国政府为确保人人有权获得食物所做出的最大努力。

该计划确实解决了饥饿问题，只是由于资金不足或运作不当，数以百万计的美国家庭仍然买不起健康食品，有时甚至连最普通的食品都无力购买。他们缺乏的是天然食品，而非过度加工食品（UPF），这导致了由压力、贫穷和不良的健康状况组成的恶性循环，我在之前的章节已经概述过这一点。

但事实不尽如此，美国农业部实施的一些项目的确在尽可能方便消费者买到健康自然的食物，特别是水果和蔬菜；而且，农业部已经对"食品券"计划进行了一些细微但关键的改进，使其朝着积极的方向发展。

2009 年在底特律试点实施的"翻倍"计划（Double Up）就是其中之一。该计划实施后，农贸市场上的食品券价值翻倍，这对购物者和农民都有利。此后，在美国农业部、健康浪潮（Wholesome Wave）及其他非营利组织的资助下，"翻倍"计划已在全国范围内展开，在 28 个州的 900 多个地区实施，吸引了 20 万家庭参与。在该计划作用下，价值 1 500 万美元的食品券被用在农贸市场以购买蔬果。美国农业部还承诺每年拿出 5 000 万美元资助针对食物匮乏者的营养激励计划（FINI）[①]，其中就包括在格林伍德地区粮食和农业中心进行的一个试点项目，由我的合作伙伴凯瑟琳·芬利（Kathleen Finlay）负责运营。该项目允许食品券计划的参与者们加入当地的社区支持型农业组织，使用政府救济金向当地农场

---

① 该计划是美国农业部于 2014 年颁布的一项旨在促进参与补充营养援助计划（SNAP）的低收入消费者多购买蔬菜、水果的激励计划。

订购蔬果。这些措施都不容忽视，其进步性值得肯定，但与此同时，正如上文提到的，美国还从未出台过一个全方位的措施，能确保所有人都能吃上高品质的食物。尽管要实现这种目标非常困难，但如果想最有效地改变我们的耕种与饮食方式，归根到底还是要靠政府积极采取行动。为了弄清这一点，我们可以放眼国内外，找出数十种行之有效的食品政策改革建议、项目和范例。最常见的（诚然也是相对容易被食品行业接受的）策略是向公民提供有关食物的信息，引导他们远离过度加工食品、在食品货架前做出明智的选择。其中最关键的措施是给食品贴上注明标签。

政府可以在标签上指出，与纯天然食品相比，过度加工食品对人体有害。这样的做法相对来说争议较小，比较温和，但至少可以将消费者往正确的方向上引导，从而改善目前的食品产销格局。目前，有50多个国家将食品标签列入强制规定，另有十几个国家制定了相关准则，但明确表示其不具强制约束力。令人鼓舞的是，食品标签的引导功能正呈现出增加的趋势，而且其含义变得更加明显，因为它们广泛采用了易懂的"交通灯"模式进行标注，按色区分，一目了然：绿色表示"想吃多少就吃多少"，黄色表示"少吃"，红色表示"尽量少吃"。

但是引导消费者远离过度加工食品只是治标不治本，只有鼓励市场生产自然、健康的食品，这套制度才能见效。在一个充斥着过度加工食品的商场里，许多人可能很难买到健康的食物；而建议人们购买健康食品的忠告往往为大型食品公司喧嚣的广告所淹没。在食品领域，供应比需求更有话语权，而该行业的营销人员更希望保持这种状态。要彻底改变食品生产格局，就必须打击大型食品公司强大的营销机器，改变食品的生产种类与生产方式。

包括乌拉圭、法国、土耳其、马来西亚、拉脱维亚、秘鲁、韩国、巴西、墨西哥在内的十几个国家和地区已经通过法规，限制向儿童推销垃圾食品的商业行为，而且我们有理由相信，这种

限制措施非常有效。大约 40 年前，加拿大的魁北克省就禁止"对
13 岁以下儿童投放商业广告"。研究发现，相比其他北美人，魁北
克居民购买的垃圾食品更少，他们的孩子出现超重的情况也更少。
这一结果并不出人意料。

其他国家也纷纷效仿，例如智利。2012 年，智利所有 6 岁儿
童中有一半超重，甚至肥胖。这一年，智利通过了《食品标签和
广告法》（Law of Food Labeling and Advertising），该法集税收、营
销限令与禁令于一体，是迄今为止全世界在该领域最有力的一套
"组合拳"。该法于 2016 年生效。如今，智利政府会用一个形似标
志性的停车符号的"黑标签"来标示高热量、高钠、高糖或高饱
和脂肪的过度加工食品。贴有黑标签的食品不能向 14 岁以下的孩
子打广告，其包装中不得附赠玩具，也不能在学校出售。因此，
智利的学校里没有薯片，印着老虎托尼的早餐麦片实际上已经消
失了。此前，智利儿童每年会看到 8 500 个垃圾食品广告，但几乎
一夜之间，它们大都消失无踪了。

这些营销上的限制虽然成效显著，但还不够。要真正彻底改
变食品状况，政府必须代表食品消费者进行干预，阻止过度加工
食品的生产和销售。

智利政府的做法是对含糖饮料征收 18% 的税，同时也对其他
垃圾食品征税。研究表明，70% 的购物者已经改变了他们的食品
购买习惯，碳酸饮料的销售量因此下降了近 25%。

墨西哥也在为此努力，虽然相比之下动作不大，但仍令人印
象深刻。就在 10 年前，墨西哥的碳酸饮料消费量和肥胖率都是世
界第一。（该国民众摄入的卡路里中有近五分之三都来自过度加工
食品。）对他们来说，碳酸饮料一直是最常见的饮品，因为他们长
期以来都难以获得清洁的自来水，瓶装水比可乐还要贵。2014 年，
该国开始对碳酸饮料和垃圾食品征税（这里的"垃圾食品"包括任
何每百克热量超过 275 卡路里、被认为是"非生存必需"的食品），

同时实施一项配套计划，使清洁自来水得到普及。此后，墨西哥的碳酸饮料消费量下降了12%。

据预测，在10年内，适度征税导致的碳酸饮料购买量下降将使近20万人免于患上Ⅱ型糖尿病；另有估测称，中风和心脏病发作将减少两万多起，美国的肥胖率可能下降3%。仅最后这一项就能改变数百万人的生活。尽管碳酸饮料行业一再试图废除该税种，但越来越多的民众对政府的这一举措表示支持。

美国大部分地区对垃圾食品营销采取的限制都是自愿性的（相当于没用），允许食品公司在很大程度上自行其是。但变化正悄然发生，自从2015年伯克利市首次对碳酸饮料征税开始，费城、西雅图、博尔德、奥克兰、旧金山和奥尔巴尼（加利福尼亚）纷纷跟进。初步研究表明，即使目前美国碳酸饮料消费处于较低水平，这一税种还可以将其减少到原来的80%。

大多数公共卫生倡导者出于公心，认为将碳酸饮料税从常见的1%上调到2%，效果会更明显。2015年，纳瓦霍国①（位于美国西南的四角落区②）对所有垃圾食品征收2%的税，任何"几乎没有营养价值"的食物都成了征税对象。此外，他们免除了水果和蔬菜的销售税并将垃圾食品产生的税收增益投入到社区健康项目中，包括健身课、耕作和菜园活动。

如果想要探知食品系统发展的正确道路，那么巴西第三大都市贝洛奥里藏特为我们提供了迄今最优秀、最翔实也最有力的范例。

截至1993年，"反对饥饿"的群众运动在巴西已经持续了20

---

① 纳瓦霍国（Navajo Nation）又称纳瓦霍族保留地，是美国最大的半自治印第安保留地。——译者注

② 四角落（Four Corners）位于美国西南部，指以科罗拉多高原为中心的4个州边界交接的一点以及周边的地区。这4个州从上方左侧顺时针方向数，分别是犹他州、科罗拉多州、新墨西哥州和亚利桑那州。四角落这一点是美国地理上唯一有四个州边界相会的地点。——译者注

年。作为回应，巴西政府在这一年成立了食品安全委员会。一年后，巴西召开了第一次全国食品安全会议，召集了 2 000 多名代表参会。同时，在市长的帮助下，贝洛奥里藏特市设立了一个市政部门，明确提出其目标是让全体公民更容易获得"充足、健康、有营养的食物"。围绕这一目标，该部门实施了一系列项目，其中颇为亮眼的是人民餐厅（Restaurantes Populares）。该餐厅为市民提供高质量午餐并分级定价，以使所有人都能负担得起。该项目在全国开展，在全盛阶段，贝洛奥里藏特有近 100 家人民餐厅每天为人们提供超过 10 万份餐食。

该市政府还出资为本市 15 万名学龄儿童每日提供新鲜膳食，其中着重添加蔬菜，减少加工食品。这个项目使该市的饥饿率从 1990 年的 15% 降低到现在的 2% 以下。2010 年，巴西针对全国范围内的 4 500 万名学生开展了类似的营养膳食计划。

这两个项目都尽量采购当地食材，优先考虑有机和小型农场的产出。最终，共有 12 万个家庭农场为学校供应了 3 成或 3 成以上的食材。

接下来，政府介入市场，监管食品市场的供应来源。在保证对农民公平的前提下将基本粮降价出售；市面上大部分食物都来自周边农村，那里的小规模生产者可以在公共市场上直接向消费者售卖产品。政府也委派代理机构从农民手中购买粮食并将其提供给粮食短缺的城市居民。

同时，政府还为学校菜园、社区种植、集装箱种植等形式的城市农业活动提供了资金支持，并促进食品和营养教育发展，包括提供在线教学资源、设立政策知识中心、开展针对成年学生的专业食品课程等。

贝洛奥里藏特市不仅几乎消除了饥饿，还使得儿童死亡、营养不良和儿童贫困的比例大幅下降。水果和蔬菜消费（包括有机食品）和农民收入也增加了。

贝洛奥里藏特市的成功促使巴西于 2004 年推出零饥饿（Zero Hunger）计划，于 2006 年出台国家食品和营养安全框架法（LOSAN），后者将获得食物确立为普遍权利，巴西政府于 2010 年将食物权编入宪法，同时修订了经济政策。与此同时，一项土地改革举措将 1.26 亿英亩的土地分配给小农户——这些土地超过了加州的面积，相当于巴西历史上所有改革提供的土地总量。巴西现在有 400 万个家庭农场，这些农场生产了巴西绝大多数的粮食；还有一个作物保险计划，以保证小农户的作物价格。（该计划也是农业综合企业的避风港，亚马逊及其拥趸正受到猛烈围攻，但在这一章中，我们关注的是其积极的一面。）到 2014 年，这些项目已经使巴西 10% 的人口（大约 3 000 万人）摆脱贫困。实现这一切只花费了该国国民生产总值的 0.5%。

除了显而易见的成功经验，贝洛奥里藏特市还提供了更广泛的启示。它向人们展示了进步的地方政策如何发展成全国性的行动，特别是当领导人积极面对选民诉求时。它表明，组织人们行动起来可以带来重大变化。它同时也告诫我们，当民众运动滞后时，这样的变化便很难维系：2019 年，雅伊尔·博索纳罗（Jair Bolsonaro）总统解散了负责零饥饿政策的机构。

不过，由国家背书的行动仍是改善粮食供应的最重要的机制之一。这一点如今在印度南部拥有 5 000 多万人口的安得拉邦（A.P.）得到了最好的证明。该邦正投资 20 多亿美元，帮助农民进行零预算自然农耕（Zero Budget Natural Farming），这是一系列农业生态活动，利用来自农场的基于奶牛粪便的养分，以此取代使许多农民陷入债务的化学肥料和农药。

除天然肥料外，零预算自然农耕还注重绿色覆盖作物、生物多样性、土壤健康和间作。它的两项基本原则是"与自然和谐相处时推动气候适应性的耕作"以及"降低耕作成本，使耕作成为可行和可持续的生计"。

与使用化学肥料耕作不同，零预算自然农耕可以实现自给自足，成本降低了约三分之二，而且据大多数农民说（我与几位农民谈过，不过我访谈的项目主任接触过数千名农民），粮食总产量增加了。由于零预算自然农耕涉及间作，即使主要作物产量没有增加，整体产量也会增加，同时灌溉需求也会减少。

已有超过28万名农民转向零预算自然农耕，到2019年底，3 000个村庄的50万名农民将转到零预算自然农耕。16万没有土地的穷人已经成为家庭园丁，而政府计划在2030年前将自然农耕法向安得拉邦共600万农民全面推广。这意味着该邦所有可耕地（2 000万英亩，接近艾奥瓦州所有农田的面积）都将采纳零预算自然农耕。

2018年，我在安得拉邦与几位农民会面，包括那些从家庭农场搬到城市，在软件行业工作，后来回农村加入零预算自然农耕运动的年轻人。其中一位对我说："这种生活更好。"

自我访问印度以来，北印度的中央邦和古吉拉特邦已开始推动该项目，人们还讨论如何将零预算自然农耕推向全国。联合国粮农组织支持安得拉邦计划，正与塞内加尔和墨西哥就类似计划进行合作。这两个国家均推出了向生态农业转型的全国性计划。

像零预算自然农耕这样效果突出的农业项目在政府及机关都很强势的国家最容易实行。但即使没有这些条件，它也可以取得进展。在海地，许多农户协会与粮食议题相关，由农民领导并以教育为重点。它们虽然资金不充裕，得到的政府支持很少，却依然蓬勃发展。例如，地方发展伙伴关系计划（The Partnership for Local Development program）——现在已经覆盖两万多名农民：每个农民只需支付152美元就能获得为期5年的生态农业培训。

而即使在工业化的西方社会，情况也有进展。一般来说，欧盟国家，甚至欧盟作为一个整体，都比美国更进步：新烟碱被禁止在户外使用，草甘膦在21个国家和地区被限制或禁止。

丹麦是世界上主要的猪肉出口国之一，它在 2000 年停止对农场动物使用抗生素，除非用于治疗疾病。从那时起，抗生素的使用减少了 50%。（或许你关注这件事，该国的猪肉行业正在蓬勃发展。）这些都很有说服力，使欧盟最终于 2006 年禁止农场使用抗生素促进动物生长并承诺完全禁止将这些药物作为预防手段。

欧盟和某些国家的政府也表达了对生态农业的支持，最值得一提的是法国。在那里，"让我们以不同的方式生产"（Produisons autrement）的口号与 2014 年的"农业、食品和林业的未来法则"相呼应，其目标是在 21 世纪 20 年代末，在法国近一半的农场中实现生态农作。

法国是欧洲最重要的农业国家，其农业产量占欧盟的五分之一。它已优先考虑将环境置于农业产量之上，逐步淘汰化学杀虫剂和日常抗生素，为生态农作方法提供激励和教育资源，为新农民提供土地，并承认环境问题和社会弊端是相互交织的。这些举措意义重大。

美国是工业化农业的发源地，而且仍然深陷其中，是最难发生改变的地方之一。众所周知，杀虫剂是致癌的，但对它们的监管仍处于最低限度，这意味着我们可能会看到这种循环：化学公司会推出新的杀虫剂并声称它们是安全的。随着动物（包括人类）生病与死亡，时间会证明新杀虫剂并不安全。法律诉讼将禁用该杀虫剂，但新的杀虫剂又将取而代之。

但是，几十个，甚至几百个省、州和地方政府已经采取行动，遏制草甘膦和新烟碱的使用。当杀虫剂的使用在联邦层面上没有得到充分限制时，人们主要发起了两方面的行动。首先是由地方当局主导的行动，如洛杉矶县监事会颁布了对"农达"除草剂（Roundup）的全面和正式的禁令。（迈阿密也采取了类似的行动。）其次是个人和团体的法律诉讼行动。大约有 4.2 万件涉及有毒化学品造成的损害的法院诉讼案正在审理中。

政府在帮助个人做出正确的食物选择方面能起到重要作用，特别是当我们的绝大多数选择都是"错误的"。"无肉星期一"①这一活动不错，在某些时段举行素食运动也很好，但想象一下，如果我们真的限制了肉类和垃圾食品的生产，又将是怎样的情景。

这种情况不会很快发生。鉴于铺天盖地的食品供应限制了人们选择真正的食物，重要的是教会孩子们如何识别真正的食物。我们越早教会孩子们食物是如何生产和由谁生产的，我们就越能让孩子们认识到可乐和士力架不会带来快乐，这个社会就将越早摆脱饮食不健康。

本书的每一位读者都知道，要改变伴随我们长大的饮食习惯是多么困难。这使学校食堂成为重要的战场。下面这点不言而喻：学校必须提供真正的食物。理论上，美国学校午餐计划可以做到这一点，但它花了半个世纪的时间在错误的方向上前进。因此，变革必须来自独立的行为主体，而事实确实如此。

我们先从 2012 年始于洛杉矶优质食品采购计划（Good Food Purchasing Program）说起。沿着能源与环境设计先锋（LEED）认证的思路，优质食品采购计划在 5 个方面制定了标准：对当地经济的好处、环境的可持续性、劳力待遇、动物福利和营养。该计划激励供应商改善其行为，从而获得或维持与社会机构的合同并为采购人员提供真正的指导。

例如，美国第二大公立学区——洛杉矶联合学区（LAUSD）参与了优质食品采购计划后，其主要经销商金星食品公司（Gold Star Foods）向那些达到采购标准的小麦农场抛出了橄榄枝。其中就包括俄勒冈州波特兰的牧羊人谷物公司（Shepherd's Grain），该公司

---

① "无肉星期一"活动，又称"周一无肉日"活动，英文为 Meatless Monday，于 2003 年推出，号召民众每逢周一食素，以进行健康饮食并且保护环境。"无肉星期一"活动现已成为一项全球性运动。

与洛杉矶联合学区的合同使其扩大了小麦农场网络并增加了 65 个可提供基本生活工资的全职工作。在短短两年时间内,洛杉矶联合学区本地的水果和蔬菜消费量从总饮食消费的 9% 飙升到 75%,而肉类的消费则减少了 15%。

迄今为止,辛辛那提、旧金山、奥克兰、波士顿、奥斯汀、华盛顿特区、芝加哥和双子城都已经采纳了优质食品采购计划的各项标准。当你读到本书时,纽约市很可能已经加入进来。总的来说,这些标准每年在食品采购方面创造的收入超过 10 亿美元,所有这些都推动了工人获得更公平的薪酬,为用餐者提供更高质量的食品。

当然,购买力是有限的。为了提供更好的食物,各机构内部的厨房(因加热速食食品的泛滥,其面积已缩小了)必须重新扩大空间,升级烹饪设备并雇用更多工人。这意味着更多的预算。这同样使得将优质食物送入用餐者口中变得复杂、麻烦。然而,还有什么是比让儿童吃好更重要的呢?

这就是伯克利餐馆老板爱丽丝·沃特斯(Alice Waters)的立场,她创立了美国在改善儿童饮食状况方面最雄心勃勃的学校午餐计划:食园(Edible Schoolyard)。沃特斯的宏大设想是创建一个"厨房教室",将食物作为课程的核心。沃特斯认为,这样一来,广泛推广食园将改变社会的饮食、教育,甚至是农业。

食园已经成为典范。数百所学校参与其中,还有数千所学校受到其核心理念的影响。如果它是一个全国性的、有充分资金支持的项目,它就会像日本 20 世纪 90 年代以来的项目那样。在那里,食品教育不仅教日本的小学生如何吃,还会告诉他们食物来自哪里。

在日本的食品教育中,午餐安排在教室里,将食品和营养教育融入当场制作的膳食中。30% 的原料是本土的应季食材,营养指标有着严格要求,而且大多是传统膳食。学生们被教导要理解自己和他人的饮食文化并负责为同伴提供膳食以及餐后的清洁工作。这与大多数美国学校流水线式的午餐服务相比,简直是天壤之别。

不只是日本一个国家这样做。大多数国家的政策总体上是进步的，它们大都形成了优良的校园膳食传统，反之亦然。例如，芬兰于1948年开始普及免费校园午餐。餐盘中一半是蔬菜，其余的是谷物和肉类、鱼类或豆类；饮品为水或牛奶；甜点为水果，完全不提供超加工食物。

瑞典也提供免费午餐，通常是炖菜、沙拉和煮熟的蔬菜，配以面包、牛奶或水，以及水果。法国政府用在每个学生午餐上的开支是美国的3倍。

罗马主要通过自制手段为其学童提供膳食，其中70%选用有机食材，大部分是新鲜的并进行最小限度的加工。

2007年，哥本哈根市发誓要在其900个厨房提供的每日8万份餐食中将有机原料的比例提升至90%，从医疗中心到学校，再到员工餐厅。新系统减少了浪费，提供应季食物，减少了肉类消费，雇用了更多的人并现场制作餐食。

在美国，一些州和一些学区规定要在本地采购食材，并且对膳食的烹饪负责任。它们设立了像"无肉星期一"这样的项目（如布鲁克林所做的），与优质食品采购计划这样的项目合作，充分利用美国农业部的"从农场到学校"计划[①]，并资助学校菜园。明尼阿波利斯公立学校系统向食品基础设施投入了一亿美元，具体举措包括设立"明尼苏达星期四"[②]，强调现做的食品以及采购当地食材。该项目还提升了食堂工作人员福利，增加了他们的工作时间并消灭了"7种有害物质"：反式脂肪、高果糖玉米糖浆、激素和抗生素、防腐剂、人工色素和香料、漂白面粉和人工甜味剂。

改善大学饮食的时机也已经成熟，学生们正越来越多地向学

[①] 通过该计划，学校会购买当地农场的农产品，如乳品、水果、蔬菜、鸡蛋、蜂蜜、肉和豆类等。——译者注

[②] "明尼苏达星期四"始于2014年，指的是在每周的星期四，明尼阿波利斯市的所有公立学校会提供完全由当地农产品制成的膳食。——译者注

校施压，要求改革或取消与康帕斯（Compass）、索迪斯（Sodexo）、阿拉马克（Aramark）等其他大型食品服务公司的合作。像"真食物大挑战"这样的联盟已经带来颇有意义的转变，使不少合作转向本土的、对生态无害的、公平的和人道的农场与食品企业。

当然，机构的餐食并不局限于公立学校，还包括监狱、医院等更多地方。要摆脱加热即食的加工食品，需要对大型厨房的运作模式重新构想和改造。一个名为无害医疗（Health Care Without Harm）的组织与数百家医院合作，使医院食品更健康（这是一个很讽刺，但也很现实的问题），同时鼓励大家在农贸市场、社区菜园等地方购买当地的健康食品。"无害医疗"的网络涉及美国大约三分之一的医院，在其合作机构中减少了三分之二的肉类消费总量；在其余的大部分机构的餐食中，不含抗生素。该组织已将可持续与本土食品的消费量增加了近一倍，还制定了果蔬处方计划——医生可以把食物当作药物开进药方。

你需要努力找，才能发现美国农业的进步之处，但它确实存在。有时它被归入"另类"农业类型，以暗示其不切实际。然而，如果你承认世界上 70% 的农业活动仍然是非工业化的，那就离主流观点不远了。

当然，价格支持体系使得农民在土壤如此贫瘠、经营成本如此之高、作物价格如此之低以至于作物本身都在亏损的情况下仍然实行单一种植，他们很难跳脱这个体系。但假设没有补贴，只对一些土地实行休耕，就能不减少农民的收入，甚至还能增加他们的粮食产量呢？这就是草原地带的理念，它明显改进了种植单一作物的农场，将在不减少农民收入的情况下减轻农场对环境的恶劣影响。

在马特·利布曼（Matt Liebman）的带领下，艾奥瓦州立大学的研究人员已经证明，大面积耕种的农户可以将他们耕地中产量最低的 10% 退耕，以减少磷和氮元素的流失，并减少 85% 以上的整体土壤损失，同时增加整体产量和利润。休耕的土地将变成"多样化的本土多年生植被"区域——通常称为"草原地带"，因为它呈条状穿过农地。艾奥瓦州立大学已经招募了 60 名农民来参与这项运动以继续他们的研究。

有种方法更为激进与难以实施：尝试将远超 10% 的农田恢复为大草原。韦斯·杰克逊（Wes Jackson）在堪萨斯州萨莱纳建立了土地研究所，45 年来他一直在研究这种方法。杰克逊的愿景是通过开发一种名为柯查（Kernza）的多年生小麦来改变大平原地区的作物。柯查有很深的根系（就像本土原生的水牛草）并且常年不会干扰土壤。这意味着柯查可以强化而非破坏土壤，固碳而非排放碳。

现在农田中已经种有足够的柯查，供面包店、啤酒厂和厨师使用。土地研究所希望到 2030 年培育出一个产量更高的种子品种，最终取代人们普遍种植的小麦。这将改变农业种植的规则，消灭大片的工业化单一作物种植田。

工业化农业的替代方案并不局限于陆地。全世界正在为改善水产养殖做出许多努力。其中最鼓舞人心的是纽黑文市的布伦·史密斯（Bren Smith）开发的三维海洋养殖系统。海藻（特别是海带）、贻贝、扇贝和牡蛎在一个可再生的海水养殖场中共生共存，每英亩的产量与马铃薯田一样多，但不使用农药或化肥，并且只需要很少的初始投资。该系统降低了海洋中的氮和磷水平，同时促进了食物和肥料的可持续生产。

在所有这些案例中，真正的障碍不一定在于如何找到一种可持续的耕作方法，以减轻工业化农业的损害，而在于如何推广这种方法，使其成为可行的替代方案。人们会谈论"扩大规模"，但这真的不是答案；更重要的是"推而广之"，在全世界数百万个地方复现中小型的可持续系统。通过这种方式，我们可以开始改变并逐步取代工业化的农业系统。

甚至还有一些未来农场的模式。我最了解的是1985年成立于加州卡佩谷的满腹农场（Full Belly Farm）。在其400英亩的土地上——对农场而言，这是完美的"中等"规模——满腹农场通过作物轮作、覆盖种植、堆肥和畜牧等方式，专注于生物多样性和土壤肥力保持。它将几十种作物批发给商店和餐馆，在农贸市场销售，并供给1 100个家庭参与的社群支持型农业（community-supported agriculture）。农场由4个合伙人创立，第二批加入的员工有80名，农场会为他们提供全年的就业和福利。

满腹农场有无限风光：50块独立管理的田地，展现了农场的多样自然系统。本土花卉吸引了各种授粉昆虫，牲畜成了"割草机和施肥者"，而堆肥则是重要且高效的。在一个土壤中有机物平均含量为0.7%的地区，满腹农场土壤的有机物含量为3%，这使得人们不再需要注入合成的化石燃料营养素。水资源管理在加州一直很重要，其中就包括超高效的地下滴灌。

整个农场的设定与绵延数英里、整齐划一的单一耕作形成鲜明的对比。满腹农场已经实现了长期的可持续发展，它现在是人们所能想象的最接近农业天堂的地方。

我曾做过一个粗略的计算，即需要多少个像"满腹"这样的农场才能真正影响美国的食品系统。（目前，可能有十几个农场在规模和稳定性上与其相仿。）我猜想，5 000家像"满腹"这样的农场可以养活500万人，这比亚拉巴马州的人口还多，而且只需要40万英亩的农田，这还不到该州所有农田的5%。艾奥瓦州的大多数县以不可持续的方式种植了比上述面积更大的玉米和大豆——正如我们所看到的，它们几乎对任何人都没有好处。

这些如农业天堂般的个例固然鼓舞人心，但要使其成为常态，仍需努力和组织规划：多数人（而非少数人）的进步来源于基层运动的力量。1969年，当黑豹组织支持农场工人联合会抵制食用葡萄时，它为多种族间的、旨在挑战现状的联合行动指明了方向。这就是 HEAL[①] 食品联盟的模式，该联盟由 50 个组织组成，宗旨是形成联合力量以建立一个更好的食品系统。

我们已经讨论了许多属于 HEAL 的组织，HEAL 还包括其他一些组织：I 团体（I-Collective），一个由原住民厨师、艺术家、种子保管员和社会活动家组成的团体，他们围绕食物主权举行集会；魂火农场（Soul Fire Farm），一个位于纽约州彼得斯堡的 80 英亩的农场，运营着有 100 个家庭的社群支持型农业，它以在黑人、原住民和有色人种（Black, Indigenous, People Of Color）农民和非农民间举办食物公正运动的培训会而闻名；家庭农场行动（Family Farm Action）集结了中西部畜牧业者和农场主，讨论反垄断改革与农村政策；还有移民正义（Justicia Migrante），该组织由佛蒙特州乳品厂的农场工人领导，在 2015 年与班杰瑞（Ben & Jerry's）的母公司联合利华达成了"有尊严的牛奶"协议（Milk with Dignity agreement）——该协议以伊莫卡利工人联盟（Coalition of Immokalee Workers）的公平食品协议（Fair Food Agreement）为蓝本。

当然，在美国各地也有不属于 HEAL 的组织在做类似的工作。例如，"我们的根"（Nuestras Raíces）利用马萨诸塞州的 30 英亩农田，给年轻的、主要是波多黎各裔的农民提供一个自己做生意的途径，为社区种植和生产食品。加州中央谷的农业和土地培训协会（Agriculture and Land-Based Training Association）为农场工人提供土地和财务援助以及培训，帮助他们建立自己的农场。4 名墨西哥农场工人为华盛顿州德里斯科公司（Driscoll's）的工人争取并成功建立了一个工会后，创办了土地与自由合作社（Cooperativa Tierray Libertad），以帮助果农取得公正的待遇。

---

① HEAL 在英文中具有"康复"的意思；单词中 4 个字母可分别代表健康（health）、环境（environment）、农业（agriculture）、劳工（labor）的英文首字母。——译者注

这样的例子有几十个，甚至几百个，大多数都有一个共同的目标，即建立一个政策平台并且推动一场为了真正的食物（For Real Food）的运动，正如 HEAL 食品联盟所说。

在一个食物成为政治工具、权力依赖联盟来构建的世界里，HEAL 食品联盟及其同类所倡导的运动是我们在短期内为食物系统带来改变的最大希望。显而易见，要实现食物正义，我们需要集体努力和组织能力，为那些有志于耕种的人提供土地，在国家中建立众多服务社群的农场，为所有人提供健康食物……而不只是为少数的聪明人和幸运者服务。

食物领域的每个解决方案都相互关联。就像其他我们尚未赢得的伟大战役——争取种族和经济正义的战役、结束性别歧视的战役、缓解气候变化等事关人类生存的战役——一样，食物领域的战役最终也关乎大自然的财富以及我们人类如何保护与分享它。

结语　人人皆食客

这个故事没有结局，或者说活着的任何人永远也看不到它的结局。我们的确知道，没有合理的食物系统，我们就无法继续吃下去或生存下去。我们不知道这故事究竟如何结束（任何假装知道的人都很可能是错的），但我们可以看到通向未来的道路的起点。这样的起点有很多，大部分都在本书第十五章中讨论了。

什么是系统？系统是协同工作的一组事物或准则。汽车是一个系统，是部件的集合，这些部件一起工作，以达到可预测的结果。这个工作系统很简单：我们知道凯美瑞汽车（Camry）什么时候正常工作，什么时候坏掉了。5 名丰田（Toyota）汽车修理工会就如何修车达成一致，他们会按照规定的步骤检验，用可靠的方法进行修理。

还原论者便是这样看待每一个系统的。但有些系统更为复杂。对全球经济、动物身体和天气，我们无法预测它们之间的相互作用，也很难将其量化。它们组成了一个不同于各部分之和的整体。我们很难诊断这些复杂系统发生的问题，更别说要解决这些问题了。

食物系统十分复杂。它的组成部分无穷无尽，而且组成部分之间的相互作用需从多方面考虑。该系统的形态粗放：它发展成了一台利润机器，忽视了各部件的相互作用和相互依存。这系统并不公平，无法复原，而且不可持续。它甚至没有很好完成它原本的主要目标：提供营养。（事实是，目前食物系统的主要目的是让系统所有者获益。）

食品系统需要改进并且没有任何使用手册教我们如何改进。

确定前进的道路需要团队的努力，这不仅适用于食物方面。一个能让人生存的社会必须是合作性的，它以平等、正义和审慎明智地对待地球和人类为目标。

大胆的愿景至关重要，因为系统复杂且不断变化，需要不断调整。我们不可能像修汽车的刹车系统那样，在一天之内就能完成任务。我们必须在不知道前方道路会是什么样子的情况下前进。"我们想要一个公平且可持续的食物系统"，不错，这是宣言，而且大多数人很可能都会赞同，就像大多数人都同意人人都应该平等地获得生活必需品和机会，不应承受过多苦难。但为实现这一目标，制定一条单一的路径是不可能的：只有在实践中不断调整方向，才能实现这个目标。

而且在实现目标的过程中难免会遭遇挫折，每一次都需要调整和再创造。但我们现在必须开始行动。气候危机和新冠疫情都表明，我们本该至少 20 年前就开始行动了。

若不受约束，所有大型工业的统治者都将继续榨取财富，给自然和大多数人造成巨大伤害。他们会穷尽手段，通常是通过收买政客，反对改正政策，或者通过忽略实存政策来获得。只要有利可图，他们就勇于承担这类行为所造成的一切成本。

根据科学知识和常识，资本主义不可能依赖于持久的经济发展。这种增长是用 GDP 来衡量的，GDP 包括所有用于商品和服务的货币总量。按照这些标准，战争是一种资产，因为它能刺激生产；为了耕地而砍伐森林可以创造工作机会和商品；种植玉米和大豆来生产、售卖垃圾食品，甚至连由此产生的医保支出都代表着"增长"。增长的成本随后被用来抵消大多数人以及地球本身的健康和福祉。由此看来，"增长"和 GDP 是衡量幸福的糟糕指标。

农业是一个子集。目前，农业生产经营者想要"增长"，于是诱导我们对在 2050 年养活地球上大约 100 亿人口的需求深感担忧。他们想让我们不惜一切代价追求更高的收益，但这只不过是魔术师的误导（"看这里！"），而真正做手脚的地方却在别处。

其实我们已经有足够的食物（以及几乎所有其他重要资源），让所有人都能在不破坏地球的情况下生活得很好。如果被绝望和有关匮乏的谬见牵着鼻子走，我们就会落入企业的圈套。更好的做法是优先考虑所有人的粮食安全，明智利用现有的粮食资源。我们最大的挑战是要在减少对人类和环境的伤害的情况下利用资源，确保财富、权力得到公平分配，同时要遵守道德准则。

地球会提供资源听起来像陈词滥调，但这是事实。"农民粮食系统"以世界 25% 的农业资源养活了世界 70% 的人口。而工业化农业利用剩下的 75% 的资源来生产粮食，能获得这些粮食的人却不到世界人口总数的三分之一，部分原因是大型农业公司生产的粮食中有一半根本就不是用来供养人类的。

尽管个体农民的粮食耕种被国家资助的研究忽视了，并且饱受全球金融及大多数统治者的打击，但是它依然比工业化农业更有效率。如果能像工业界支持的农业研究那样得到支持、补贴以及廉价或免费的土地等，个体农民的耕种还会变得更好。但事实与此相反——能建立真正粮食体系的人得不到这些资源，因为资源被用来确保工业化农业的利润了。

一些人坚持认为，技术创新将铺平道路，调整和改进当前的体系将拯救食物系统。毫无疑问，创新将有助于打造一个可持续的系统：在没有动物的情况下制造肉类，或在没有玉米或其他活植物成分的情况下制造生物燃料，用人工技术增强植物的光合作用，甚至也可以通过合理利用基因工程增加作物的营养价值或固氮能力，或采用各种形式的精准农业，尽量少用水和化学品。

但食物、人类和地球之间的关系从根本上讲存在缺陷，这是技术无法修复的。技术不会让更多的人控制自己的食物，而且几乎在每一个案例中，无论成本多少，利润都被合法地置于真正的进步之上。这是因为尽管存在"颠覆性"言论，大多数技术官僚还是认为，这个系统根本上是健全的；即使那些声称致力于可持续发展的人通常也在"漂绿"自己，也就是说一套做一套，搞虚假环保宣传。别忘了，农业的技术创新是让我们陷入这场混乱的原因之一。

技术符合不可知论。就像一般的科学一样，当服务于广大人群的利益时，它可以创造奇迹。但如果把它用作盈利机器，就会产生好坏参半的副作用。例如，当一种农药被证明有害时，技术官僚的解决方案不是研究如何不使用化学制品来种植，而是发明一种更好的农药替代它。

另一个例子是目前针对假肉的"解决方案"。尽管人们发明了素食汉堡作为肉类汉堡替代品，免去了某些动物的痛苦，这一行为值得称道，但素食汉堡仍是一种超加工食品，因此它们没有解决单一栽培、化学物质、开采和剥削方面的问题。它们也不会取代工业生产的肉类（自人造肉流行以来，工业生产的肉类销量根本没有下降），只是简单地挤进了超市而已，它们更有可能取代素火鸡（Tofurky）。真正的进步意味着要解决这些根本问题。

同样，当苏打水经过逆向工程改造以降低其危害时；当糖果棒或类似的无营养的格兰诺拉燕麦棒（granola bars）添加了纤维或其他营养物质时；当种植玉米以生产可持续能源时，食客或农民并没有得到什么好处。

业界最喜欢的"解决方案"是让食客承担改变行为的责任。像"站起来走动""吃多种食物"这样的劝告并没有错，但如果不改变供给和政策，就很难从根本上改变现状。

诚然，合理和富含营养的饮食至关重要，锻炼亦是如此。但随着超加工食物大行其道，这场战斗还没开始就宣告失败了，就算人们对生产有害饮食心怀内疚，也无济于事。"改变你所吃的，农业也会随之改变"，这说法也与实情相去甚远。当然，吃得好很重要，但并不是所有人都有这种能力。

生产决定消费，这是事实，这一点在食品上表现得最明显：用全麦面包代替沃登面包（Wonder Bread），用大米和豆类代替方便午餐（Lunchables），这样食客就会更健康，医疗开支也会随之减少。

粮食生产长期以来都有补贴。在西方国家，这是从欧洲人用暴力夺取原住民的土地并将土地授予白人男性开始的。今天，政府补贴生产有害食品的破坏性生产方式并将有害食品推入各地市场。

食品生产可能总有补贴，这是可以接受的。食品甚至比高速公路、医疗保健、军事、铁路、航空、银行、电网更重要。我们既可以用大家共同的钱财来支持破坏性的工业化农业，也可以用它来建立更多由想要种植真正食物的人经营的农场，而这些农场将在生产和分销中占主导地位。这正是社会存在的意义。

当行为改变由合理和符合道德标准的政策推动时，我们能看到进步。例如，使汽车安全带的使用标准化；减少吸烟行为；通过税收、规章制度和教育来引发人们的行为变化；削弱一些有害物质的营销活动；如第十五章所述，对汽水征税并在各地提供免费饮用水，让人们少喝汽水，多喝水，人们的健康状况将得到改善。这是一个简单的开始。

工业创新不能解决食品和饮食问题，"买正确的食物"也不行，因为这些只是相当于在没胎面花纹的轮胎上打补丁。这个体系本身需要改变，它的价值观和目标需要挑战和重新制定。我们需要通过立法来支持农业管理土地。我们需要以滋养身体为目标的食品加工流程。我们需要发展一种经济体系来支持那些想要为社区种植和烹饪食物的人。当公民组织起来并迫使政府履行职责时，这些目标就会实现，好的饮食习惯也随之而来。

变化在所难免，而且可能是突然的，甚至是灾难性的。2004年的印度洋海啸、2008年及之后的全球经济大衰退以及新冠肺炎疫情都是最近的显著例子。每一次都是人类实现我们自身变化的机会。正如娜奥米·克莱恩（Naomi Klein）在《休克主义》（*The Shock Doctrine*）一书中所揭示的那样，企业和联合政府经常利用灾难作为巩固权力和利润的机会。但克莱恩和瑞贝卡·索尔尼（Rebecca Solnit）一样，也谈到了人与人之间的团结和慷慨，即使政策并没有变得更好。这些都提供了改变社会的机会。

新冠肺炎疫情表明，紧缩预算可以作为方便的伪装面具和恐吓战术，让贪婪行为长期存在，不易被发现；在美国两党支持下，一项两万亿美元的援助计划迅速通过，随后他们又出台了更多援助计划。两万亿美元是军事预算的3倍多，这已经足够养育1 000万新农民，足够为所有美国人提供真正的食物。

尽管最初的新冠肺炎疫情救助方案存在缺陷，但它表明，在必要之时我们也可以实现曾经看似不可能的事情。疫情暴发的一个月内，还没怎么大张旗鼓地宣扬，酝酿了数年甚至数十年的改革出人意料地变得"合乎情理"了：有需要的人能得到免费的食物、免费的儿童看护、免费的住房、免费的交通、抵押贷款和债务减免，公用事业不再关闭；自行车道和步行区数量增多，逮捕和起诉数量减少，囚犯获得自由，最低收入得到形式简单的保障，甚至"资本主义运行的暂停"也出现了，这是自"二战"以来从未有过的。不过，这其中很少有国家的官方政策，也没有任何一项被宣传为

"持久"的变革，而且许多最需要帮助的人被一如既往地忽视了。这提醒我们不要忘乎所以。许多人还是第一次认识到，大家拥有共同利益，任何人都不应该把自己的福祉束缚在为他人创造利润上。（2020年的调查发现，大多数人更倾向于将健康和福祉置于"经济"之上。）

然而，一种新的无政府状态和一套好的新规则之间是有区别的。替代方案很清楚，但很难有保证，2008年的金融危机显然也是这种情况，生产与生活像往常那样恢复得很快。尽管我认为人们总能这么说，但现在我们可能正处于一个临界点。

不应该依靠危机来引发亟须的改变，但由于事情往往就是这样发生的，也许我们应该重新讨论"危机"这个术语。用气候活动家格蕾塔·桑伯格（Greta Thunberg）的话说，那就是："如果不把紧急情况当回事，我们就没法解决紧急情况。"

新冠肺炎疫情再次表明，人类有能力迅速行动以应对危机。但更多时候，有目的的改变是稳定的、渐进的。前进的每一步都决定着下一步。比如，20世纪五六十年代的民权运动催生了如今的黑人权力（Black Power）和"黑人的命也是命"（Black Lives Matter）运动；人们组织起来，认识到艾滋病的可怕影响，促使其治疗方法普及；选举权斗争始于19世纪。

生态学告诉我们，一切都是相互联系的，整体随着部分的改善而改善。甚至我们的身体也是由数万亿细菌、微生物和细胞组成的复杂系统，它们彼此间相互作用并且与整个世界互动时，表现最好。诚然，人类是特别的。不过，正如我们在以往每项研究中发现的那样，其他动物也很特别。认为其他动物低人一等的想法越来越不明智，也不可接受：它们只是与人类不同罢了。当我们意识到我们不是个体，而是空气、水、树、宇宙、生命的一部分，在与其他生物的交流中，我们可以成为环境中更健康的参与者。

我们不像其他动物那样完全为本能所驱使；我们冒着失败的风险自己做决定，而合作、平等和利他主义是我们真实自我的一部分。像蜜蜂一样，我们每个人都可以为我们的共同利益尽一己之力。

公平对待那些历史上被剥削或虐待过的人，将带来水涨船高的效应。马丁·路德·金（Martin Luther King Jr.）明白这一点，他说："黑人革命不仅仅是为黑人的权利而斗争。相反，它迫使美国面对所有相互关联的缺陷：种族主义、贫穷、军国主义和物质主义。"

处于主导地位的文化会让我们认为，建立一个更好系统的目标遥不可及。但是，用厄修拉·勒古恩（Ursula Le Guin）的话来说，如今国王有期限的神圣权利曾经也被认为是永久的。按照英国前首相撒切尔夫人（Margaret Thatcher）的说法，如果说我们除了不受约束的社团主义外"别无选择"，那么就无异于说维持人类生存的唯一途径就是毁灭人类。

人们的错觉不在于认为改变是可能的，而在于认为改变是可避免的。我们面临的选择不是去改变我们的生活方式，也不是像以前那样简单混日子。我们要么选择改变体制，要么选择忍受灾难。

作为个体，我们的力量很小。但作为集体，只有大自然比我们更强大。我们现在处于人类世时代：人类改变了地球的面貌，并将决定地球的未来。我们应该把这种控制用在好的方面，不再拿无知来当借口：我们知道自己的力量，也知道不明智地使用它的后果。

我们可能会培养出有远见卓识的领导人，他们将与支持正义、积极变革的社群站在一起。但改变并不是从救世主掌权开始的；它始于人们围绕共同目标团结起来的力量。巴拉克·奥巴马（Barack Obama）当选美国总统，是因为大多数人希望变革和正义到来，但作为变革推动者，他对此却无能为力，因为他不是由一场运动推动的。变革的来源是那些通过抗议、投票和挨家挨户地宣传、"演讲"和建立联盟来组织地方、全美国和国际活动的人们。

我们必须对企图维持现状的人施加压力。在食品行业，这意味着抗议和抵制那些拒绝采用公平劳动标准或性骚扰保护措施的快餐连锁店；意味着支持肉类加工业工人成立工会的想法，并加入集体诉讼，让环境免受集中式动物饲养的影响；意味着推动学生罢课，将大型食品公司从大学食堂中剥离出去，为获得健康食物的普遍权利而努力。

在不同阶段，我们可以做出哪些渐进式的改变，以便朝着建立一个公正的食品体系的方向前进？朝着正确的方向前进会是什么样子呢？答案是微妙而复杂的，因为它们都是相互关联的，每一个行动都有后果。例如，公平地支付农场工人工资将提高真正食品的价格，这将影响到食品体系、医疗体系、国际经济和环境。

当然，这并非不给农场工人提供公平报酬的理由。这是把必要变化当成一个综合体来看待的原因，这也是检查变化，并查明它暴露了哪些必须迅速解决的缺陷的原因。

粮食系统的持久变革需要双管齐下。在任何可能的情况下，为了我们自己的健康和理智，为了支持他人做好工作，甚至是为了起到榜样作用，个人层面的改变都是重要的。这可能意味着加入一个支持小规模生态农业的机构，或改变我们的饮食习惯，或加入或形成一个社区菜园，或支持提升食物及农场工人工资、工作条件和权利的行动。今天，我们当中的许多人都可以做到这些，而且一些人会觉得去做这些事其实是一种义务。

与此同时，我们需要在宏观层面进行变革，首先要认识到获得健康食品是一项基本和普遍的人权，地球的福祉优先于企业利润。我们要认真思考这些事情，接受我们从未考虑过的激进思想，开始改变我们的文化。一个变化会带来另一个变化。

你可能会问："我现在能做什么？"除了以上提到的事情，我还建议支持"绿色新政"。

我们中很少有人经历过罗斯福新政，但我们都生活在它的影响中。尽管有缺点，但它的作用是显著的：增加就业；支持工会；为工人甚至失业人员提供福利、社会保障；倡导环境保护和维修以及公共工程建设，包括为农村地区供电、修建数百个机场、数万座桥梁以及数十万英里的公路。

"绿色新政"可能产生更大的影响。以碳中和为初始目标，这必然有助于可再生能源生产和农业可持续。该政策还可以为有工作能力的人提供有保障的就业机会；为所有人提供有保障的收入；结束人们无家可归的状态；实现全民医保；为新农民，特别是有色人种农民创造获得土地的机会；恢复自然地貌；等等。

理想情况下，"绿色新政"应该是全球性的、公平的，富裕国家将支付更多的钱并在贫穷国家开展投资，同时保证它们的自主权。现在是时候终结美国例外论的神话了，要将全球竞争转变为全球合作。

只有通过改变整个权力和经济结构［详见娜奥米·克莱恩（Naomi Klein）所著《这改变了一切》（*This Changes Everything*）］，我们才会停止环境污染。同样，在种族和性别方面建立公平制度，在一定程度上意味着消除土地盗窃、种族和性别暴力，以及处理主要由欧洲和欧洲裔美国男性积累的几个世纪的财富，这些财富的积累仍在加速。这意味着土地改革，意味着不凭支付能力而提供人们负担得起的富含营养的食品……这意味着大规模变革。

我们需要推动政府对威胁我们集体福祉的事物，比如从企业不道德行为到气候变化再到慢性疾病等，采取应对措施。但就在我们最需要政府时，政府已濒临破产。仍在运作的政府机构往好了说也是无能的，往坏了说则怀有恶意。

引用哲学家马克斯·罗瑟（Max Roser）的名言："世上有三件

事同时成立。其一，世界更美好了；其二，世界是可怕的；其三，世界可以变得更好。"可见，我们要走的路还很长。

我们必须选择如何应对危机。我们可以选择否认事实（"没有危机……"），或沉湎于悲观绝望（"没有办法阻止它……"），或者我们也可以选择最好的反应：行动。补救全球粮食系统这一行动将充满挑战和艰辛，但这样做让我们有机会重塑我们的社会，让它更加适于人们生活。

值得庆幸的是，我们不需要知道如何走到这条路的尽头便可以起程；我们可以深思熟虑，仔细周到，从而选择理性和正义而不是贪婪和恐惧；我们可以建立更强大、更健全的系统，让大多数人而不是少数人受益；我们可以建立让所有人都能参与建设的社区；我们可以始终选择和平与合作而不是冲突，改变这一切是我们可以控制且力所能及的。

人人皆食客。提供我们自身赖以生存和发展的食物是唯一的、最基本、最重要的人类任务。我们如何去做将定义我们的现在，决定我们的未来。

鸣　谢

1983 年，我已故的朋友吉恩·库尼（Gene Cooney）曾对我说："在某个时间节点，你必须以'30'（分钟）为限。""30"是新闻业中一则新闻故事表达结束的旧式说法。本书一直都处于演变之中，但现在已经到达终点。对我而言，这既意味着解脱，也意味着遗憾。我已不是第一次意识到世事变化之快了，这本书讲述的故事可说是尝试抓住时间的一瞬，但就在你给过去和现在下定义时，"现在"却已经变成了过去。事情往往就是这样。

我对"正义"的兴趣始于 1960 年，我当时开始意识到死刑的残酷，开始报道民权运动及其英雄的事迹，后来我又从事写反战、黑人权力运动和妇女运动方面的新闻。我很晚才关注环境正义，而真正理解粮食和农业的重要性则更晚。

尽管如此，这本书是我漫长人生旅途中的一个里程碑，我要感谢的人很多。我对以下个人表达诚挚的谢意：吉姆·科恩（Jim Cohen）、米奇·奥福斯（Mitch Orfuss）、马克·罗斯（Mark Roth）、肯·海斯勒（Ken Heisler）、弗雷德·佐尔纳（Fred Zolna）、埃塔·米尔鲍尔·罗森（Etta Milbauer Rosen）、大卫·沃格斯坦（David Vogelstein）、玛德琳·朱莉·米查姆（Madeleine Julie Meacham）、卡伦·巴尔（Karen Baar）、艾伦·弗斯滕伯格（Ellen Furstenberg）、布鲁斯·科恩（Bruce Cohn）、J. W. 班克罗夫特（J. W. Bancroft）、大卫·帕斯金（David Paskin）、帕梅拉·霍特（Pamela Hort）、艾伦·古默森（Allan Gummerson）、约翰·威洛比（John Willoughby）、特里什·霍尔（Trish Hall）、安德里亚·格拉齐奥西（Andrea Graziosi）、鲍勃·斯皮茨（Bob Spitz）、艾丽莎·X. 史密斯（Alisa X. Smith）、查理·平斯基（Charlie Pinsky）、瑟琳·琼斯（Serene Jones）、约翰·兰彻斯特（John Lanchester）、凯莉·多伊（Kelly Doe）、乔希·霍维茨（Josh Horwitz）及希南·安托恩（Sinan Antoon）。此外，还有已故的罗伊·斯威特格尔（Roy Sweetgall）、查尔斯·理查德·克里斯托弗·菲茨杰拉德三世（Charles Richard Christopher Fitzgerald Ⅲ）、菲利克斯·贝伦伯格（Felix Berenberg）、雪莉·斯莱德（Sherry Slade）、菲尔·马尼奇（Phil Maniaci）、吉尔·戈尔茨坦（Jill Goldstein）和乔希·利普顿（Josh Lipton）。以上所有人，无论是在世的还是已经辞世的，都为我开始学习如何思考贡献了一臂之力。

我还要感谢一起从事新闻工作的同事（其中很多人也是我的朋友），他们是：安迪·霍尔丁（Andy Houlding）、约翰·施温（John Schwing）、路易丝·肯尼迪（Louise Kennedy）、琳达·朱卡（Linda Giuca）、克里斯·金博尔（Chris Kimball）、帕姆·霍尼格（Pam Hoenig）、里克·伯克（Rick Berke）、比尔·凯勒（Bill Keller）、萨姆·西夫顿（Sam Sifton）、里克·弗拉斯特（Rick Flaste）、安迪·罗森塔尔（Andy Rosenthal）、克里斯·康威（Chris Conway）、乔治·卡洛格拉基斯（George Kalogerakis）、苏厄尔·陈（Sewell Chan）、尼克·克里斯托夫（Nick Kristof）、查尔斯·布鲁（Charles Blow）、盖尔·柯林斯（Gail Collins）、格里·马尔佐拉蒂（Gerry Marzorati）、雨果·林格伦（Hugo Lindgren）。除此之外，还有许多其他报纸和

杂志的编辑和同行，我无疑已忘记了其中一些人的名字。我用下面这句话来纪念迈克尔·霍利（Michael Hawley）：他是一位非常特别、为我提供了最大支持的朋友。

我写这本书时，有数十人对我的求助给予了热情的回应，特别是：史蒂夫·布雷西亚（Steve Brescia）、维杰·塔拉姆（Vijay Thallam）、贾希·查佩尔（Jahi Chappell）、马利克·亚基尼（Malik Yakini）、莉亚·佩尼曼（Leah Penniman）、纳维纳·卡纳（Navina Khanna）和切莉·平格里（Chellie Pingree）。近年来，其他方面给予我支持的人也很多，尤其是朱莉·科恩菲尔德（Julie Kornfeld）、迈克尔·斯派尔（Michael Sparer）、琳达·弗里德（Linda Fried）、安·特鲁普（Ann Thrupp）、米雷拉·布鲁姆（Mirella Blum）和妮娜·一川（Nina Ichikawa）。此外，还有埃里克·施洛瑟（Eric Schlosser）、迈克尔·波伦（Michael Pollan）、爱丽丝·沃特斯（Alice Waters）、玛丽恩·内斯特尔（Marion Nestle）、拉吉·帕特尔（Raj Patel）和大卫·卡兹（David Katz），他们是我灵感的源泉和朋友，没有他们的工作，我会迷路的。我还要感谢那些一直支持我的人——克里·柯南（Kerri Conan）、丹尼尔·迈耶（Daniel Meyer）、安吉拉·米勒（Angela Miller）、丹尼尔·斯维特科夫（Danielle Svetcov）和梅丽莎·麦卡特尔（Melissa McCart）。

我这个阶段的工作得到了5个机构的支持和帮助。梅萨避难所（Mesa Refuge）和贝拉焦中心（Bellagio Center）在我最需要的时候给予我舒适的写作环境及志同道合的友情。忧思科学家联盟（The Union of Concerned Scientists）为我严肃思考本书话题提供了根据和灵感。哥伦比亚大学梅尔曼公共卫生学院为我提供了一个家，赋予我自由和责任，为我完成这本书的撰写做出了巨大贡献。当然，和我长期合作的出版商霍顿·米夫林·哈考特（Houghton Mifflin Harcourt）一开始就对这本书及对我充满信心，为此我要表达对布鲁斯·尼科尔斯（Bruce Nichols）、斯蒂芬妮·弗莱彻（Stephanie

Fletcher）和黛布・布罗迪（Deb Brody）的诚挚谢意。

里卡多・萨尔瓦多（Ricardo Salvador）是我来自另一个家庭的兄弟，我对他的感激难以言表，他完全能够当农业部部长了，他连忘记的都比我知道的还多，这对我们哥俩来说都很遗憾。查理・米切尔（Charlie Mitchell）在上大学时就开始支持我写本书，他在只有我们两个人知道的方面起到了不可估量的作用，他拥有一个光明、美好的未来，我希望将来可以沾光。我的两个女儿凯特和艾玛过去和将来都是这部书的重要组成部分，更重要的是，她们从未停止爱我及允许我爱她们。尼克和杰弗里也知道我有多么在乎他们。对我的搭档凯瑟琳，我要说："继续一起向前走！"

译 后 记

　　本书的作者马克·比特曼（Mark Bittman）是美国的一位美食家和撰稿人，写过 30 多本关于美食的书，他写的食谱颇受欢迎，曾长期为《纽约时报》的食谱专栏撰文。马克·比特曼推崇极简生活方式，主张少吃肉，不吃垃圾食品，建议人人都购买自然食材自己烹饪。比特曼认为食物事关重大，食物与健康问题是他关注的一个焦点，但更为可贵的是，他推荐的食谱背后有环保意识作为先决条件，对生态平衡的考量放在了他的食物思想的首要位置。他认为，畜牧业消耗的土地、水及能源大大多于种植业消耗的，素食是减少资源浪费的善举。比特曼尖锐地指出，如果全世界的人都像美国人那样吃肉，我们需要 4 个地球才能为人类提供足够的资源！他还建议大家选择本地种植的粮食、菜蔬和水果作为主食，因为这样可以减少运输所耗费的能源。他反对美国政府资助玉米种植，因为大部分的玉米作为畜牧业的饲料被卖到世界各地；他倡议给快餐（以麦当劳的汉堡包为代表）及可乐（含糖饮料的代表）征税，因为这样能让人们减少购买垃圾食品。本书通过追溯人类食物的发展历史，用大量的数据和无可辩驳的事实论证了工业化农业及食品加工业给环境及人类健康带来的严重危害和威胁。这本书中文版的出版颇具现实意义，不仅使我们能够从个人层面审视膳食及加工食品对健康的损害，而且能警醒世人拓宽视野，从全球的视点重新审视我们的食谱、食品加工业及大农业与生态环境之间的关系。

这本书的翻译是北京大学 MTI 教育中心与中译出版社双方合作的一个成果。我们一直认为，翻译专业硕士的培养应与出版社的行业标准相一致，这样才能培养出符合行业需求的译者。2021年 5 月，我和中译出版社的郭宇佳编辑谈到翻译硕士专业学位的培养模式及其与出版社合作的可行性时，得到了她热情洋溢的回应。我们所取得的共识包括学生实习及双方合作翻译英文书籍的计划。这本书是我们合作的第一本书，从签订翻译合同之日起，我们以小组合作翻译的形式在 3 个月内完成了翻译任务。我们与中译出版社的合作翻译模式是：出版社确定翻译文本，为我们提供翻译质量标准等方面的专业意见，经翻译小组试译且合格后，由其指导老师作为第一责任人与出版社签订翻译出版合同，然后由翻译小组成员分工完成。翻译小组成员通常是 3—6 位翻译硕士在读研究生，每个小组都有 1 位指导老师。指导老师参与答疑和审校工作，并就翻译中遇到的问题（如对原文的理解、术语翻译的统一、译文风格等）与研究生进行沟通交流。翻译初稿完成后，由指导老师做全文校对，译文经整合后提交给出版社。

合作翻译可以溯源至中国古代的佛经翻译传统。公元 380 年，道安主持长安译场，开启了中国佛经翻译的官办译场模式，并在数年间译出《四阿含暮抄》《婆须蜜》《增一阿含经》等佛教经典百余万言。道安开创的翻译程序——口宣、正文义；笔受为梵文、译语；笔受为汉语、校定——为不久后的鸠摩罗什译场所继承。中华人民共和国成立后，设立了外文局及中央编译局。可以说，合作翻译是中国翻译传统的重要组成部分之一。

在互联网高度发达的今天，合作翻译被赋予了新的意义。专业的翻译家大都不喜欢参与集体翻译。究其原因，大概有两个：首先，集体翻译需要对术语和文体的统一、翻译速度、译文格式等设置一些硬性规定，同样的任务需要考虑的事情要大于个人翻译，在一定程度上妨碍了个人在翻译过程中的自由发挥；第二，译者因阅历不同，对原文的一些概念和隐含观点的理解和判断会有区别，这使达成共识、统一译文的工作存在一定困难，因此译者往往倾向于选择独译。但对翻译硕士的培养来说，合作翻译首先是一个学习过程。俗话说，无规矩不成方圆，通过小组成员和老师之间的不断互动磨合，合作翻译能使笔译专业的学生更快熟悉翻译标准及翻译技巧，并获得对自己优缺点更全面、更清晰的认识，为调整个人的训练重点和发展方向做好准备。此外，从出版社的角度来看，合作翻译的模式能缩短出版时间。本书 3 个月就完成译稿，符合出版行业在保证翻译质量的前提下加快出版速度的要求。

本书翻译小组的具体分工如下："前言"及"鸣谢"由林庆新翻译；第 1、2、3 章由陈弘毅翻译；第 4、5 章及第 6 章前半部分由毛怡灵翻译；第 6 章后半部分及第 7、8 章由王晓栋翻译；第 9、10 章及"结语"由段金秀翻译；第 11、12 章及第 15 章前半部分由吴可翻译；第 13、14 章及第 15 章后半部分由张陆晨翻译。林庆新对全书进行了审校。

翻译实践是翻译硕士培养计划中的重中之重，是学生提高翻译技能的必由之路。我们衷心感谢中译出版社为我们提供的翻译实践机会，使我们笔译专业的学生得到了扎实的专业训练，增强了他们对专业的信心和兴趣，衷心祝愿我们的合作长盛不衰。

林庆新

2022 年 6 月于北京海淀区西二旗

扫描本书封底

"中译出版社"官方微信二维码

获取电子版参考文献